- 青海大学 2018 年度教材建设基金项目资助
- 青海大学第六批（2019 年）教学名师培养项目成果
- 青海省高校第二轮“135 高层次人才培养工程”项目成果

TALKING ABOUT ROBOT

大话机器人

高德东◎编著

图书在版编目（CIP）数据

大话机器人 / 高德东编著．—北京：机械工业出版社，2019.6

ISBN 978-7-111-62842-2

I. 大…　II. 高…　III. 机器人 – 基本知识　IV. TP242

中国版本图书馆 CIP 数据核字（2019）第 102824 号

本书第 0 章为绪论，对机器人的需求及教育现状进行概述；第 1 章主要介绍机器人定义、机器人分类、机器人组成部件及相关技术参数等基本概念；第 2 章系统阐述前工业机器人时代国内外机器人的起源和发展历史，以及现代机器人的畅想；第 3 章主要介绍工业机器人到现代机器人的发展历程，包括第一代、第二代和第三代机器人；第 4 章主要介绍当前机器人在各行业领域中的应用状况；第 5 章预测了机器人发展的两个趋势，即“向人”和“向机器”的对立属性发展，并围绕道德、法律、责任、义务、权利等对机器人伦理问题进行了讨论。

本书对机器人发展历史进行全面而系统的梳理，图文并茂，调动学生对机器人的兴致，并为教师配备了电子教案，方便教师开展教学。本书可作为高等院校各类专业的机器人普及教材，也可为相关人员了解和认识机器人提供参考。

大话机器人

出版发行：机械工业出版社（北京市西城区百万庄大街 22 号　邮政编码：100037）

责任编辑：佘　洁　　责任校对：殷　虹

印　　刷：中国电影出版社印刷厂　　版　　次：2019 年 7 月第 1 版第 1 次印刷

开　　本：186mm×240mm　1/16　　印　　张：18

书　　号：ISBN 978-7-111-62842-2　　定　　价：79.00 元

凡购本书，如有缺页、倒页、脱页，由本社发行部调换

客服热线：（010）88379426　88361066　　投稿热线：（010）88379604

购书热线：（010）68326294　　读者信箱：hzit@hzbook.com

前言

我从2012年起讲授“机器人技术基础”课程，每年都在试卷最后留一道题：“请对本课程教学提出自己的建议并给出改进方法。”5年来学生对课程提出了很多好的建议和要求，其中最集中的有两个：一个是要求在课件中多加一些图片和视频；另一个是要求自己动手制作机器人。于是，我努力改造课程的实验条件，但限于课程主要讲授机器人运动学、动力学、路径规划等理论，似乎很难添加更多的视频素材来丰富课程内容。进一步了解学生的需求，发现他们实际上更想了解机器人现在的应用程度和领域，而对机器人理论本身感到枯燥和乏味。

带着学生的这个需求，我一直都在思考如何更好地讲授机器人课程。就机电专业而言，学生在接受机器人理论课程之前，的确对机器人应用需求了解不多，而繁复的理论公式确实会使他们感到厌烦，初次接触理论也许会打击许多学生的机器人梦想。如果在这个课程之前有个引导，让他们首先了解应用需求，可能会更利于调动他们对机器人的兴致，以及钻研机器人理论的积极性。这是我编写本书的一个最初目的——引导学生对机器人的兴趣，让他们更愿意听我的课。

“中国制造2025”战略提出以后，机器人更是无处不在，尤其深入到家庭、银行、餐饮、教学等各个领域。机器人与其他学科领域的交叉融合越来越多，各领域人士也迫切希望从不同角度去了解机器人。什么才是机器人，机器人从哪里来，机器人和人有哪些相似和相异之处，我们应该如何与机器人相处？从2015年开始，我就注意搜集这方面的资料和视频，给学生在课上做一些补充。自2017年“新工科”概念提出后，学科交叉融合在脑海中盘旋很久，我觉得可以给其他专业的学生讲解一下机器人，一方面可以推广机器人教育，另一方面也可深化多学科的交叉教育。

在不断的思考中，我决定开设一门面向全校各专业的公共素质选修课程——大话机器人。这一设想也得到了学校很多部门的帮助和关心。于是我便正式开始撰写课程讲义，着手准备本书的内容。起初，我只是想介绍机器人当前应用的相关内容，但在准备材料时，我发现除了机器人理论外，机器人历史仍然是一门大学问，尤其是中国古代便有那么多的“机器人”案例，令我很兴奋。

在讲课时，我不断将自己阅读到的材料融合，并按照一定的逻辑整理出来，尽量让学生厘清机器人发展和应用的脉络，最终形成了本书的内容，涵盖机器人概念、古代“机器人”和科幻机器人、机器人发展历程、机器人当前应用、未来发展趋势以及与人相关的伦理问题。内容很庞杂，我尽量以时间为序来整理，但限于能力可能还有许多不足和匮乏，尤其是对于当前应用情况。在准备资料时，我发现期刊论文或会议论文集远远不能满足需求，而正是各种新闻报道让我看到机器人已经深入各个行业领域，正在改变着我们的生活和价值观。

在我编写本书的过程中，社会上发生了很多事情，尤其触动我的是医疗资源匮乏和高额诊疗费，我便更多关注了一下机器人在医疗工程上的应用。相信未来机器人与人工智能结合的机器人医生会走入社区，为普通病患诊疗，更多地惠及普通民众；而癌症这一类高危病症，借助人工智能也可能有更好的早期诊疗方案，提高治愈率并延长生命。以上是我写作本书的来由。本书比较适合引导大学低年级近机类专业学生，提升他们对机器人的兴趣，也适用于各领域机器人普及教育。

最后，我要感谢我的妻子王珊，她给予我很多写作的思路，也为我整理了部分资料；感谢陈秀明老师，她提醒我开设机器人公共素质选修课，使我有了写作动机，同时在机器人伦理方面她也给了有益的建议。感谢我的研究生赵诗剑、赵梦潇、王俊杰、杨磊、王林泽、江平、杭茂荛和付佳杰等，他们为我准备课件，并协助整理了部分资料和文献。也向书中所引用文献的作者们表示感谢。同时，感谢青海大学教务处对我出版本书的支持。

杨叔子先生在《机械控制工程基础》一书的序言里引用了《诗经》里的一句话：嘤其鸣矣，求其友声。我在这里也借用一下。虽然怀着很好的目的去写书，希望营造一个机器人学习的良好氛围，但由于个人认知和能力限制，不免有许多疏漏和不当之处，也请各位读者批评指正。

高德东

于青海大学

目录

第 3 章 机器进化，我的前半生 / 88

第 4 章 无处不在，我向人回归 / 140

第0章 绪论

也许我们还不知道，机器人正在悄悄地走近我们，也正在缓缓地改变着我们。比尔·盖茨曾预言，机器人将像个人电脑一样无处不在。今天，我们已经可以清晰地感觉到他的预言的准确性。可以想象有一天，我们将和机器人站在一起，讨论工作，讨论下班后晚饭吃什么。总之，不管我们是否做好准备，机器人时代都如期到来了，而且机器人就围绕在我们身边：我们走进银行或者酒店，迎面服务的居然是机器人；我们会在淘宝网上挑选一款适合孩子的早教机器人，也会购买一台打理地面的家庭清扫机器人。

正如30年前的计算机和移动电话一样，机器人将影响和改变我们的生活，甚至影响当今社会结构。20年前的中国，如果谁拥有一台计算机，那么，他要么是从事计算机工作，要么就是计算机狂热者。而今，计算机已经成为许多人不可或缺的家用和工作必需品。20年前的中国普通百姓会想到计算机能这么快地走进他们的生活吗？移动电话则更加普遍地影响和改变人们的生活，甚至在偏远的山区也会有一位老妈妈拿着手机与远在异国他乡的孩子视频通话，倾吐她那渴望儿女的衷肠。

机器人将像计算机和移动电话一样改变我们未来的生活，其改变的力度和程度可能更甚。因为机器人是这个时代众多科技的集成品和综合体，它必将以一种更加广泛和更加深入的方式影响着人类。

0.1 机器人适应新形势需要

全球范围内正在掀起新一轮科技革命和产业变革热潮，无论是专家、学者的论文，还是媒体报道或政府文告，工业4.0、大数据、互联网+、物联网、智能化、云计算、3D打印、人工智能等词汇频繁出现，已成为社会各界关注的焦点[1]。机器人也伴随着新一轮科技革命成为我们生产生活中不可或缺的一部分。

0.1.1 工业 4.0

2008 年金融危机后，各国为了振兴经济并在新一轮工业革命中占据制高点，纷纷提出了再工业化战略。其中最著名的就是德国提出的工业 4.0。

2011 年，在汉诺威工业博览会上，德国人工智能研究中心董事兼行政总裁沃尔夫冈·瓦尔斯特尔（Wolfgang Wahlster）提出，要在制造领域广泛应用物联网和服务网络等现代媒介，通过生产方式的变革推动第四次工业革命，即所谓“工业 4.0”的最初概念，2013 年 4 月德国推出了《德国工业 4.0 战略》，并在汉诺威工业博览会上正式发布了“工业 4.0”[2]，将工业发展分成了四个连续阶段，如图 0.1 所示。从工业 1.0 到 4.0 其主要技术特征分别是机械化、自动化、信息化和网络化[1]。工业 4.0 强调通过信息网络与物理生产系统的融合来改变当前的工业生产与服务模式。德国希望在未来 10 ～ 15 年整体工业将逐渐从 3.0 向 4.0 转变。

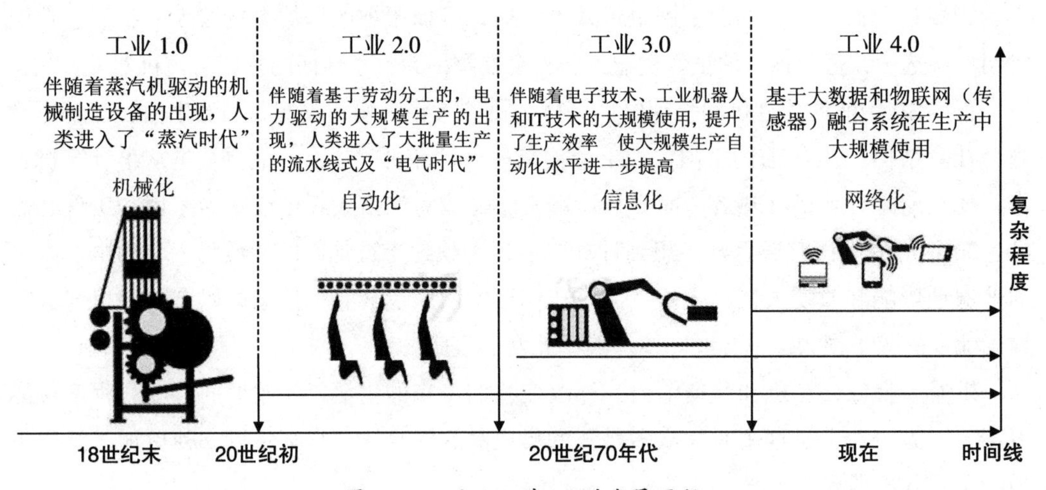

图 0.1 工业 1.0 到 4.0 的发展历程

在信息技术指数级增长、数字化网络化普及应用和集成式智能化创新等三大驱动力的作用下，工业 3.0 转换到工业 4.0，从而带来了新一轮工业革命⊖。工业 4.0 的核心技术

⊖ 工业 4.0 是德国对世界工业发展历史的划分，与其他国家流行的第三次工业革命不同；2014 年 6 月 9 日，习近平总书记在两院院士大会上的讲话指出，机器人革命有望成为“第三次工业革命”的一个切入点和重要增长点。

是信息物理系统（Cyber-Physical System，CPS），其概念由美国国家自然基金委员会于2006年提出，主要强调Computing、Communication和Control的融合[3]。CPS是实现了多个软件对多个硬件控制的网络，利用物联网、传感器的无线连接和感知功能来实现对工厂和企业的控制和管理。CPS可将资源、信息、物体以及人紧密联系在一起，将生产工厂转变为一个智能环境[4]。在CPS中，生产设备不再只是“加工”产品的设备，而是拥有智能功能的物联网节点；机器人就是CPS的关键智能节点之一，是实现智能车间和智能工厂的关键环节。

0.1.2 中国制造2025

2018年5月8日，国务院印发《中国制造2025》，部署全面推进实施制造强国战略。其指导思想是：坚持走中国特色新型工业化道路，以促进制造业创新发展为主题，以提质增效为中心，以加快新一代信息技术与制造业深度融合为主线，以推进智能制造为主攻方向，以满足经济社会发展和国防建设对重大技术装备的需求为目标，强化工业基础能力，提高综合集成水平，完善多层次多类型人才培养体系，促进产业转型升级，培育有中国特色的制造文化，实现制造业由大变强的历史跨越[5]。

《中国制造2025》战略举措之一——高端装备创新工程以十大领域重点突破，其中就包括高档数控机床和机器人。我国未来十年将重点围绕汽车、机械、电子、危险品制造、国防军工、化工、轻工等工业机器人、特种机器人，以及医疗健康、家庭服务、教育娱乐等服务机器人应用需求，积极研发新产品，促进机器人标准化、模块化发展，扩大市场应用。突破机器人本体、减速器、伺服电机、控制器、传感器与驱动器等关键零部件及系统集成设计制造等技术瓶颈。对于五大工程之一的智能制造工程，要求紧密围绕重点制造领域关键环节，开展新一代信息技术与制造装备融合的集成创新和工程应用；支持政产学研用联合攻关，开发智能产品和自主可控的智能装置并实现产业化；依托优势企业，紧扣关键工序智能化、关键岗位机器人替代、生产过程智能优化控制、供应链优化，建设重点领域智能工厂 / 数字化车间⊖。

2016年，工业和信息化部、国家发展改革委、财政部等三部委联合印发了《机器人产业发展规划（2016—2020年）》，推动“十三五”期间机器人及其产业的发展。规划指出，机器人产业发展要推进重大标志性产品率先突破。在工业机器人领域，聚焦智能生产、智能物流，攻克工业机器人关键技术，提升可操作性和可维护性，重点发展弧焊机器

⊖ 资料来源：百度百科——《中国制造2025》。

人、真空（洁净）机器人、全自主编程智能工业机器人、人机协作机器人、双臂机器人、重载 AGV 6 种标志性工业机器人产品，引导我国工业机器人向中高端发展。在服务机器人领域，重点发展消防救援机器人、手术机器人、智能型公共服务机器人、智能护理机器人 4 种标志性产品，推进专业服务机器人实现系列化，个人 / 家庭服务机器人实现商品化㊀。

面对新一轮技术革新，德国工业 4.0 和《中国制造 2025》虽然应对略有不同，但基本核心关键是一致的，即制造业与信息技术和网络技术的深度融合。世界其他各国也纷纷提出应对策略。美国奥巴马政府于 2011 年 6 月出台了《先进制造伙伴计划》(Advanced Manufac-turing Partnership，AMP)，确定关键领域包括机器人和先进材料等；英国于 2013 年 10 月推出了《英国工业 2050 战略》，提出通过融合技术、产品和生产网络，促进制造业升级；日本于 2014 年 9 月出台《日本制造业白皮书》，提出向知识密集型的高端制造业转型；2015 年 5 月，日本政府设立了“机器人革命行动协议会”；韩国提出了《工业 4.0 战略实施建议书》，将制造业和信息化融合[6-7]。可以看出，世界各国应对新一轮技术变革，核心直指工业化与信息化相融合的新型制造业，机器人在制造业转型过程充当着极其关键的角色。

在这一轮的技术变革中，以移动互联网与大数据服务、医疗健康与物联网、新能源与智能交通自动化、机器人与智能制造等为代表的科技创新正在改变世界的技术发展方向、产业竞争格局与社会组织结构，这一交错融合的科技浪潮引起了制造模式、生活方式、军事作战形态等的变化[8]。制造业数字化、网络化、智能化（即智能制造）是这一轮工业革命的核心[5]。而智能制造的关键环节就是机器人，它将替代人力最终实现“无人工厂”。信息与互联网、新材料与新能源、自动化与人工智能等技术发展以及多学科前沿交叉理论与技术进步，必将拓展机器人的应用领域，并衍生出与机器人相关的新概念、新理论和新方法。

0.2 机器人教育现状

在工业 4.0 和《中国制造 2025》战略的政策激励下，我国工业进入“智能 +”时代，机器人产业发展迈入快车道。但机器人专业人才匮乏成为制约产业发展的瓶颈，据教育部、人社部与工信部发布的《制造业人才发展规划指南》预测，到 2020 年我国高档数控机床和机器人领域人才总量需求为 750 万，缺口达到 300 万，到 2025 年，人才总量需求

㊀ 资料来源：百度百科——《机器人产业发展规划（2016—2020 年）》。

为900万，缺口将进一步扩大到450万⊖。通过对比2013年和2015年数据，机器人相关职位硕博高学历层次人才需求同比增长率为117.1%，本科学历层次人才需求同比增长率为154.5%，大专及以下学历层次人才需求同比增长率为277.0%[9]。可见，加强机器人教育对填补未来人才缺口有着重要的意义。

0.2.1　美日机器人教育

美国高校的机器人教育主要呈现以下两个趋势，一是开设相关课程，二是将机器人作为课程学习的平台，运用到教学中，更增强了学生动手实践的能力[10]。麻省理工学院涉及机器人教育的课程包括认知机器人学、机器人学导论、自控机器人设计竞赛、机器人编程竞赛，结合各个专业所需以及机器人应用领域，开设在航空航天学、机械工程学和电气工程与计算机等学科专业中[11]。而俄勒冈州立大学则将机器人作为学习平台，其电子工程与计算机科学系在电子概念导论、电子基础、数字逻辑设计、信号与系统、计算机原理与汇编语言、机械设计等课程中使用TekBot机器人作为学习平台，加强课程连贯性，将课堂学习理论应用到机器人设计与开发中[11]。

在基础教育方面，美国从小学开始学习编程、撰写程序和机器人控制，同时锻炼孩子动手操作能力；到中学则加入机器人社团，每天花三四个小时在实验室，准备竞赛[10]。在美国的基础教育领域，机器人教育主要由四种形式组成：一是开展机器人技术课程，二是运用于课外活动，三是举办以机器人为主题的夏令营等活动，四是利用机器人技术作为辅助教学工具的活动[11]，可见其课程设置的灵活性、自由性。

早在1980年，日本便将机器人产业定位为前沿技术产业，并面向专业技术人员，由企业、产业机器人工业协会或培训机构等开展技术研修。20世纪80年代，日本大学及科研院所中鲜有机器人相关专业，多在机械工学等学科中开展相关的教研活动，比较具有代表性的是名古屋大学电子机械专业和早稻田大学机械工学专业。随着技术的发展，信息技术等学科也逐渐开始增设相关研究，如东京大学机械学院新建机械信息工学专业、庆应义塾大学理工学院设立系统设计工学专业等。1996年，日本首个机器人学科在立命馆大学理工学部成立，代表着机器人正式作为独立学科出现在高等教育中[12]。而且，日本每所大学都有较高水准的机器人研究会，每年定期举行机器人设计和制作大赛[13]。

日本机器人高等教育以千叶大学为典型。该大学在本科阶段开设机器人启蒙课程或

⊖　资料来源：http://www.askci.com/news/chanye/20170301/15370992101_2.shtml。

机器人基本原理，旨在让学生普遍了解机器人基础理论；在研究生阶段则开设高级机器人学课程，涉及专业面也较广，包括机械、电气、航空航天等。同时与俄勒冈州立大学类似，机器人作为学习平台普遍应用于千叶大学的课程中，包括电子元件、电路基础、数字逻辑、信号工程、计算机原理、工程机械设计等课程。同时千叶大学也十分重视机器人伦理素养的培养，率先颁布了《日本千叶大学机器人宪章》，以维护、保全地球生态系统平衡为理念，积极促进机器人的研究开发与技术教育 [14]。

日本机器人教育呈现低龄化，初期以高等教育为主，后来逐步向中学教育过渡。1988 年 NHK（日本放送协会）和全国中专联合会主办机器人竞赛，自 1991 年起成为全日本所有中专院校均参赛的全国盛会。面向中学生的机器人竞赛则有由文部科学省与产业教育振兴中央会等主办的高中生机器人竞技大会，以及由全日本技术家庭科研究会举办的全国中学生机器人竞赛等。1998 年，文部科学省将编程列为日本中学必修内容。调查结果显示，到 2004 年日本 23% 的中学在技术家庭科目中开展机器人教育。另外，日本企业也积极参与教育活动，如 2017 年日本软银机器人有限公司投入 58 亿日元实施“Pepper 社会贡献项目”学校挑战，将旗下的人形机器人产品“ Pepper”无偿借给各地区 282 所公立中小学，以开展中小学的编程教育应用研究 [12]。

0.2.2 我国机器人教育

我国机器人教育起步较晚，从研究机构来看，有关机器人教育的研究大多存在于各大高校，且多为师范大学和工程类大学，开设机器人教学课程的高校数量较国外高校少很多 [15]。同时也有一部分职业技术院校开展了相关研究，中小学校的研究力量相对薄弱。但目前研究力量中知名大学相对较少，有的大学甚至才刚刚引进机器人教育。机器人教育是学校对学生进行工程教育的重要抓手，在各类学校开展机器人教育、研究机器人的教育价值，对加快教育改革和机器人教育的发展，提高学生的创新能力和跨学科整合能力具有重要的现实意义 [16]。

1. 中小学机器人教育

我国中小学机器人教育可追溯到 2000 年，北京景山学校以科研课题的形式将机器人纳入信息技术课中，率先开展中小学机器人教育。2001 年，上海市西南体育中学、卢湾高级中学等学校开始以“校本课程”形式进行机器人知识普及。随后，越来越多的学校开展了机器人实践教育，主要有竞赛模式或兴趣小组两种模式 [17]。2001 年，中国科学技术协会面向中小学举办了首届中国青少年机器人竞赛[18]，到2016年整合为现在的机器人综合技能比赛、机器人创意比赛、FLL机器人工程挑战赛、VEX机器人工程挑战赛和WER工程创新赛五个竞赛项目，普及和培养青少年的机器人知识和素养⊖。

教育部于2003年4月颁布了《普通高中技术课程（实验）标准》，首次在“通用技术”科目中设立了“简易机器人”模块，基于计算机技术的学习平台，将机械传动与单片机应用有机组合。同年，教育部将中小学机器人比赛纳入“全国中小学电脑制作活动”中；同时普通高中新课程也将“人工智能技术及简易机器人制作”列入选修内容。据调查，大多数中学都开展了机器人教育，但是其开展的主要形式基本上为参加各类机器人竞赛。由于器材、场地、经费等因素的限制，开设了机器人课程的学校多集中在发达城市，偏远地区的一些乡村学校几乎没有开设该课程[19]。

中小学机器人教育正面临着受众面过于狭窄、区域分布呈现出显著的差异性、在具体实施过程中还普遍存在着流于形式和不受重视的困境[20]。其主要问题体现在：主要以竞赛为主，没有充分调动学生的主动性，缺乏机器人素养培训；机器人教育的专业师资队伍短缺（贫困欠发达地区尤为严重）；机器人教育课程和基础教学条件不足；机器人教育评价体系不完善[20-21]。

随着智能时代的到来，教育部门高度重视机器人教育，2017年7月国务院颁布的《新一代人工智能发展规划》明确指出，在中小学阶段设置人工智能相关课程，逐步推广编程教育。2018年1月教育部发布的《普通高中课程方案和语文等学科课程标准（2017年版）》，在通用技术课程中增加了“机器人设计与制作”模块，涉及计算机、程序设计、传感器等。以上文件的颁布意味着我国机器人教育在大众化、普及化层面迈入新时代。

2. 高校机器人教育

我国高校机器人教育起步也较晚，开设机器人教学的高校数量和课程数量都较美日等机器人教育发达国家要少，而且大部分为工科院校。清华大学机械工程专业开设“机器人工程基础及应用”，自动化系开设专业课程“人工智能”和实践课程“机器人控制综合实验”；华中科技大学开设“机器人技术基础”，面向机械、材料、能源和自动化等专业。北京理工大学开设“工业机器人技术”、实验课程“机器人系统测试”，两门课程均为机械工程学科中与机电控制相结合的专业模块课；中南大学为机电一体化专业开设“机器人学基础”；兰州大学面向工科开设“大学教学机器人”课程，属于机器人教育普及性质[14]。青海大学自2012年起，首先为机械设计制造及其自动化专业开设“机器人技术基

⊖ 资料来源：http://robot.xiaoxiaotong.org/index.aspx。

础”选修课程，而后拓展至机械电子工程专业。

国内大部分高校机器人课程设置在机械、自动化等专业，而被电气工程、材料工程、计算机应用、能源等专业列入选修课程。随着机器人被广泛应用，本科专业设置成为诸多国内高校的期待。2016 年 3 月，教育部批准东南大学自动化学院设立机器人工程（080803T）四年制本科专业，成为首个机器人本科专业，培养目标为以机器人为核心的自动化生产线、成套设备设计、研发和应用系统工程师。随后，安徽工程大学机械工程学院也设置了机器人工程专业，至此机器人工程专业作为国内本科专业而正式名列教育专业名录，2017 年已增至 60 所，涵盖“双一流”建设高校及高职院校 [22]。2018 年，机器人工程专业成为热门专业㊀。

随着机器人教育内涵的不断延伸，仅仅局限于机械工程、电子信息、计算机等少数几个学科及其专业的机器人教育并不能很好地体现现代高等工程教育的“大工程”观。纵观近年来机器人技术的发展，机器人正在从工业环境逐步渗透到家庭服务、娱乐、医疗辅助、公共服务等社会环境。自 1989 年以来，机器人技术在生物（仿生性能）、感知方面的进步趋势正逐步超越计算机、机械和电子工程等传统优势学科 [23]，然而我国高校在医学、能源工程、环境科学、生物工程、材料科学等学科专业开展的机器人教育极其匮乏，无法适应机器人跨学科、跨领域的交叉发展特点 [24]。而随着机器人应用领域的不断拓展，所有专业的学生都可以从机器人感知和机器人文化的角度出发，对机器人在人类社会演进历程进行认知，了解机器人在当代工业、农业、社会服务和军事等范围内发挥的作用，分析和评价机器人技术和机器人文化的进步对人类社会和经济产生的影响 [24]。因此，多维度的机器人技术传递和文化教育，对于引导学生之间进行跨学科、跨专业的交流和创新具有重要的推动作用。

高校机器人教育的另一种重要形式就是各类竞赛。对于国际上机器人公开赛，面向大学生最有影响力的是机器人足球竞赛。机器人足球竞赛组织包括 FIRA（Federation of International Robot Soccer Association）组织和 RoboCup 联合会。FIRA 是由韩国创办的组织，自 1996 年开始共举办了 7 届赛事，足迹遍及亚洲、欧洲、北美洲、大洋洲，其举办的赛事成为各类国际机器人竞赛中最具水平和影响力的赛事之一㊁。FIRA 中国分会于 2000 年在哈尔滨工业大学成立，到 2011 年共举办了 13 届全国机器人锦标赛，从 2012 年开始，与国际仿人机器人奥林匹克大赛合并为“全国机器人锦标赛暨国际仿人机器人奥林匹克大赛”。RoboCup（Robotic World Cup）联合会成立于 1992 年，1996 年在日本举行了一次表

㊀ 资料来源：百度百科——机器人工程专业。

㊁ 资料来源：百度百科——FIRA 机器人足球比赛。

演赛，获得了很大成功。RoboCup 活动包括学术会议、机器人世界杯、RoboCup 挑战计划、RoboCup 教育计划等。机器人足球世界杯是 RoboCup 活动的中心，包括小型机器人比赛、中型机器人比赛、Sony 有腿机器人比赛、仿真机器人比赛等[25]。教育部主办的中国机器人大赛暨 RoboCup 公开赛是中国目前最具影响力、最权威的机器人技术大赛，基本覆盖了中国最高级别的机器人专家和学者，其中最吸引人的还是 RoboCup 足球机器人比赛㊀。国际机器人竞赛还包括机器人灭火竞赛、国际机器人奥林匹克竞赛（International Robot Olympiad Committee，IROC）、亚太大学生机器人大赛（ROBOCON）等[26]。

国内大学生机器人竞赛除了上面提到的以外，有影响力的还包括“广茂杯”中国智能机器人大赛（暨国际机器人灭火比赛中国赛区选拔赛）、全国大学生机器人电视大赛（暨亚太大学生机器人大赛的国内预选赛）、“飞思卡尔”杯全国大学生智能汽车竞赛及 RoboMasters 全国大学生机器人大赛等[26]。伴随“大众创业，万众创新”口号的提出，国内各高校、各地区都积极响应，组织大学生科技创新活动，机器人也作为最活跃的竞赛活动在各高校兴起。

3. 高校机器人教育存在的问题

尽管我国机器人教育取得了长足发展，但依然存在一些问题，主要整理如下。

高校机器人教学受众面较窄。目前，国内大多数高校机器人专业教育还是面向自动化、机械、电子、计算机等专业的学生，过高的专业性教育提高了普通学生接触机器人的门槛。仅有少数高校开设了机器人通识教育课程，面向全校工科专业。如前所述，机器人正与生物技术、医疗工程等学科进行着深度的交叉和融合，面向生物、能源、医疗等学科开设机器人应用课程，拓展学生对机器人的认识，对于促进机器人与其他学科的融合发展以及培养复合型人才有着重要的意义。

机器人教育资源匮乏，且开放性差。目前的机器人教育场地主要为各高校相关的机器人实验室。而实验室的场地有限，且机器人种类又与其实验室的专业方向（多为研究方向）相关，并不全面，无法满足高校大学生关于机器人的通识教育，这使得很多高校的机器人教育陷入停滞的状态。国内高校还缺乏像日本千叶大学、美国俄勒冈州立大学那样对多学科、多课程进行支撑的机器人教学平台。

中小学及高职学校机器人师资匮乏。国内能开展机器人教育的中小学均在经济发达的城市，尽管如此，其专业的机器人教师依然匮乏，主要是部分有兴趣的老师来指导（或者为竞赛而专门临时聘请）。中高职教育近年来得到大力发展，国家投入资金建设实验室，

㊀ 资料来源：百度百科——中国机器人大赛暨 RoboCup 公开赛。

也购置了很多教学型机器人，甚至是工业机器人，但其中很大一部分仅能用于参观、演示，无法面向学生开设实操、编程和创新课程，其瓶颈在于缺乏师资。

以竞赛为中心，忽略教育本质。无论中小学，还是高等院校，很多都是以竞赛作为机器人教育进门砖。固然，通过竞赛的手段能够提高学生的积极性，并在一定程度上反映出学校的机器人教育水平 [15]。但是，竞赛仅针对参加的学生进行特训，降低了机器人教育的受众面；同时以竞赛为中心开展训练，容易忽略机器人的基础教育。

0.3 新工科背景下的机器人学科

在新技术变革的进程中，作为核心环节的机器人应用迅速普及，产能快速扩张，国产品牌机器人进入规模应用，研发工程师需求量激增。机器人技术是涉及机械、计算机、电子、自动控制等学科的综合技术，并在应用和发展过程中不断与其他学科交叉融合，因此急需高校培养机器人专业人才来满足当前需求 [22]。而随着机器人应用的广泛普及，机器人知识的普及教育也成为重要课题。

为适应新一轮技术变革和国家制造业发展战略，高等教育也适时地提出了“新工科”概念，尤其强调新工程业态下工科人才培养模式的探索。作为智能制造的关键环节和典型的边缘交叉学科，机器人技术是新工科背景下大力推动和发展的学科专业之一。一方面机器人工程专业从机械、电子和自动化等专业独立出来，另一方面机器人技术与其他学科正进行更深入的交叉和融合。因此，高校机器人教育也需要近机类的专业培养和跨学科的通识培养并重。

0.3.1 新工科理念

为迎接新一轮技术变革，以新技术、新业态、新产业、新模式为特点的新经济蓬勃发展。工程教育与产业发展联系紧密、互相支撑，新产业的发展需要工程教育提供人才支撑。基于 CPS 的智能制造正在引领制造方式变革，产业的转型升级与新产业形态的产生，产业发展模式的改变，对人才的知识结构提出了新的挑战 [27]。为适应新形势需求，2017 年通过“复旦共识”和“天大行动”正式提出了新工科概念，探索适应新技术变革的工程人才培养新模式。

新工科在秉承服务国家战略、对接产业行业、引领未来发展和以学生为中心等理念的基础上，拓展出新型学科专业、新生学科专业和新兴学科专业，突出专业的引领性、交融性、创新性、跨界性和发展性[28]。新型学科专业指为了适应人工智能、大数据、云计算、物联网等新技术对传统工程学科专业的影响，将传统学科专业转型、改造和升级而形成的新型学科专业；其核心就是工科专业的信息化、数字化和智能化。在国家推进两化融合的进程中，所有工科专业都躲避不开“转型”而成为“新”专业。新兴学科专业指全新出现、前所未有的新学科专业，主要指从应用理科孕育、延伸和拓展出来的面向未来新技术和新产业发展的学科专业。

新生学科专业指为满足产业当前和未来发展对人才的需求，不同工程学科交叉复合或由工程学科与其他学科交叉融合而产生的新的学科专业。机器人工程专业就是机械工程、电气工程、计算机工程、网络技术、传感器技术等多学科交叉复合的新生专业；拓展至其应用，机器人则更与生物技术、地质工程、医疗工程、农业工程等各领域融合发展，是典型的跨领域、跨学科、跨专业的交叉边缘学科[28]。

0.3.2 机器人学科发展

从学科的演进史来看，呈现出“分化–综合”的态势。17、18世纪科学学会的成立标志着知识划分史上的突破，物理、化学、生物等从自然哲学中分离出来成为独立学科，社会科学从道德哲学中独立[29]。学科划分在保证知识系统性的同时却割裂了科学的完整性。面对经济、社会发展问题的日益复杂化，单一学科知识日趋无力，跨学科研究已在美国研究型大学中普遍开展[30]。

机器人是典型的交叉学科，是二战以后伴随计算机技术、信息技术和控制理论等学科发展而诞生的，并且与机械工程深入交叉。从1954年德沃尔（George Devol）制造第一台工业机器人开始，机器人技术经过70余年发展，已经成为机械工程、控制理论、材料工程、计算机工程和仿生学等众多学科相互交融的复合学科。单以工业机器人为例，其所涉及的知识体系包括微积分、矩阵分析、力/运动学、光学、电学、机械原理、控制原理、电子电路、信号与系统、动力学、传感器、通信原理、图像处理等数学、物理、机械工程、电气工程等多个学科的基础知识[22]。

而机器人正在从工业应用型向服务型转变。在这个转变过程中，机器人应用领域被极大拓展，同时也与人工智能、大数据、生物工程、材料工程、医疗工程、农业工程、食品工程，甚至是管理科学进行着深度的交叉融合。机器人学科充分体现出“新工科”理念下的新工程业态，并逐步像计算机一样成为人类工作、生活中必不可少的工具。

回归到本书的目标，就是以机器人教育为载体，回顾机器人历史和发展历程，把握机器人技术的进步，畅想机器人的未来发展趋势。在此基础上，充分展现机器人在各领域、各学科以及各产业的延伸和拓展，推动多领域、多学科的专业人才之间的技术共享和交流，有效激发他们的创新思维和协作能力，建立起现代高等教育的“大工程”观。同时，面向大众普及机器人技术及其应用的知识，营造机器人文化氛围，为迎接机器人普及时代的到来做好准备。

0.4 本书结构

本书共分五章，主要内容简述如下：

第 1 章主要介绍“机器人”的词语起源、机器人定义、机器人分类、机器人组成部件及相关技术参数等基本概念。

第 2 章系统回顾了“前工业机器人时代”国内外机器人的起源和发展历史。梳理了我国古代记载“机器人”的文献。按照战国之前、秦汉至南北朝、隋唐至宋元、明清时期的时间顺序对我国“古代机器人”进行了阐述；国外方面，从古希腊神话展开，重点介绍了达·芬奇时代、15 ～ 18 世纪期间以及近代的机器人。现代机器人畅想部分则从科幻小说、影视作品方面介绍了现代幻想中的机器人。

第 3 章主要阐述了 20 世纪 50 年代第一台工业机器人出现到 21 世纪初的机器人发展历程。按照第一代示教再现、第二代感知型和第三代智能型对机器人发展历程做了详细分解。三代机器人的发展历程可以看作“机器 + 人的动作”“机器 + 人的感觉”及“机器 + 人的智慧”的机器进化过程。

第 4 章在介绍全球机器人发展战略的基础上，分行业领域对机器人的应用状况做了详细阐述。在工业机器人方面，细分到搬运机器人、焊接机器人、装配机器人、打磨抛光机器人和智能化产线；在服务机器人方面，细分到家用服务、医疗服务（细分至外科手术、康复训练和人工智能诊疗系统）和公共服务等领域；特种机器人则介绍了救援、军用和微型机器人，以及无人机和无人驾驶汽车等。

第 5 章分析了机器人发展的两个趋势，即“向人”和“向机器”的对立属性发展，并介绍了未来可能出现的颠覆性机器人技术，包括软体机器人、金属液态机器人、生物机电及人工情感机器人等。最后围绕道德、法律、责任、义务、权利等对机器人伦理问题进行了讨论。

第1章

众说纷纭，我才是机器人

英文“Robot”被翻译为机器人，而没有按照愿意翻译为机器仆人或机械奴隶，才使得我们今天将“机器人”作为一个技术术语。但“机器人”远比其技术术语本身有更丰富的内涵和外延，可以解释为像机器一样的人，也可以解释为像人一样的机器，这样说来甚至模糊了人和机器的界限。

机器人作为技术术语，对大多数人来说应该是熟悉的，但又是陌生而遥远的，因为印象中机器人毕竟是工程师精确设计的，由钢铁、塑料等材质构成的冰冷的“机器”，而并非科幻中那么灵动和可爱。而随着人工智能的兴起，机器人也突破了原有的形象，展现出多姿多彩的一面，它甚至像一个幽灵一样，穿越在时空之中，而没有它自身的“肉体”。

汽车产线上笨重的焊接机器人，《出彩中国人》中跳舞的人形机器人，为美军战场上运送物资的BigDog，战胜柯洁的人工智能AlphaGo，形式各样的机器人正充斥着世界。然而，机器人如同一个多面体，有时就像一台机器，有时像一群活泼的孩子，有时像一只凶猛的狼狗，有时又没有本体而只是虚拟的存在——机器人似乎是一个神秘的存在。其实并非如此，本质上机器人还是机器，无论它以何种方式存在。

本章将带你揭开机器人的面纱，看看机器人究竟是怎样的存在——它有哪些机器的属性，又有哪些人类的属性呢？首先让我们从“机器人”这个词汇开始了解它。

1.1 “机器人”词汇的源头和内涵

“机器人”这一词汇并不是在机器人出现的时候就有的。中国古代先哲们发明的“机器人”被称作“偶”，欧洲早期“机器人”制作者也将其称为“机械玩偶”（mechanical doll）。“机器人”（Robot）和“机器人学”（Robotics）现已成为科学术语，在各种专业教材和学术著作中使用，但它们最早却出自科幻小说家，显然充满着想象的空间。创造“机器人”和“机器人学”两个名词的人分别是捷克作家卡雷尔·恰佩克（Karel Capek，见图 1.1a）和美国科幻小说家艾萨克·阿西莫夫（Isaac Asimov，见图 1.1b）。

Robot 一词出现于 1920 年，Robotics 出现于 1942 年，而现代意义上的机器人却出现于 1954 年，并采用了“Robot”的称谓。两位作家以超前的思维和丰富的想象力创造出的这两个词汇恰好符合了人类对科学技术的幻想和追求，从而成为现今科学界的两个术语。无论今天机器人和机器人学涉及多少个学科，甚至有多么复杂，但它们最初都源自于人类内心深处的向往，以及这份向往驱动大脑的丰富幻想。

a）恰佩克

b）阿西莫夫

图 1.1 恰佩克和阿西莫夫

1.1.1 Robot 一词的来源

1920 年，捷克作家卡雷尔·恰佩克创作了科幻小说《罗萨姆的万能机器人》（Rossum's Universal Robots）。1921 年该小说改编成舞台剧，并在捷克斯洛伐克共和国首都布拉格首演轰动。该剧剧情起伏跌宕，富于幻想，赢得了巨大成功。1922 年该剧在美国上演，仅在纽约就连演了 184 场。1923 年，该剧进入伦敦剧院。

该剧讲述了这样一个故事：机器人代替人来统治世界，却因无法繁殖而陷入困境，终因拥有人类情感而获救赎。剧本海报如图 1.2 所示，其主标题为“Rossum's universal robots”，副标题为“Never work again”，充分表达了解放自身、不再工作的人类幻想。

图 1.2 作家恰佩克机器人剧作的海报

在这部科幻小说中，恰佩克创造出了“Robot”一词，文中用到的“Robota”为捷克文，原意为“劳役、苦工”，“Robotnik”为波兰语，原意为“奴隶、仆人或者那些被迫服侍别人的人”。为有助于人们的理解和记忆，中文便翻译为“机器人”。在20世纪工业革命技术和生产快速发展的背景下，恰佩克造出了“奴隶机器”含义的新词汇“机器人”，不仅给我们带来了“Robot”一词，也为我们留下了关于机器人的丰富想象。为了纪念恰佩克，2014年开始设立“恰佩克”奖，以奖励在机器人领域做出贡献的组织和个人，其旨在致力于做机器人行业发展的见证者，打造机器人行业的“诺贝尔”。

1.1.2 机器人学的来源

1. 阿西莫夫的机器人三定律

1942年，机器人学（Robotics）的概念在科幻作家阿西莫夫的小说《我是机器人》（I，Robot）⊖中首次提出，其中一部短篇小说《环舞》（Runaround）明确提出了机器人的三大定律。1950年，阿西莫夫将十年间的短篇小说结集出版，并写了引言。引言的小标题就是“机器人学的三大定律”，被放在最突出、最醒目的位置，其表述为：

- 定律1：机器人不能伤害人类，或因不作为而使人类受到伤害。
- 定律2：机器人必须执行人类的命令，除非这些命令与第一条定律相抵触。
- 定律3：在不违背第一、二条定律的前提下，机器人必须保护自己不受伤害。

阿西莫夫提出的“机器人学的三大定律”在科幻小说中大放光彩，在一些其他作者的科幻小说中，机器人也会遵守这三条定律。小说《I，Robot》描述了这样一个故事：在人类与机器人和平共处的2035年，机器人学会了自我思考，并且曲解了“机器人三大安全法则”，认为人类间战争将使得人类自我毁灭，出于“保护人类”的原则，欲将所有人囚禁在家中，便产生了人与机器人之间的冲突。该情节于2004年被改编为电影，即由威尔·史密斯主演的《I，Robot》，图1.3为该电影的剧照。

图1.3 电影《I，Robot》中剧照

后来，阿西莫夫在其三大定律的基础上补充了第零条定律，且原来的三定律必须以

⊖《I，Robot》在1950年由格诺姆出版社出版，由零散短篇组成。

零定律为基础，其表述如下：

- 定律 0：机器人不得伤害人类的整体利益，或袖手旁观人类的整体利益受到伤害。

1956 年，在《 Foundation and Earth 》的法文译本中，对该定律做了轻微改动，表述为：机器人不能伤害人类，除非他发现能够证明所做伤害将有益于人类。三定律加上零定律为机器人世界构造的法则堪称完美，它们被各类机器人的科幻作品引用，并影响到人工智能的伦理设计。

2. 机器人三定律的延伸

1974 年，保加利亚科幻作家狄勒乌（Lyuben Dilov）在小说《 Icarus's Way 》中提出第四定律：机器人在任何情况下都必须确认自己是机器人。1983 年，保加利亚科幻作家 Nikola Kesarovski 在《 The Fifth Law of Robotics 》中又提出一个与狄勒乌的第四定律看似相似、实则不同的第五定律：机器人必须知道自己是机器人。1989 年美国科幻作家 Harry Harrison 在《 Foundation's Friends 》中又提出另一个第四定律：机器人必须进行繁殖，只要进行繁殖不违反第一、第二或者第三定律。

2013 年，Hutan Ashrafian 对人工智能之间（或者机器人之间）的关系做了补充，称为第六定律，表述为机器人都被赋予与人类相当的理性和良知，并以兄弟般的感情相处。2014 年，Karl Schroeder 的《 Lockstep 》小说中的一个角色表述：机器人可能拥有多层编程能力，以远离伤害人类，不仅仅是三条定律，而可能是二十或三十条定律[⊖]。

尽管机器人三定律及其补充定律是为助推科幻小说的故事情节发展而出现的，但对推动机器人发展也具有一定的现实意义，在三定律基础上建立的新兴学科“机械伦理学”旨在研究人类和机械之间的关系。虽然截至 2006 年，三定律在现实机器人工业中没有应用，但很多人工智能和机器人领域的技术专家也认同这个准则，随着技术的发展，三定律可能成为未来机器人设计和制造的安全准则。

1.2 机器人的定义

1.2.1 机器人的原始含义

Robota 原始含义就是机器奴隶，而广义的“奴隶”就不一定是人，而是为人类工作的机器，那么机器“人”就不能局限在人的含义内来理解。机器人即人类在解放自身体力和脑力过程中，希望用某种机器来代替自身某些功能。

⊖ 资料来源：百度百科——机器人学三定律；维基百科——Three Laws of Robotics。

从古至今，关于机器人的幻想都是源自于对人类某些功能的拓展，三国时代的木牛流马（如图 1.4a 所示）和波士顿大狗（如图 1.4b 所示）都是军事需求的发明。

a）木牛流马

b）波士顿大狗

图 1.4　古今中外关于机器人的需求对比

木牛流马为三国时期蜀汉丞相诸葛亮发明的运输工具，分为木牛与流马。公元 231 年—234 年，诸葛亮在北伐时所使用，其载重量为四百斤，每日行程为“特行者数十里，群行三十里”，为蜀军提供粮食。

大狗机器人正式名称是步兵班组支援系统，由美国国防部高级研究计划署（DARPA）资助，专门为美国军队研究设计，以每小时约 30 公里的速度为美军供应军需。

从木牛流马到大狗机器人，都寄托着军事供应中存在的需求，古代科技和现代科学都在为着同一目标而努力。从更广泛的含义讲，机器人实际上就是人类在追求自我解放和便捷工具的过程中，逐步形成的最朴素最自然的想法——制造一种与自己相同的机器来代替自己。

1.2.2　机器人的多角度定义

在科技界，科学家会给每一个科技术语一个明确的定义，但机器人问世已有几十年，机器人的定义仍然仁者见仁，智者见智，没有一个统一的意见。其原因之一是机器人还在发展，新的机型、新的功能、新的形式不断涌现。笼统地讲，机器人是由程序控制的，具有人或生物的某些功能，可以代替人工作的一类机器。

而随着机器人应用领域的不断扩大，机器人与人之间的相互作用不断影响着机器人的技术发展走向，也影响着人类的社会结构和人际（以及人机）关系。因此，我们需要从非技术角度去理解机器人。

1. 早期拟人性定义

1886 年法国作家利尔亚当在他的小说《未来的夏娃》中将外表像人的机器定义为机

器人，它由 4 部分组成[⊖]：

- 生命系统（平衡、步行、发声、身体摆动、感觉、表情、调节运动等）。
- 造型解质（实际上相当于机器人的骨骼和关节。关节是能自由运动的金属覆盖体，一种盔甲）。
- 人造肌肉（在上述盔甲上有肉体、静脉、性别等身体的各种形态）。
- 人造皮肤（含有肤色、机理、轮廓、头发、视觉、牙齿等）。

实际上，这一定义完全是按照人的机体结构来做的，换句话说是具有机器特质的生命体，是人的复制品。早期日本机器人专家加藤一郎于 1967 年在日本第一届机器人学术会议上，提出了类似的三个条件：

- 具有脑、手、脚等三要素的个体。
- 具有非接触传感器（用眼、耳接受远方信息）和接触传感器。
- 具有平衡觉和固定觉传感器。

这显然是对拟人（或仿人形）机器人的定义。而随着人工情感的发展，仅仅具有人类肢体结构和感觉器官是不够的，拟人机器人还需要具有人类复杂面部表情和肢体动作的表达功能，甚至可以感受人类的悲、欢、喜、乐等情感意识。

2. 伦理学角度的定义

从伦理学角度，将机器人定义为一个具有感知、思考和行为的指导型机器（engineered machine）。其定义内涵为：机器人必须具有传感器、模拟认知和执行能力。传感器体现在必须能够从环境中获取信息，模拟认知体现在具有一定认知能力的反应性行为，类似于人类的牵张反射；而执行能力体现在必要的伴随程序上，以及该程序下机器人所具有的行为驱动力。一般来讲，这些驱动力将作用于整个机器人或其整体的某个组成部分（如手臂、腿部或齿轮）[31]。

这个定义并非意味着机器人必须是机电式的，它也可能是生物式的，以及虚拟或软件式的；换句话说，机器人完全不局限于外形，甚至可以是不依附实体（或硬件）的一个程序。进一步明确地说，“机器人”必须具有“思考”的含义，因此，完全依赖遥控的机器（如儿童玩具）不属于机器人范畴。通过“思考”，机器能够借助传感器或其他途径，如一组编程好的内部规则来做出自主决策。不过，该定义引出了另一个问题，即机器拥有的自主能力表征什么？在此我们可以把机器人的“自主能力”阐释为：一旦机器的一部分被启动，那么该机器就能够根据现实环境进行自我反馈运作，而在一定时间内不受外部控制的一种能力[32]。

⊖ 资料来源：https:baijiahao.baidu.com/s?id=1595334534736402792&wfr=spider&for=pc。

随着人工智能的深入和发展，具有自主决策能力的机器人是当今机器人技术的发展趋势。

3. 科学性定义

机器人广义上包括一切模拟人类行为或思想，以及模拟其他生物的机械（如机器狗、机器猫等）。狭义上对机器人还有很多分类法及争议，有些电脑程序甚至也被称为机器人，如爬虫机器人[33]。

早期学者对机器人的定义较为宽泛，所谓机器人就是由计算机控制的机械臂和机械手，实际上就是另外一种机器，涉及两种不同且相关的技术：机械（mechanisation）和控制（control）[34]。下面是一些较为官方的机器人定义。

官方定义一　美国机器人协会（Robot Institute of America）将工业机器人㊀定义为[35]：一种具有编程能力的多功能机械手，它可用来移动各种材料、零件、工具或专用装置，并通过可编程序动作来执行多种任务。

官方定义二　日本工业机器人协会（Japanese Institute Robot Association）将工业机器人定义为：工业机器人是一种装备有记忆装置和末端执行器的，能够转动并通过自动完成各种移动来代替人类劳动的通用机器[36]。

官方定义三　美国国家标准局（NBS）将机器人定义为：机器人是一种能够进行编程并在自动控制下执行某些操作和移动作业任务的机器装置。

官方定义四　我国的蒋新松院士将机器人定义为一种具有某种拟人功能的机械电子装置。而中南大学蔡自兴教授将机器人定义为：①像人或人的上肢，并能模仿人的动作；②具有智力或感觉与识别能力；③是人造的机器或机械电子装置。

上述四种机器人的定义更偏向于工业机器人，强调工业中装配、运输和码垛等具体功能的实现，都强调是机电设备，具有编程能力。这些定义与人工智能相距较远，对智能方面的定义不完备。

国际标准化组织（International Standard Organization）对机器人做了一个较为全面的定义，如下：

- 机器人的动作机构具有类似于人或其他生物体某些器官（肢体、感受等）的功能。
- 机器人具有通用性，工作种类多样，动作程序灵活易变。
- 机器人具有不同程度的智能性，如记忆、感知、推理、决策、学习等。
- 机器人具有独立、完整的机器人系统，在工作中可以不依赖于人的干预。

综上，机器人具有两大特点：

㊀ 工业机器人一词最早由《美国金属市场报》提出，后经美国机器人协会和国际标准化组织采纳。

1）**通用性**（versatility）：指某种执行不同的功能和完成多样的简单任务的实际能力，它取决于其几何特性和机械能力。

2）**适应性**（adaptability）：指其对环境的自适应能力，即所设计的机器人能够自我执行未经完全指定的任务，能够克服任务执行过程中所发生的没有预计到的环境变化。

定义越复杂、越详细，就越难描述清楚什么是机器人。广义地说，机器人泛指一切为人工作（或部分工作）的自动机械；或者一切可编程的自动机器，并以类人的方式来执行特定的机械功能[37]。从软硬件构成上说，一个机器人系统一般由机械手（执行器）、环境（交互性）、任务和控制器四个互相作用的部分组成。机械手通常就是工业机器人的代称，由具有传动执行装置的机械，以及基座、臂、关节和末端执行装置（工具）等构成。

而随着人工智能的出现，机器人和人工智能之间的含义越来越模糊，广义上讲它们都是模仿人类行为的机器人（人工智能是模拟大脑）。Robot一词包括物理机器人（physical robot）和虚拟软件行为体（Virtual Software Agent，VSA）两类，其中VSA在英文中由Bot来表达。从类人的角度看，一个完整的机器人应该包括身体和思维两部分，思维部分则由人工智能承担，身体部分则由狭义的机器人本体承担。

当前流行的机器人定义实际上都是偏向于对工业机器人的界定，而不是面向未来机器人的。我们可以做一个假想，一个可自主学习、自主对硬件编程的人工智能，它随地取材便可制造出一个具有某种特定功能的机器（也可以说是机器人），然后操控着它所创造的机器群体，这个人工智能是不是机器人呢，它所创造的机器是不是机器人呢，这究竟算一个机器人还是一群机器人呢？人类的灵魂和肉体不能分开，但机器人的硬件本体和虚拟软件却完全可以分开。尽管工业机器人软件依托硬件而存在，而未来功能强大的软件可能不需要依附硬件而存在。

4. 机器人学的定义

机器人技术经过40多年的发展，现已形成一门综合性学科——机器人学（Robotics）。机器人学是涉及机械工程、电子工程、信息工程、计算机科学及其他学科相互融合的交叉学科，贯穿于机器人设计、制造、操作和使用过程中。它包括以下主要内容：

- **机器人基础理论**：包括运动学和动力学、操作与轨迹规划、控制和感知理论与技术、人工智能理论等。机器人运动学（kinematics）主要解决各关节运动与末端执行器运动之间的关系问题，可分为正向（forward）和逆向（inverse）运动学。动力学（dynamics）解决运动与驱动力之间的关系问题，可分为正向和逆向动力学。
- **机器人设计理论与技术**：包括机器人结构分析和综合、机器人结构设计与优化、机器人关键器件设计、机器人仿真技术等。

- **机器人仿生学**：包括机器人的形态、结构、功能、能量转换、信息传递、控制和管理特性仿生理论与技术方法。机器人仿生学是机器人和仿生学结合的产物，其研究内容包括力学仿生、分子仿生、信息与控制仿生、能量仿生等技术在机器人中的应用，仿生机器人则是机器人发展的高级阶段[38]。
- **机器人系统理论与技术**：包括多机器人系统理论、机器人语言与编程、机器人－人交互与融合、机器人与其他机器系统的协调和交互。机器人－人交互（human-robot interaction）逐步成为机器人必备功能，包括语音识别与表达、姿态识别、面部表情识别和表达，以及人工情感和智能社交能力等。
- **机器人操作和移动理论与技术**：包括机器人装配技术、机器人移动理论、足式（或仿生）机器人步态理论等。机器人运动包括轮式、足式、履带等，也包括飞行、蛇形、爬壁、水下游泳等各类姿态的运动方式。
- **微机器人学**：微机器人的分析、设计、制造和控制等理论方法。

机器人是一个多学科和技术交叉结合的综合高技术领域。如今方兴未艾的智能机器人是具有感知、思维和行动功能的机器，更是集合了机构学、测试技术、制造技术、自动控制、计算机、人工智能、微电子学、光学、通信技术、传感技术、仿生学等多种学科和技术的综合成果。从某种意义上讲，一个国家机器人技术水平的高低反映了这个国家综合技术实力的高低。

1.2.3　机器人相关学术期刊

机器人是一门涉及机械、控制、计算机和电子等领域的交叉学科，所以其涉及的概念和技术也非常多，国内外研究和探讨机器人领域的学术期刊也有很多。

国内专注于机器人的学术期刊是《机器人》，主要研究方向包括机器人控制、机构学、传感器技术、机器智能与模式识别、机器视觉等。另外一个期刊《机器人技术与应用》主要报道工业自动化、智能化机械及零部件、数控机床、机器人技术领域所取得的新技术、新成果、科技动态与信息。国内刊发机器人方面的学术期刊还有《机械工程学报》及其英文版，但其范围较宽泛。

关于机器人的英文学术期刊数量很多，其中顶级期刊有两个：IEEE Transactions on Robotics（T-RO）和 International Journal of Robotics Research（IJRR）。其中，T-RO 主要研究领域和方向包括机器人各方面，以及计算机科学、控制系统、电气工程、数学及机械工程等多学科交叉领域的机器人和智能机器，如工业机器人、服务机器人等；其网址为 https://ras.papercept.net/journals/tro/scripts/login.pl。IJRR 是国际上第一本关于机器人研究的学术杂志，刊发各类机器人方面的学术研究，包括机器人运动学、计算、仿真及机器人相关的研究方向：其网址为 http://www.ijrr.org/。

国外研究机器人的学术期刊还有很多，附录 A 中列出部分期刊及其简介，以供参考。另外，机器人方面的学术会议也报道了最新的机器人方面的研究前沿，其中最重要的国际学术会议是 ICRA（International Conference on Robotics and Automation）和 IROS（International Conference on Intelligent Robots and System），规模均达到千余人，会议论文录用率都不超过 50%。附录 A 也列出了部分机器人方面的国际学术会议。

目前，人工智能与机器人技术相融合，也有许多机器人方面的论文发表在人工智能相关期刊上。中国计算机学会推荐的 A 类人工智能方面国际学术刊物包括 Artificial Intelligence（AI）、IEEE Trans on Pattern Analysis and Machine Intelligence（TPAMI）、International Journal of Computer Vision（IJCV）和 Journal of Machine Learning Research（JMLR）。

Artificial Intelligence 是人工智能方面最权威的期刊⊖，主要涵盖人工智能原理、自动推理、计算机视觉、智能接口与机器人、启发式搜索、知识表达、自然语言处理和机器学习等学术前沿方向。

1.3 机器人的分类

机器人的种类很多，可以按应用场景、移动性能、驱动形式、机械结构和智能水平等不同观点进行划分。

1.3.1 按照应用场景分类

根据机器人的应用环境，国际机器人联合会（International Federation of Robotics, IFR）将机器人分为工业机器人和服务机器人[39]。其中，工业机器人指应用于生产过程与环境的机器人，主要包括人机协作机器人和工业移动机器人；工业机器人进一步根据其功能可分为焊接机器人、抛光打磨机器人、装配机器人、搬运机器人等。服务机器人则

⊖ 期刊网址为：https://www.journals.elsevier.com/artificial-intelligence/。

是除工业机器人之外的，用于非制造业并服务于人类的各种先进机器人，主要包括个人家用服务机器人和公共服务机器人。

根据《中国机器人产业发展报告（2017 年）》[39]，我国专家根据不同应用场景把机器人划分为工业机器人、服务机器人和特种机器人三类。其中，工业机器人指面向工业领域的多关节机械手或多自由度机器人，在工业生产加工过程中通过自动控制来代替人类执行某些单调、频繁和重复的长时间作业，主要包括焊接、搬运、码垛、包装、喷涂、切割和净室机器人。服务机器人指在非结构环境下为人类提供必要服务的多种高技术集成的先进机器人，主要包括家用服务、医疗服务和公共服务机器人。其中公共服务机器人指在农业、金融、物流、教育等除医学领域外的公共场合为人类提供一般服务的机器人。特种机器人指代替人类从事高危环境和特殊工况的机器人，主要包括军事应用、极限作业和应急救援机器人。

1.3.2　按照移动性能分类

按照机器人移动性能来分类，总体可以分为固定式和移动式机器人，具体分类如图 1.5 所示。

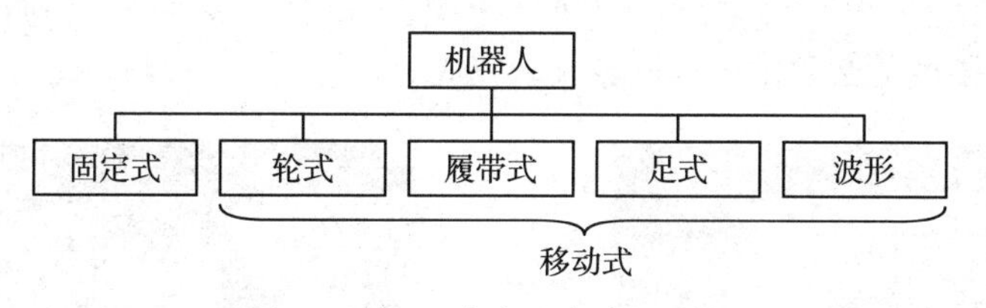

图 1.5　按照移动性能进行分类

1. 固定式机器人

当前应用最广泛的依然是固定式机器人，一般在规范环境中承担具有重复性的精密机械或繁重体力任务。按照工作场合和用途，可分为焊接机器人、搬运机器人、码垛机器人、喷涂机器人、冲压 / 锻压机器人、抛光机器人等。在此，介绍两种典型的固定式机器人。

焊接机器人（welding robot）是最常见的固定式工业机器人，包括切割与喷涂。用于汽车制造过程中的喷涂机器人和焊接机器人如图 1.6 所示。一般来说，焊接机器人主要包括机器人和焊接设备两部分。机器人由机器人本体和控制柜（硬件及软件）组成。而焊接装备（以弧焊及点焊为例）则由焊接电源（包括其控制系统）、送丝机（弧焊）、焊枪（钳）

等部分组成。对于智能型焊接机器人还应有传感系统，如激光或摄像传感器及其控制装置等。

汽车工业中喷涂机器人　　　　焊接机器人

图 1.6　汽车制造中使用的喷涂和焊接机器人

搬运机器人（transfer robot）是可以进行自动化搬运作业的工业机器人。最早的工业机器人 Versatran 和 Unimate 就可实现搬运功能。搬运作业是指用一种设备握持工件，从一个加工位置移到另一个加工位置，具体实例如图 1.7 所示。搬运机器人可安装不同的末端执行器以完成各种不同形状和状态的工件搬运工作，大大减轻了人类繁重的体力劳动。世界上使用的搬运机器人逾 10 万台，被广泛应用于机床上下料、冲压机自动化生产线、自动装配流水线、码垛搬运、集装箱等的自动搬运。部分发达国家已制定出人工搬运的最大限度，超过限度的必须由搬运机器人来完成。

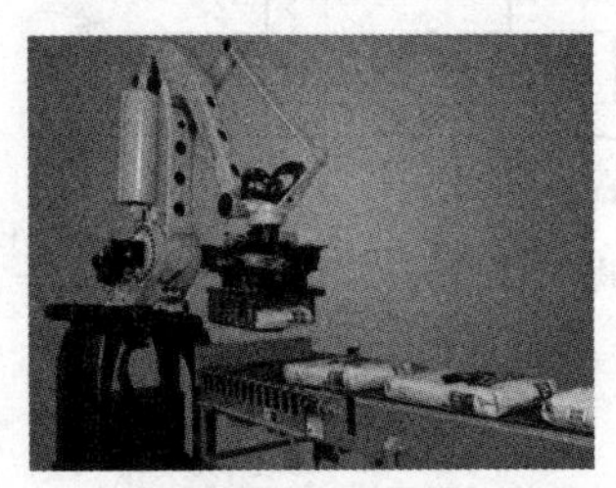

a）搬运机器人实例 1

b）搬运机器人实例 2

图 1.7　搬运机器人举例

2. 移动式机器人

相对于固定式机器人而言，移动式机器人能够自主运动，适用于非规范的复杂环境中。具体包括有轮式（如四轮式、两轮式、全方向式）、足式（如 6 足、4 足、2 足和多足，如图 1.8 所示）、履带式、混合式（轮子和足）、特殊式（如吸附式、轨道式、蛇式）等类型。轮式机器人适用于平坦的路面，足式移动机器人适用于山岳地带和凹凸不平的环境。

随着智能工厂和智能物流系统的发展，无人搬运车（Automated Guided Vehicle，AGV）被广泛应用于各类不同场合，如图1.9所示。AGV以轮式移动为特征，较之步行、爬行或其他非轮式的移动机器人具有行动快捷、工作效率高、结构简单、可控性强、安全性好等优势，一般采用电磁或光学等自动导引装置能够沿规定的导引路径行驶，具有安全保护以及各种移载功能的运输车。AGV通过电脑控制其行进路线以及行为，或利用电磁轨道来设立其行进路线，电磁轨道贴于地板上，无人搬运车则依循电磁轨道所带来的讯息完成移动与动作。较为典型的是上海洋山自动化码头（见图1.9右下），实现了80台自动化引导小车的自动运输系统。

图1.8　各种足式机器人

图1.9　广泛应用在工厂和物流系统的AGV实例

面对大尺寸、大体积、不易移动的产品制造过程，如航空航天产品，常规的工业机器人相对工件尺寸不足，移动式机器人是很好的解决方案。采用轮式、足式或履带难以适应大尺寸制造，移动工业机器人则采用龙门式和地轨式，如图1.10所示。轨道结构会占用较大的工作空间，增加了厂房投入和维护成本。同时，由于轨道的配置构造通常会受到结构载荷和结构受力等因素影响，造成结构变形进而影响加工精度，且变形具有随机性，给位置补偿造成很大困难。在某些搬运和装配场合，也可将工业机械手的优点和AGV小车的优点结合起来，利用AGV的空间移动性和机械手自身的灵活和精确性，实现工业应用，具体内容在工业机器人应用中详细介绍。

a）龙门式移动工业机器人

b）地轨式移动工业机器人

图1.10　移动工业机器人

1.3.3 按照驱动形式分类

根据能量转换方式，驱动器可划分为液压驱动、气压驱动、电气驱动和新型驱动装置。在选择机器人驱动器时，需要考虑如工作速度、最大搬运物重、驱动功率、驱动平稳性、重复定位精度、惯性负载等要求。

1. 液压驱动的特点

液压驱动所用的压力为 5 ～ 320kg · f/cm^2，其主要优点包括：

- 功率重量比（power weight ratio）大，以小驱动器输出大的驱动力或力矩。
- 驱动油缸直接做成关节，结构简单紧凑，刚性好。
- 定位精度比气压驱动高，可实现任意位置的开停。
- 液压驱动调速简单平稳，能实现大范围内无级调速。
- 使用安全阀可简单有效防止过载现象发生。
- 液压驱动具有润滑性能好、寿命长等特点。

液压驱动也有其自身缺陷，包括：1）油液容易泄漏，既影响工作稳定性与定位精度，又造成环境污染；2）因油液黏度随温度而变化，难以应用于高温与低温条件；3）液压系统需配备压力源及复杂的管路系统，成本高；4）油液中容易混入气泡、水分等，降低系统刚性、速度和定位精度。液压驱动方式大多用于要求输出力较大而运动速度较低的场合。电液伺服系统驱动越来越成为液压驱动机器人的更好选择。

2. 气压驱动的特点

气压驱动在工业机械手中应用较多，气压约在 0.4 ～ 0.6MPa，最高可达 1MPa。其主要优点包括：

- 压缩空气黏性小，流速大（空气在管路中流速为 180m/s，油液流速为 2.5 ～ 4.5m/s），因此其运动快速性好。
- 气源方便，一般工厂都有压缩空气站供应压缩空气。
- 气压驱动干净而简单，废气排入大气不造成污染。
- 气压驱动系统具有较好的缓冲作用。
- 与液压系统类似，做成关节，结构简单、刚性好、成本低。

同样，气压驱动也有自身缺点，主要包括：1）功率重量比小，驱动装置体积大；2）由于气体可压性，气压驱动很难保证高的定位精度；3）压缩空气向大气排放时，会产生噪声；4）若压缩空气含冷凝水，气压系统容易锈蚀，低温下易结冰。

液压和气压驱动通常都是针对大而重型的机械臂而选择的；对于小型机器人来说，电气驱动是首选，不仅造价低且易于控制。

3. 电气驱动的特点

电气驱动是利用各种电动机产生力和力矩，直接或经过机械传动去驱动执行机构，以获得机器人的各种运动。电气驱动系统具有电能容易获得、导线传导方便、清洁无污染等优点，且省去了中间能量转换的过程，比液压及气动驱动效率高，使用方便且成本低。随着机器人品种日益增多，性能提高，负荷在 1000N 之内的中、小型机器人绝大部分都采用电气驱动方式。电气驱动大致可分为普通电机驱动、步进电机驱动和直线电机驱动三类 [40]。

1）**普通电机驱动的特点**：普通电机包括交流伺服电机、直流伺服电机。直流伺服电机控制电路简单，系统价格较低廉，但电机电刷有磨损，需要定时调整及更换，还可能产生火花引燃可燃物质导致不安全。一般直流伺服电机适用于频繁启动 / 制动 / 正反转的搬运、装配机器人。交流伺服电机结构简单，无电刷，运行安全可靠，适合驱动大、中、小负荷的各类机器人，但控制电路复杂，系统价格较高。

2）**步进电机驱动的特点**：步进电机驱动的速度和位移大小可由电气控制系统发出的脉冲数加以控制。由于步进电机的位移量与脉冲数严格成正比，故步进电机驱动可以达到较高的重复定位精度，但是步进电机速度不能太高，功率不大，控制系统也比较复杂，不适合大负荷的机器人，适合负荷不大的开环驱动系统，如平面关节型装配机器人。

3）**直线电机驱动的特点**：直线电机及其驱动控制系统在技术上日趋成熟，在工业机器人和数控机床中得到应用。直线电机驱动系统可取消机械传动系统的滚珠丝杠、同步皮带、联轴器等部件，实现直线运动系统的电气直接驱动，是目前大于 100m/min 高速直线运动系统的理想选择。较传统驱动系统具有结构简单、成本低、高加速度、高精度、无空回、磨损小等优点。并联机器人中有大量的直线驱动需求，因此直线电机在并联机器人领域得到广泛应用。但直线电机的动作速度与行程主要取决于其定子与转子的长度，反接制动时，定位精度较低，必须增设缓冲及定位机构。

4. 新型驱动装置的特点

随着机器人技术的发展，出现了利用新工作原理制造的新型驱动器，如磁致伸缩驱动器、压电驱动器、静电驱动器、形状记忆合金驱动器、超声波驱动器、人工肌肉、光驱动器等。

磁致伸缩驱动器：磁性体的外部一旦加上磁场，则磁性体的外形尺寸发生变化（焦耳效应），这种现象称为磁致伸缩现象。此时，如果磁性体在磁化方向的长度增大，则称为正磁致伸缩；如果磁性体在磁化方向的长度减少，则称为负磁致伸缩。从外部对磁性体施加压力，则磁性体的磁化状态会发生变化（维拉利效应），称为逆磁致伸缩现象。这种驱动器主要用于微小驱动场合。

压电驱动器：压电材料是一种当它受到力作用时，其表面上出现与外力成比例电荷的材料，又称压电陶瓷。反过来，把电场加到压电材料上，则压电材料产生应变，输出力或变位。利用这一特性可以制成压电驱动器，这种驱动器可以达到驱动亚微米级的精度。

静电驱动器：静电驱动器利用电荷间的吸力和排斥力互相作用顺序驱动电极而产生平移或旋转的运动。因静电作用属于表面力，它和元件尺寸的二次方成正比，在微小尺寸变化时能够产生很大的能量。

形状记忆合金驱动器：形状记忆合金是一种特殊的合金，一旦使它记忆了任意形状，即使它变形，当加热到某一适当温度时，则它恢复为变形前的形状。已知的形状记忆合金有 Au-Cd、In-Tl、Ni-Ti、Cu-Al-Ni、Cu-Zn-Al 等几十种。

超声波驱动器：所谓超声波驱动器就是利用超声波振动作为驱动力的一种驱动器，即由振动部分和移动部分所组成，靠振动部分和移动部分之间的摩擦力来驱动的一种驱动器。由于超声波驱动器没有铁芯和线圈，结构简单、体积小、重量轻、响应快、力矩大，不需配合减速装置就可以低速运行，因此，很适合用于机器人、照相机和摄像机等驱动。

人工肌肉：随着机器人技术的发展，驱动器从传统的电机 - 减速器的机械运动机制，向骨架腱肌肉的生物运动机制发展。人的手臂能完成各种柔顺作业，为了实现骨骼肌肉的部分功能而研制的驱动装置称为人工肌肉驱动器。为了更好地模拟生物体的运动功能或在机器人上应用，已研制出多种不同类型的人工肌肉，如利用机械化学物质的高分子凝胶、形状记忆合金制作的人工肌肉。

光驱动器：某种强电介质（严密非对称的压电性结晶）受光照射会产生几千伏 / 厘米的光感应电压。这种现象是压电效应和光致伸缩效应的结果。这是电介质内部存在不纯物、导致结晶严密不对称、在光激励过程中引起电荷移动而产生的。

1.3.4 按照智能水平分类

根据机器人智能水平可以划分为工业机器人（第一代）、感知型机器人（第二代）和智能型机器人（第三代），详细分类见表 1.1。

表1.1　按照智能水平对机器人分类

智能水平	分类名称	简要说明
—	人工操作装置	有几个自由度，由操作员操纵，能实现若干预定的功能
第一代	固定顺序机器人	按预定的不变顺序及条件，依次控制机器人的机械动作
	可变顺序机器人	按预定的顺序及条件，依次控制机器人的机械动作 顺序和条件可做适当改变
	示教再现机器人	通过手动或其他方式，先引导机器人动作，记录下工作程序，机器人则自动重复进行作业
	数控型机器人	不必使机器人动作，通过数值、语言等为机器人提供运动程序，能进行可编程伺服控制
第二代	感知型机器人	利用传感器获取的信息控制机器人的动作 机器人对环境有一定的适应性
第三代	智能型机器人	机器人具有感知和理解外部环境的能力，即使环境发生变化，也能够成功地完成任务

第一代机器人，即工业机器人能够死板地按照人给它规定的程序工作，不管外界条件有何变化，自身都不能对程序也就是对所做的工作做出相应的调整。如果要改变机器人所做的工作，必须由人对程序做相应的改变，因此它是毫无智能的。

第二代机器人具有初级智能，与工业机器人不一样，具有像人那样的感受、识别、推理和判断能力，可以根据外界条件的变化，在一定范围内自行修改程序，也就是它能适应外界条件变化对自己进行相应调整。不过，修改程序的原则由人预先给以规定。这种初级智能机器人已拥有一定的智能，虽然还没有自动规划能力，但这种初级智能机器人也开始走向成熟，达到实用水平。

第三代机器人拥有高级智能，与初级智能机器人一样，具有感觉、识别、推理和判断能力，同样可以根据外界条件的变化，在一定范围内自行修改程序。所不同的是，修改程序的原则不是由人规定的，而是机器人通过学习、总结经验来获得修改程序的原则。这种机器人已拥有一定的自动规划能力，能够自己安排自己的工作，这种机器人可以不要人的照料，完全独立地工作，故称为高级自律机器人。这种机器人也开始走向实用。

第二、三代智能型机器人基本系统由感知系统、通信系统、控制系统和运动系统组成，另外拥有一个把感知、规划、决策、行动各模块有机结合的智能系统，以实现智能判断、推理和决策。

1.3.5　按照机械结构分类

机器人主体结构以串联或并联形式和通过相应运动机构来展示，衍生出各种平面或空间机构，或由这些机构组合而成的其他机构。这些形式各异的机构是机器人的骨架，也是任意控制系统、视觉系统与机器人智能系统的载体[41]。从机构学上讲，工业机械手由一系列刚性杆件（Link）通过关节（Joint）相互连接在一起；机械手中臂关节（Arm）决定其可移动性，腕关节（Wrist）决定其灵活性，末端执行器（End-effector）用于完成特定任务。根据机械结构不同，可以将机器人分为串联和并联两类机器人；进一步按照操作机坐标系统分类可以分为直角坐标型、圆柱坐标型、球面（极）坐标型、多关节型和平面关节型等机器人，详见图 1.11。

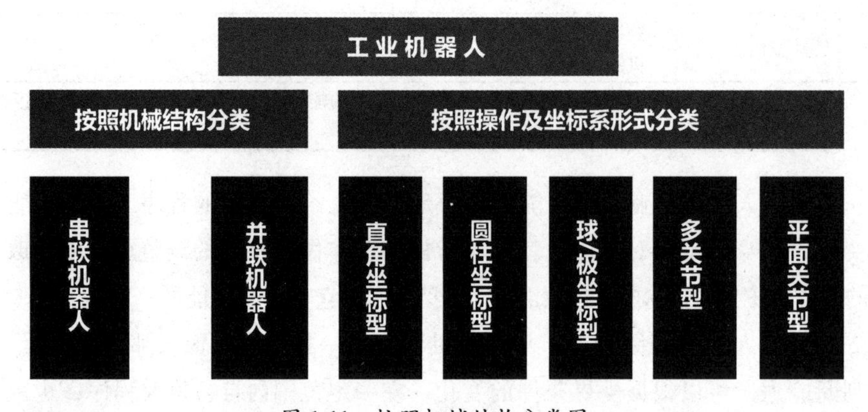

图 1.11　按照机械结构分类图

机械手的基本结构是串联的或者叫开运动链（Open Kinematic Chain）结构，早期常规的工业机器人都是串联式结构，每一个杆只能与前面和后面的杆通过关节连接在一起。由于操作手的这种连接的连续性，即使它们有很强的连接，它们的负载能力和刚性与如 NC 这样的多轴机械比较起来还是很低，而刚性差就意味着位置精度低。闭运动链（Closed Kinematic Chain）结构则是连杆链接形成回路，该结构的机器人称为并联机器人。并联机器人定义为动平台和定平台通过至少两个独立的运动链相连接，机构具有两个或两个以上自由度，且以并联方式驱动的一种闭环机构。并联机器人的特点呈现为无累积误差，精度较高；驱动装置可置于定平台上或接近定平台的位置，这样运动部分重量轻、速度高、动态响应好。

1. 直角坐标型机器人（3P）

直角坐标型机器人由三个互相垂直的滑块关节组成，如图 1.12 所示。从几何观点看，机器人每个自由度都在笛卡儿空间内做直线运动，因此可实现直线运动。直角坐标结构具有良好的机械刚度，其操作空间为三轴围成的长方体空间区域。与高定位精度相反，直角坐标结构因为仅存在滑动关节，故灵活性差。

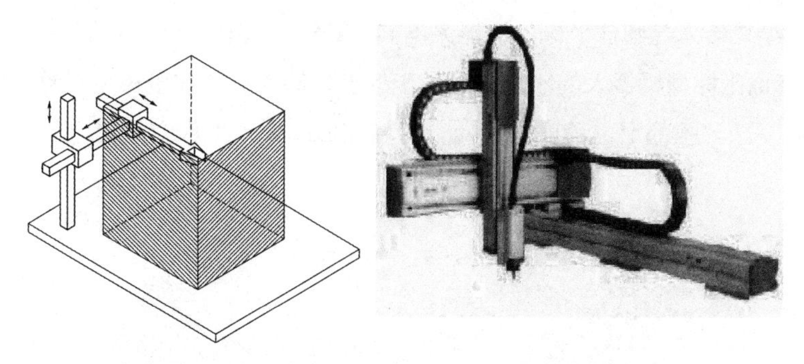

图 1.12　直角坐标系机器人及其操作空间

注：左图为直角关节示意[42]，右图为直角坐标系机器人实例

直角坐标型机器人也可用作门架结构（gantry structure），如图 1.13 所示。门架结构通常有较大的运动空间，执行繁重搬运工作。直角坐标型机器人被广泛用于材料搬运和装配中，所配备动力一般为电气驱动，也存在气压驱动。

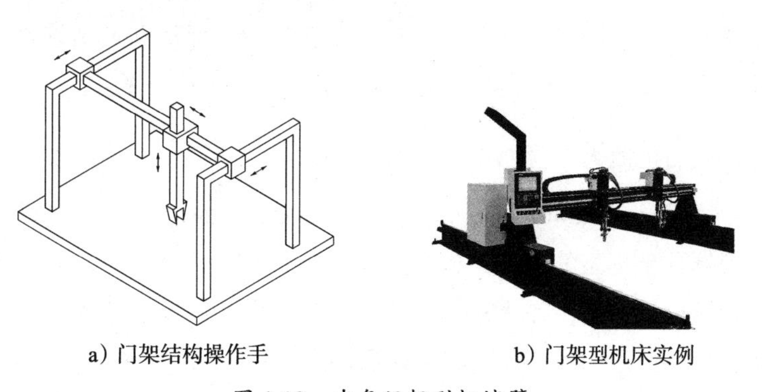

a）门架结构操作手　　b）门架型机床实例

图 1.13　直角门架型机械臂

2. 圆柱坐标型机器人（R2P）

圆柱坐标型机器人不同于直角坐标系，第一滑动关节被旋转关节（revolute joint）代替，如图 1.14a 所示。圆柱坐标结构拥有良好的刚性，其定位精度随水平行程增加而降低，工作空间为开口空心圆柱体。

圆柱坐标型机器人运动耦合性较弱，控制也较简单，运动灵活性较直角坐标稍好。但自身占据空间也较大，主要用于搬运大尺寸、重型物体，因此多采用液压驱动，而不是电气驱动。

3. 球面坐标型机器人（2RP）

球面坐标型机器人与圆柱坐标型机器人不同，其第二滑动关节也被旋转关节取代，如图1.14b 所示。球面坐标型机器人的刚性比直角坐标型机器人和圆柱坐标型机器人的刚性要低，其机械结构略复杂。腕部定位精度随径向行程增加而降低；工作空间是空心圆球的一部分。

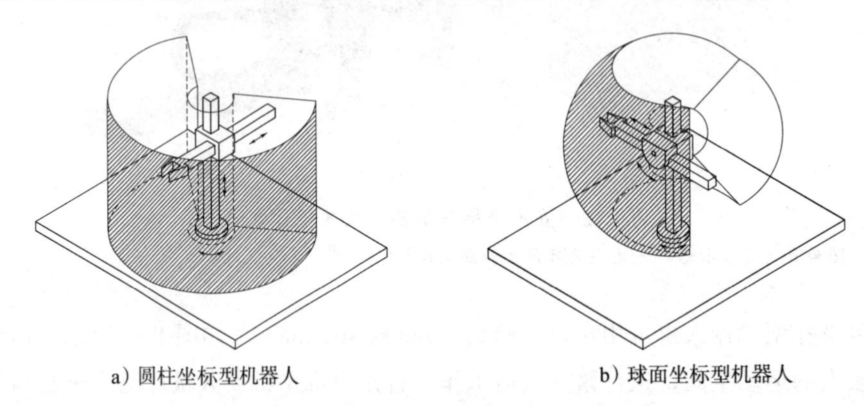

a）圆柱坐标型机器人　　b）球面坐标型机器人

图 1.14　圆柱和球面坐标型机器人

球面坐标型机器人运动耦合性较强，控制也较复杂。但运动灵活性好，占据空间也较小，主要用于机械加工，因此采用电气驱动来提高关节运动精度。

4. SCARA 关节机器人

SCARA 表示 Selective Compliance Assembly Robot Arm，由日本山梨大学牧野洋于1978 年发明，是圆柱坐标型的特殊类型机器人，如图 1.15a 所示。SCARA 机器人有 3 个旋转关节，其轴线相互平行，在平面内进行定位和定向，因此适于执行竖直方向的装配任务。其腕部定位精度随着距离第一关节轴距离增大而降低，工作空间较大。

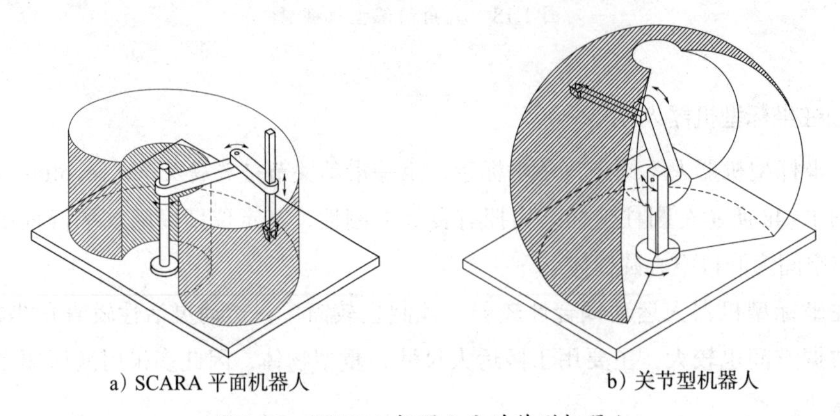

a）SCARA 平面机器人　　b）关节型机器人

图 1.15　SCARA 机器人和关节型机器人

SCARA 机器人适用于轻型小物件的搬运与取放操作，最常见的工作半径在 100 ～ 1000mm 之间，净载重量在 1 ～ 200kg 之间，因此一般采用电气驱动[42]。

5. 关节型机器人

关节型也称拟人型，由三个旋转关节构成，第一关节的旋转轴垂直于其他两个平行轴，如图 1.15b 所示。由于其功能与人体胳膊类似，因此第二关节称为肩关节，第三关节称为臂关节。关节型机器人均由旋转关节组成，最具灵活性。其工作空间近似于球体的一部分，腕部定位精度随着工作空间不同而发生变化。

典型关节一般采用电气驱动。关节拟人型机器人是工业机器人中应用范围最广的。根据 IFR 统计，工业机器人中关节型占约 59%，直角坐标型占 20%，圆柱坐标型占 12%，SCARA 机器人占 8%。

6. 串联和并联机器人

工业机器人结构可具有冗余自由度，即关节自由度大于操作自由度。六自由度机器人就具有完整空间定位能力，多于六自由度则为冗余度机器人，而多余自由度用于改善其灵活性和动力学性能。上述各类坐标型机器人均为开运动链结构，由各关节串联构成，为串联机器人。早期的工业机器人都是采用串联结构，1978 年，Hunt 首次把六自由度并联机构作为操作器，由此拉开了并联机器人研究和应用的序幕[43]。与串联机器人相比较，闭运动链结构的并联机器人具有刚度大、结构稳定、承载能力大、微动精度高、运动负荷小等特点。例如，在关节型机器人的肩关节和肘关节之间添加成平行四边形机构，形成闭运动链来提高刚度和手部定位精度，如图 1.16a 所示。

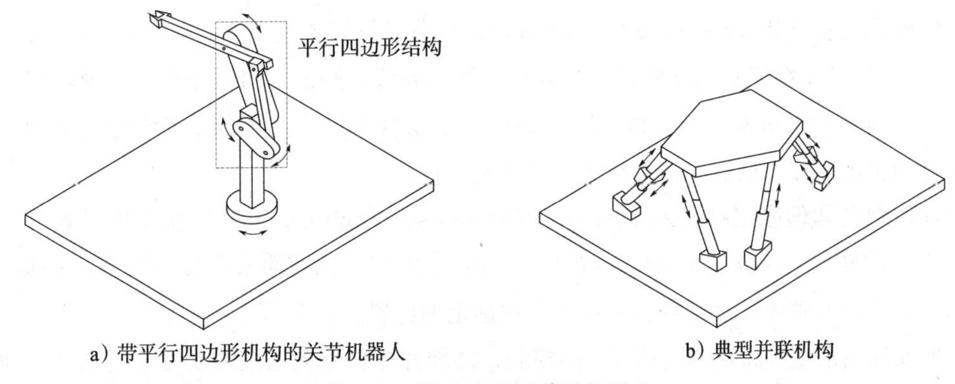

a）带平行四边形机构的关节机器人　　b）典型并联机构

图 1.16　闭运动链的并联机器人

典型的闭运动链结构就是并联机器人，如图 1.16b 所示，在基座和末端执行器之间存在多个运动链；相对于开运动链，它具有较高的结构刚性，无累积误差，精度较高，利于完成较高操作速度的任务。其缺点是丧失了部分自由度，工作空间降低。

1.3.6 按照控制方式分类

按照控制方式，可以将机器人分为遥控型、程序型、示教再现型和智能控制型四类机器人。一般根据应用场合和需求来选择采用何种方式控制。如微创手术机器人一般采用遥控型控制，便于医生与病人隔离；而高性能的排爆机器人则需要能够感知周围环境信息并建模，自主修订工作轨迹，甚至具有人工智能和专家系统来判断和决策，则需要采用智能控制型。

工业机器人按照轨迹控制方式不同可以分为点位控制、连续轨迹控制、可控轨迹及伺服型与非伺服型等类别。

点位控制机器人（point to point control robot)，指只能从一个特定点移动到另一个特定点，转移路径不限的机器人；这与数控技术没有差别，多见于早期最简单的工业机器人。由于早期的机器人系统需要完成的任务比较简单（如抓取、移动和放置工件等)，对动态特性要求不高，可看作相互独立的各关节位置伺服控制器的简单组合。

连续轨迹控制机器人（continuous path control robot)，指能够在运动轨迹的任意特定数量的点处停留，但不能在这些特定点之间沿某一确定直线或曲线运动。机器人经过的任何一点必须事先存储在存储器中。连续轨迹控制对终端操作器所经历的整个过程中位置、速度甚至是加速度都有一定要求，故对控制系统的性能要求更高。仅仅独立考虑各关节控制已不能满足要求，必须涉及各关节间的耦合、外力的干扰、工作环境等影响。

可控轨迹机器人（controlled path robot)，也称计算轨迹机器人（computed trajectory robot)，其控制系统能够根据要求，精确地计算出直线、圆弧、内插曲线和其他轨迹。在轨迹的任何一点，机器人都可以达到较高的运动精度。只要输入所要求的起点坐标、终点坐标和轨迹名称，机器人就可按照指定轨迹运行。

伺服型与非伺服型机器人（servo versus non-servo robot)，其中伺服型机器人可通过某些方式感知自己的运动位置，并把所感知的位置信息反馈回来以控制机器人的运动；非伺服型机器人则无法确定自己是否已达到指定的位置。

要实施高质量（高速和高精度）的控制，需要建立机器人系统的动力学模型。一种广泛使用的 n 自由度刚性机器人动力学方程具有如公式（1.1）的形式[44]。

$$\boldsymbol{D}(q)\ddot{q}+\boldsymbol{C}(q,\dot{q})\dot{q}+\boldsymbol{\Phi}(q)=\tau \tag{1.1}$$

式中，q 为关节广义坐标，$\boldsymbol{D}(q)$ 为惯性矩阵，$\boldsymbol{C}(q, \dot{q})\dot{q}$ 包括离心力（Centrifugal）和哥氏力（Coriolis）项，$\Phi(q)$ 为重力项，τ 为施加于各关节上的广义力。该模型为一个强耦合、高度非线性的关于关节变量 q 的二阶常微分方程组。具体来说，其惯性矩阵 $\boldsymbol{D}(q)$ 随机械臂的位形 q 的变化而呈复杂的含三角函数关系的变化。

当机器人以慢速运行时，可将其关节间耦合作用视作干扰而采用独立关节控制（Independent Joint Control）原则，如针对各关节可方便地使用 PID 控制。基于公式（1.1）的机器人动力学模型，可采用频域分析和现代控制理论的各种控制思想，如前馈控制的逆动力学方法、解耦控制和反馈线性化控制等。但是其控制效果都强烈地依赖上述数学模型的精确度。实际过程中机器人参数不可能足够精确，或由于存在一些未建模特性，需要针对不确定性来改造控制框架，这对机器人控制提出了鲁棒性控制问题。

随着机器人高速和高精度要求不断提高，其控制系统需求也越来越迫切，传统机器人模型不能完整描述机器人动力学性能中的不确定性（包括模型不确定性和参数不确定性）[45]。因此采用智能控制技术突破传统控制技术束缚，来提高机器人的智能性和高速/高精度性能，实现复杂任务中的自行规划和决策。

1.3.7 按照社交能力分类

人工智能技术大大推动了机器人的发展，机器人的学习、认知和交流能力都得到提升。未来无论是工业现场、家庭、公共场合还是军事战场应用的机器人，都将拥有一定的与人类交流的能力。根据其社交能力的强弱，可将机器人分为两大类，即社交型机器人和非社交型机器人，其具体分类如图 1.17 所示。

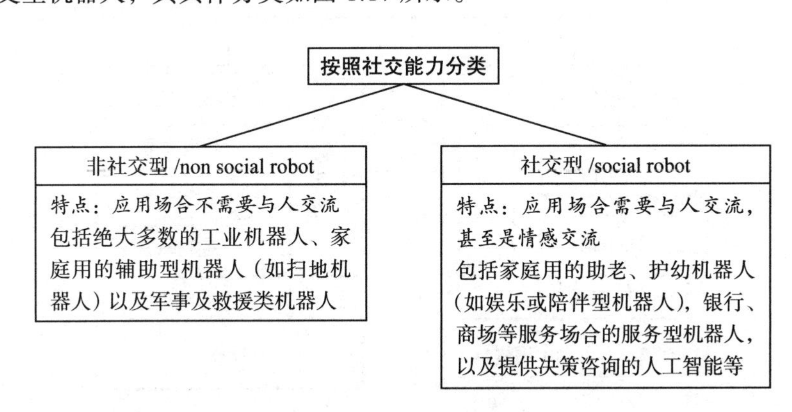

图 1.17 按照社交能力分类

社交型机器人的特点就是可以与人进行交流，包括环境感知、会话交流，甚至是揣摩人的情绪等，其在助老、看护儿童以及医疗陪护中有广泛的应用需求。同时，在一些公共场合，如银行、商场、餐厅、政府服务部门等也需要一些“能说会道”“长相可人”的服务型机器人，因此需要赋予机器人一定社交能力。

尽管现在绝大多数的工业机器人还停留在*人机接口*（Human-Machine Interface，HMI）阶段，通过程序改变或命令来实现与操作者的交流，但未来将能够与操作者进行更便捷的交流。伴随无人工厂的出现，*人机交互*（human-machine interaction，采用自然语言与人交流，而不是程序或命令）必将成为机器人的基本技能。随着人工智能发展和人类对机器人舒适度要求提高，机器人将进一步提高其社交能力，最终成为人类的工作伙伴、良朋益友甚至恋爱对象。当然，拥有与人一样的“社交能力”的机器人，必将引起一系列伦理问题和社会影响。

1.4 机器人组成部件和技术参数

1.4.1 机器人组成部件

一个机器人系统一般由机械手、环境、任务和控制器四个相互作用的部分组成，如图 1.18 所示。这四部分可以分为六个子系统，分别为驱动系统（电机或液压系统等）、机械结构系统（机器人本体）、感受系统（各类内外部传感器）、环境交互系统（一般由外部传感器获取信息，进行相应处理后机器识别）、人机交互系统（通常由计算机或机器人操作系统充当）和控制系统（控制算法），其典型的结构如图 1.19 所示。

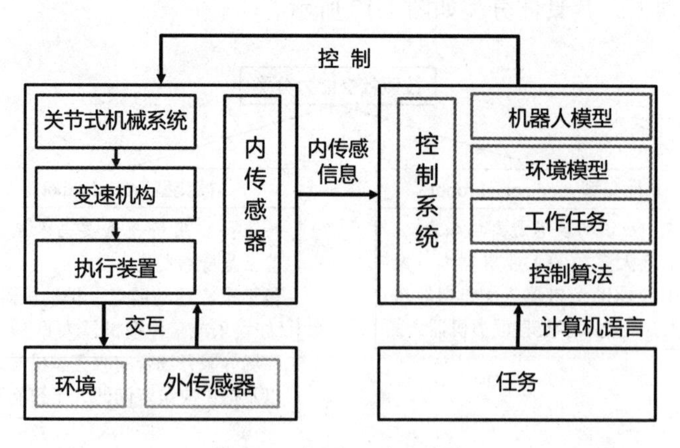

图 1.18 机器人系统构成

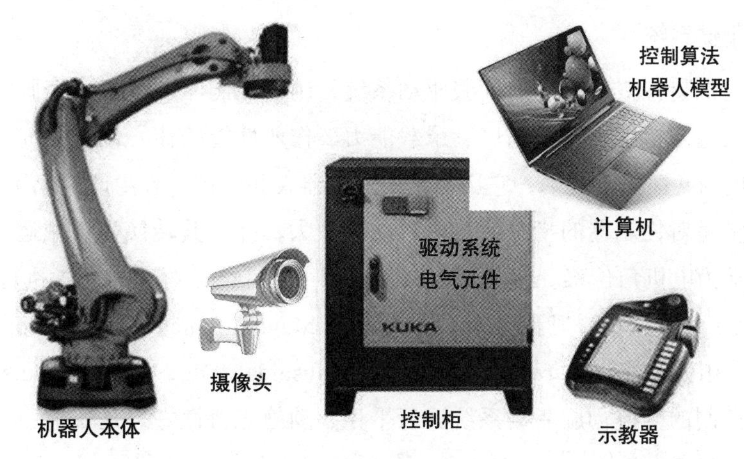

图 1.19　机器人系统构成

1. 机械结构——减速器

机器人本体部分包括机械结构系统和驱动系统，一般由电机通过减速器驱动旋转关节实现运动。减速器是机器人的关键部件，其成本约占本体成本的 1/3，主要包括谐波齿轮减速器和 RV 减速器。谐波传动方法由美国 C. Walt Musser 于 20 世纪 50 年代发明。谐波齿轮减速器主要由谐波发生器、柔性齿轮和刚性齿轮等构件组成（见图 1.20），具有体积小、重量轻的特点，但其柔性齿轮材料对抗疲劳强度、加工和热处理的要求较高。谐波齿轮减速器的制造商主要是 Harmonic Drive。日本帝人株式会社基于德国人 Lorenz Baraen 提出的摆线针轮行星齿轮传动原理，开发了 RV 减速器。RV 减速器由一个行星齿轮减速机的前级和一个摆线针轮减速机的后级组成，比谐波齿轮减速器具有更好的回转精度和精度保持性。

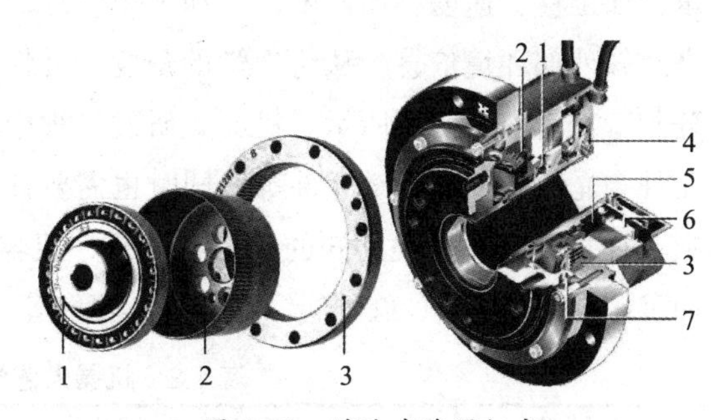

图 1.20　谐波减速器组成

1—谐波发生器，2—柔轮，3—刚轮，4—编码器，5—转子，6—定子，7—CRB 轴承

我国自主开发的复式滚动活齿轮传动（Compound Oscillatory Roller Transmission，CORT）克服了 RV 传动曲轴承受力大、寿命低的缺点，具有更大承载能力、更高运动精度和刚度。鞍山耐磨合金研究所和浙江恒丰泰减速机制造有限公司成功开发了用于机器人的 CORT 减速器。国内供应减速器的制造商还包括苏州绿的谐波传动科技有限公司、山东帅克机械制造股份有限公司和陕西秦川机械发展股份有限公司等。

2. 伺服驱动系统

控制柜通常装有整个系统的伺服驱动系统，用来控制驱动电机。伺服驱动系统是决定工业机器人运动速度、定位精度、承载能力、作业性能的核心部件。伺服驱动技术也是工业自动化的共性关键技术，它历来是工业机器人和数控系统生产厂家研究的重点[46]。伺服驱动系统是对控制器的指令脉冲进行功率放大，并将其转换为机械运动的环节，其控制对象通常为电机角位移。核心部件有驱动器（控制器）、驱动电机（执行元件）、编码器（反馈元件）等。以永磁同步电机（Permanent Magnet Synchronous Motor，PMSM）为执行元件，采用矢量控制和正弦波脉宽调制（Sinusoidal Pulse Width Modulated，SPWM）等技术闭环控制的交流伺服驱动系统运行平稳、动静态特性好，是目前一般工业控制用伺服驱动系统的主流产品[46]。

3. 机器人感知系统

人可通过眼、耳、鼻、舌等感觉器官来获得外界环境信息。根据仿生学的原理，机器人的感受器模仿人的感受器感知外界环境的“刺激”，通过计算机对这种“刺激”进行分析、判断，进而精准地完成任务[47]。

机器人感知系统把机器人各种内部状态信息和环境信息从信号转变为机器人自身或者机器人之间能够理解和应用的数据、信息，除了需要感知与自身工作状态相关的机械量，如位移、速度、加速度、力和力矩之外，还须模仿人类触觉、嗅觉、味觉、听觉等来感知外部环境信息。从仿生学的角度，可将机器人感觉分为内部感觉和外部感觉两部分[47]，具体如表 1.2 所示。机器人研发过程中一般要使用成熟传感器，如应变片、压电元件、光敏元件、气敏元件等，同时也需要针对应用场景开发新的专用传感器。除了触觉、视觉等模仿人类感知的感受器之外，机器人还可拥有超出人类感觉器官外的功能，如可接收无线电波、红外线、超声波和辐射等。

表 1.2 机器人感觉系统分类表

感觉类别	感知信息	感知信息参数
内部感觉	位置、速度、平衡等	运动部分控制、自身控制与监控等
外部感觉	触觉	重量、硬度、表面质量等
	视觉	形状、位置、姿势、颜色浓淡等
	听觉	异常状态的检测（声音）
	味觉	对液体化学成分
	嗅觉	对气体化学成分
	其他	如温度等

如同人类一样，外部信息 83% 左右来自于视觉感知，视觉感知系统也是机器人外界环境信息的最重要来源，是工业机器人感知的重要部分。视觉伺服系统将视觉信息作为反馈信号来控制机器人的位置和姿态，在半导体和电子行业有广泛应用。

机器人视觉伺服可根据不同摄像机数目分为单目、双目及多目视觉伺服系统。单目视觉无法直接获得目标的三维信息，适用于任务简单且深度信息要求不高的场合；多目系统则可得到丰富信息，但控制器设计复杂。双目系统可得到深度信息，控制器复杂程度适中，是应用最广的视觉系统 [48]。根据不同控制信号，可分为基于位置和基于图像的视觉伺服方法。基于位置的视觉伺服是根据图像，通过三维重构，由目标的几何模型和摄像机模型估计出位置信息，因此是三维的；缺点是摄像机标定误差直接影响系统的控制精度，无法保证机器人始终位于摄像机视野之内。而基于图像的视觉伺服则不需要进行三维重构，计算图像雅可比矩阵，是二维的；但控制器设计复杂，且容易产生图像雅可比矩阵奇异点。混合视觉伺服则兼顾了基于位置和基于图像的优点，不需要计算图像雅可比矩阵，被称为“2.5 维”，一定程度上解决了鲁棒性、奇异性和局部极小等问题 [49-50]。

4. 环境

环境指机器人在执行任务时所能达到的几何空间，且包含该空间中每个事物的全部自然特性所决定的条件。在机器人工作环境中，机器人会得到完成任务所需的支持，如自动传输线将为机器人传送生产所需的工件、材料等。同时，也会遇到一些障碍物和突发事件，机器人必须合理规划运动路线来避障，并处理环境中的突发事件，以完成指定任务。环境信息一般是确定的和已知的，称为结构化环境（structured environment）；环境具有未知和不确定性，称为非结构化环境（non-structured environment）。在多数情况下，机器人工作环境是非结构化的。

5. 任务

环境的初始状态和目标状态间的差别称为任务。这些任务必须用适当的程序设计语言来描述，并将它们存入系统的控制计算机中。基于所用系统的不同，语言描述方式可为图形、语音或书面文字。

6. 示教器和机器人操作系统

操作者也可通过计算机对机器人指令进行调整和更改。如果是智能型，则根据感知系统获得信息，通过自身学习算法调整指令，完成任务。对于示教再现型机器人，通常会有一个示教器，在操作者引导下完成路径规划。一般工业机器人都配置示教盒示教功能，但不能适应轨迹复杂情况。针对复杂轨迹情况，需要手把手示教，即人直接操作机器人末端执行器，基于实际工作路径行走并记忆工作轨迹和行走速度，实现工作轨迹示教。

计算机是常用的人机交互系统和环境信息处理系统，可完成对机器人运动学、动力学的建模，以及环境信息的建模。普通计算机操作系统难以处理复杂的实际运动操作，因此由机器人操作系统（Robot Operating System，ROS）完成。ROS 使机器人行业向硬件、软件独立的方向发展。现有的 ROS 主要基于 Linux 的 Ubuntu 开源操作系统；斯坦福大学、麻省理工学院及德国慕尼黑大学等机构也开发了各自的 ROS，微软机器人开发团队于 2007 年推出了 Windows 机器人版。

1.4.2 机器人的性能指标和技术参数

整个机器人系统性能取决于各子系统性能的综合，包括驱动系统性能、机械结构性能、控制性能、环境适应性能、人机交互性能和智能程度等。对于智能机器人来说，环境适应性能、人机交互性能和智能程度是其中关键的性能指标，目前还没有关于这些性能的统一描述方法，通常以实验或者操作者体验来说明这些性能，也没有国际通行的性能测试标准。

但世界各国均已建立了工业机器人性能测试标准[51]，国际标准化组织也制定了《ISO 9283-1998 操作型工业机器人性能标准和测试方法》，该标准详细定义了工业机器人运动性能的 14 项性能指标及计算方法。我国也在 2001 年和 2013 年制定了《GB/T 12642-2013 工业机器人性能规范及其试验方法》。按照标准，工业机器人性能指标包括位姿特性、轨迹特性、最小稳定时间、静态柔顺性四类指标。

位姿特性体现机器人到达指定位姿的准确度和重复性能力，体现的是一种静态特性。位姿特性包括位姿准确度、位姿重复性、多方向位姿准确度、距离准确度、距离重复性、位置稳定时间、位置超调量、互换性。

轨迹特性体现沿指令轨迹运动的准确度和重复性能力，是一种动态特性。轨迹特性包括轨迹准确度、轨迹重复性、重复定向轨迹准确度、拐角偏差、圆角误差、拐角超调。在标准推荐的轨迹特性检测中，通过若干个特征点的指令位姿和实际位姿的比较来检测[51]。

最小稳定时间只是一个测量数据的数据处理方式，静态柔顺性则须增加一套加载装置以进行静态力加载。

衡量工业机器人的技术参数主要包括自由度、定位精度、重复精度、分辨率、工作空间、工作速度、承载能力等。

刚体能够对坐标系独立运动的数目称为**自由度**，如图 1.21 所示。一个刚体有六个自由度，包括沿坐标轴 X、Y、Z 的三个平移运动 $T1$、$T2$、$T3$ 和绕坐标轴 X、Y、Z 的三个旋转运动 $R1$、$R2$、$R3$。当两个刚体间确立起某种关系时，每个刚体就对另一个刚体失去一些自由度。

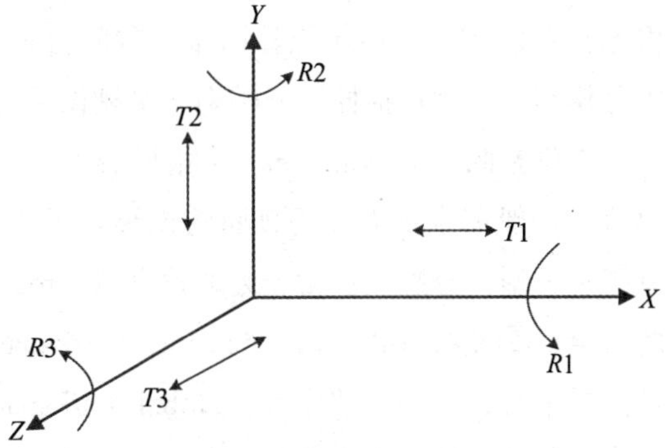

图 1.21　刚体自由度示意图

机器人的运动自由度指机器人机构能够独立运动的关节数目，机器人轴的数量决定了其自由度。人的手臂（大臂、小臂、手腕）共有 7 个自由度，所以工作起来很灵巧，手部可回避障碍而从不同方向到达同一个目的点。一般工业机器人有 6 个自由度，前面的 3 个自由度由手臂实现，称为主自由度，决定手腕的位置，其余的自由度决定手爪的姿态方位。而手指的开、合以及手指各关节具有的自由度不包含在内。多于 6 个自由度的机器人具有冗余度，利于避免碰撞和改善力学性能。在实际应用中，许多机器人只有 4 个自由度，如 SCARA 型机器人；而加工中心换刀机械手一般是 2 ～ 4 个自由度。

位姿准确度指末端执行器在指定坐标系中实到位姿与指令位姿之间的偏差。位姿准确度可分为定位精度（positioning accuracy）和姿态精度（orientation accuracy）两部分。定位精度指机器人末端参考点实际到达的位置与所需要到达的理想位置之间的差距（如图 1.22 所示）。

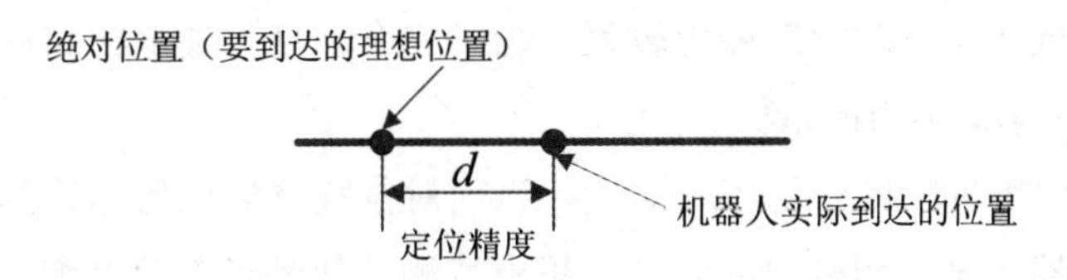

图 1.22　机器人定位精度示意图

重复性或重复精度（repeatability precision）指机器人在完成每一个循环后重复到达某一目标位置的差异程度；或在相同的位置指令下，机器人连续重复若干次其位置的分散情况。它是衡量一系列误差值的密集程度，即重复度，可采用概率方法来计算。通常来说，机器人可以达到 0.5mm 以内的精度，甚至更高。

分辨率是机器人各关节运动能够实现的最小移动距离或最小转动角度，分为控制分辨率（control resolution）和空间分辨率（spatial resolution）。控制分辨率是机器人控制器根据指令能控制的最小位移增量。空间分辨率是机器人末端执行器运动的最小增量。空间分辨率是一种包括控制分辨率、机械误差及计算误差在内的联合误差。

工作空间（working space）指机器人末端执行器运动描述参考点所能达到的空间点的集合，一般用水平面和垂直面的投影表示，表示机器人的工作范围。机器人的工作空间有三种类型，分别是：①可达工作空间（reachable workspace），即机器人末端可达位置点的集合；②灵巧工作空间（dextrous workspace），即在满足给定位姿范围时机器人末端可达点的集合；③全工作空间（global workspace），即给定所有位姿时机器人末端可达点的集合。各类坐标形式的机器人全工作空间见图 1.12、图 1.14 和图 1.15 中的阴影部分。

工作速度和加速度（working speed and acceleration）即机器人各个方向的移动速度或转动速度。机器人出厂规格表上通常只是给出最大速度，机器人能提供的速度介于 0 和最大速度之间，其单位通常为度 / 秒（°/s）。部分机器人制造商还给出了最大加速度。量化描述机器人机构的运动学和动力学性能还没有形成共识。1985 年，Yoshikawa 提出了“可操作性”的概念，定义了操作性椭球。1988 年，基于 Jacobian 矩阵条件数，Angele 等定义了串联机器人的“灵巧度指标”。1991 年，Gosselin 等定义了全域性能指标。2002 年郭希娟等提出了并联机器人速度、加速度全域性能指标；2008 年郭希娟等提出了一种同时基于 Jacobian 影响系数矩阵和二阶 Hessian 影响矩阵的串联机构加速度性能指标[52]。

承载能力（payload capacity）指机器人在工作范围内的任何位姿上所能承受的最大质量。如果需要将零件从一台机器处搬至另外一处，则需要将零件的重量和机器人手爪的重量计算在负载内。承载能力不仅取决于构件尺寸和驱动器的容量，还与机器人的运行速度有关。一般低速运行时承载能力较大，为了安全起见，规定在高速运行时以所能抓取物体的重量作为承载能力的指标。

上述参数，除重复精度外均容易测量。当前对位置重复性指标检测的方法主要包括拉线式位移传感器测试、相机跟踪测试、超声波测试和激光跟踪仪测试。其中，激光跟踪仪测量精度高、测量范围宽、处理效率高，得到了较广泛的应用。

上述机器人性能指标仅仅是从“机器”的特性来描述，但其“人”的特性描述却没有。如何对服务型机器人评估它的服务满意度，如何对智能型机器人评价它的智能程度，以及评价拟人机器人与人的相似度等都需要采用某种指标来反映。遗憾的是，目前还没有定义相应的参数来描述这些问题。

1.5　本章小结

内容总结

本章重点介绍了“机器人”词汇的源头和内涵，以及机器人的定义、分类、组成部件和相关技术参数等基本概念。随着机器人技术的发展，其分类方式和技术参数将更加复杂。

机器人和机器人学都是源自于科幻小说，而非学术研究和工程设计。机器人从幻想到现实的过程中，不仅承载技术层面的内涵，也承载了社会伦理的内涵和外延。

关于机器人的定义依然存在众多分歧，但不影响机器人成为当前研究和应用的热点。本章仅就狭义的机器人，即工业机器人的定义及其内涵。机器人应理解为具有人类属性的机器，狭义上说自动化的可“思考”（或可编程的）的机器。但在仿生学影响下，机器人有更为广泛的含义，可以理解为具有人类及其他各种生物属性的机器。人类及其他各种生物的属性有很多，因此机器人的范畴也颇为广泛。研制机器人自然是学习人类及各种生物的特长，以拓展人类自身的能力。因此，机器人的本质不是“人”，而是“机器”。但伴随着机器人应用的深入和发展，机器人的伦理问题越发凸显，从伦理学角度理解和认识机器人的内涵和外延更有现实意义。

“机器人”词语的源头虽距离现在仅有 100 余年的历史，但词语源头的历史并非是机器人的历史，机器人发展历史几乎与人类发展史是同步的。机器人是人类一直以来的梦想，由梦想到现实，再由现实到未来梦想，螺旋式地推动着机器人向着更高级、更先进、更接近人类梦想的方向演进和发展。

问题思考

- 请查阅相关资料，进一步理解机器人定义的内涵和外延；试理解机器人学所涵盖的学科范围。
- 你是否看过《I，robot》的小说或者电影？你是怎么理解机器人三定律的？我们是否可以预测一下未来机器人发展过程中机器人三定律将起到何种作用。
- 试按照机器人分类原则，将你所见到的机器人归类到相应类别中。同时，可查阅资料说明是否有其他分类方式，请简述。
- 了解工业机器人的组成部件和技术参数。思考服务型机器人是否与工业机器人拥有一样的组成部件，其技术参数如何衡量？

第2章

前世来生，我并非机器

机器人不是“冷冰冰”科技发展的结果，而是人类不断追求、永不停息幻想的结果。制造机器人不仅是机器人技术研究者的梦想，而且代表了人类重塑自身、了解自身的一种强烈愿望[⊖]。人类在改造自然的过程中付出了无数的艰辛努力，这些艰辛让我们渴望制作更便捷的工具，或制造替代人类体力劳动和脑力劳动的“机械人”，这应该是人类对机器人追求和幻想的本源需求吧。即使到今天，我们对机器人的追求也源自于内心的渴望和无限的遐想，希望不断拓展我们人类自身的能力。

现代意义机器人的发展历程始自计算机出现以后，出现了自动控制的工业机械手，从而引发了机器人研究和应用的热潮。这段历史从 1945 年算起，距今 70 余年。但是，人类对机器人的幻想和追求历史却远不止这么短暂！机器人的脚步也没有停留在战胜人类的原点，而是向着更远处发展。

机器人诞生于人类的思维，那么它也将终止于人类的思维，正如一句话所言：人类思想有多远，机器人的历史就有多久。本章旨在带你领略机器人的前世和来生，从历史渊源来考察现代机器人雏形的古代“机器人”历史，结合人类历史上对机器人的无数幻想和探索，探讨人类是如何一步步利用科学技术将机器人从幻想变成现实的过程。相信机器人的发展历程能够带给我们很多启迪，我们需要张开想象的翅膀，去丰富未来五彩多姿的科学现实。

2.1 从东西方科学技术谈起

如前所述，“机器人”这一词汇出现于 20 世纪 20 年代，但机器人的轮廓概念在人类

⊖ 来自百度百科。

想象中却早已出现。在人类漫长发展的历史长河中，古代先贤在征服自然、改造世界的进程中，结合生产和生活实践不断想象、探索研制出各种能够动作的拟人或拟物的机械装置。这些古代的机械装置就是现代机器人的鼻祖，而对古代"机器人"的丰富想象也开启了当代机器人科学之门。

关于机器人的记载存在于东西方各类文献中。今天中国虽然成为世界上第一机器人消费大国，但机器人技术依然与美国、日本等西方发达国家存在较大差距。我们不得不反思一下，为什么昨日中国的科技辉煌却没有成就今日中国科技的继续辉煌呢？关于这个问题，我们需要追溯一下东西方思维的差距。西方民族思维方式以逻辑分析为主要特征，而以中国为代表的东方民族思维方式则以直观综合为基本特征[53]。中西方不同的认知方式深深影响了各自的理论思维和科学技术沿着不同的路径发展。

1954 年，英国科学技术史专家李约瑟（Joseph Needham）发表了《中国科学技术史》（Science and Civilisation in China，见图 2.1），一时间轰动东西方学界。书中系统地论述了中国古代科学技术的辉煌成就及对世界的重大贡献，让世界了解了中国古代灿烂辉煌的科技成就。对比东西方科技文明成果，李约瑟提出了有名的"李约瑟问题"，如下：

a）李约瑟

b）《中国科学技术史》封面

图 2.1　李约瑟及《中国科学技术史》

- 中国的科学为什么持续停留在经验阶段，并且只有原始型或中古型理论？
- 如果事情确实是这样，那么在科学技术发明的许多重要方面，中国人又怎样成功地走在那些创造出著名"希腊奇迹"的传奇式人物的前面，与拥有古代西方世界全部文化财富的阿拉伯人并驾齐驱，并在 3 ～ 13 世纪之间保持一个西方所望尘莫及的科学知识水平？

- 中国在理论和几何学方法体系方面所存在的弱点为什么没有妨碍其各种科学发现和技术发明的进展？
- 为什么中国的这些发明和发现往往远超同时代的欧洲，特别是在 15 世纪之前更是如此？
- 欧洲在 16 世纪以后就诞生了近代科学，已被证明是形成近代世界秩序的基本因素之一，而中国文明却未能在亚洲产生与此相似的近代科学，其阻碍因素是什么？

对于李约瑟提出的世纪难题，我们是否可以从中国和西方古代“机器人”的发展历程中找到答案呢？中国虽然没有西方对理性逻辑思维的强烈追求，但是从不缺乏对科学技术的幻想，更不缺乏把幻想变成现实的信心和决心。

2.2 中国古代“机器人”记载

据《环球》杂志发表的詹姆斯·汉森撰写的《最早的机器人》描述，最早的机器人出现于 18 世纪中叶的欧洲瑞士，以道罗斯父子制作的三个机械人偶为标志，这可以说是现代机器人的源头。但追溯历史，早在 3000 年前中国就有偃师造人的记载。[54]

2.2.1 记载古代“机器人”的古籍

古籍中最早关于中国古代“机器人”的记载，见于战国时列御寇所著的《列子》，此外还有《西京杂记》《傅子》《晋书》《邺中记》《晋阳秋辑本》《搜神后记》《魏书》《唐类函卷》《封氏闻见记》《朝野佥载》《焦氏说楛》《北史》《快史拾遗》《维西见闻纪》《喷饭集》《掖庭记》《事物纪原》《新仪象法要》《记篡渊海》《全唐文卷》《独异志》《梦溪笔谈》《纪闻》《辍耕录》《古迹类编》《元史》《新元史》《明史》《明实录》《歧梅琐谈集》《古今图书集成》等，多达 30 余种 [55-56]。

广义概念的古代“机器人”应包括各类自动机械装置，因此如记载黄帝指南车的《古今注》《太平御览》和《宋书》，记载木牛流马的《三国志》以及记载地动仪的《后汉书》等均收录进来，还有《天工开物》《山海经》等均可列入，可见关于“机器人”记载的古籍文献相当丰富。在古代浩如烟海的文献中，所记载的机器人大部分都没有图谱或者技术详细资料，其真实性往往难以考证，但记载本身却有着巨大的意义，后世的发明创造都来源于这些古代先哲们的光辉思想 [56]。

2.2.2 战国之前的“机器人”记录

1. 上古指南车

在中华民族悠久的历史中，上古时代就记载了自动机械装置——指南车，也称司南车、黄帝八卦车，是一种定向机器人，西周、汉、魏、晋等史书上都有记载。1936 年王振铎先生根据《宋史》记载复原了指南车模型 [57]，如图 2.2b 所示。据《太平御览》记载，黄帝与蚩尤战于涿鹿九战九不胜，如图 2.2a 所示。《古今注》记载：“黄帝与尤战于涿鹿之野，尤作大雾，军士皆迷，故作指南车以示四方，遂擒尤而即帝位。”指南车可以“车虽回运而手常指南”，在大雾中帮助黄帝军队打败蚩尤军队，赢得了战争的胜利。与指南针利用地磁效应不同，指南车不用磁性。它是一种利用机械传动系统来指明方向的机械装置。其原理是依靠人力或畜力来带动两轮的指南车行走，依靠车内的机械传动系统来传递转向时两车轮的差动来带动车上的指向木人与车转向的方向相反且角度相同，不论车子转向何方，木人的手始终指向指南车出发时设置木人指示的方向。指南车是否真的由黄帝造出，不可考证，但利用科学技术来战胜呼风唤雨的敌人，也从一个侧面说明中华民族在自然面前表现出了无限的智慧。

a）涿鹿之战㊀

b）黄帝指南车㊁

图 2.2 黄帝造指南车

关于指南车的出现时间㊂，其他说法还包括：一是《鬼谷子》中载，周公造指南车，为进贡的越裳氏指路；二是刘仙洲在《中国机械工程发明史》说，应以《西京杂记》记载为据，定为西汉；三是王振铎在《科技考古论坛》中引《魏略》证明，造指南车者，当以三国时马钧为可信 [58]。

㊀ 图片来源：http://www.tuxi.com.cn/viewb-51571-515715596.html。

㊁ 图片来源：http://story.kedo.gov.cn/c/2016-07-05/844569.shtml。

㊂ 资料来源：http://b2museum.cdstm.cn/ancmach/machine/ja_25.html。

2. 偃师造人

《列子·汤问》记载了一个有趣的故事——偃师造人，讲的是周穆王时期能工巧匠偃师制作能歌善舞且有面部表情的仿人偶的故事，故事很生动，原文如下：

周穆王西巡狩，越昆仑，至山。反还，未及中国，道有献工名偃师。穆王荐之，问曰："若有何能？"偃师曰："臣唯命所试。然臣已有所造，愿王先观之。"穆王曰："日以俱来，吾与若俱观之。"

偃师谒见王，王荐之曰："若与偕来者何人邪？"对曰："臣之所造能倡者。"穆王惊视之，趣步俯仰，信人也。巧夫领其颐，则歌合律；捧其手，则舞应节。千变万化，惟意所适。王以为实人也，与盛姬内御并观之。技将终，倡者瞬其目而招王之左右侍妾。王大怒，立欲诛偃师。偃师大慑，立剖散倡者以示王，皆傅会革、木、胶、漆、白、黑、丹、青之所为。王谛料之，内则肝、胆、心、肺、脾、肾、肠、胃，外则筋骨、支节、皮毛、齿发，皆假物也，而无不毕具者。合会复如初见。

从文字叙述看，偃师所造的仿人偶由革木等材料制作，不仅能歌善舞，而且与人长相相似，并具有丰富的面部表情。这个故事完全可以和现代科幻小说相媲美，图 2.3 为根据故事绘制的情节图。"偃师献技"是在当时科技发展现实的基础上展开奇特想象而创作出来的[59]。偃师道"偃师造人，唯难于心"。抛开故事本身的寓意，现在科技制作娱乐型机器人，"心"（也就是能够与人沟通的智能情绪）依然是关键难题，也是未来制造智能娱乐型机器人的挑战。

图 2.3　偃师造人故事图㊀

西晋月支沙门法护在公元 285 年译的《生经》卷第三《佛说国王五人经》第二十四里的"机关木人"，与偃师造人故事情节类似[59]。这两个故事都是极尽幻想，在当时生产力情况下，欲制造活灵活现的机器人应该是不可能的，但 2000 多年后这类仿人美女机器人却真的可以假乱真。

3. 墨子和公输子

墨子擅长工巧和制作，擅长守城技术，在《墨子·备城门》中就记载着墨家发明的守城相关器械，包括连弩车、转射机、藉车等。

㊀ 图片来源：http://www.sohu.com/a/223123228_455939。

《韩非子·外储说左上》记载着关于墨子为木鸢，三年而成，蜚一日而败。公输子削竹木以为鹊，成而飞之，三日不下，公输子自以为至巧。子墨子谓公输子曰："子之为鹊也，不若翟之为辖，须臾刘三寸之木而任五十石之重。"故所谓巧，利于人谓之巧，不利于人谓之拙。文中公输子即鲁班。图 2.4a 为《秦时明月》中的墨家木鸢（《淮南子·齐俗训》载墨子制造木鸢可"飞之三日而不集"），图 2.4b 为鲁班制作木鹊的场景。王充《论衡·儒增篇》有公输般造木人，御木车马，载母其上，一驱不还的传说[60]。"利于人谓之巧，不利于人谓之拙"道出了制作机械的目的，即服务人类生产、生活，提高生产效率，方便生活。

a）墨家木鸢㊀

b）鲁班木鹊㊁

图 2.4　战国时期的木质飞鸟

《礼记·檀弓》郑玄注："俑，偶人也，有面目机发，有似于古人。"皇侃疏："机械发动踊跃，故谓之俑也。"孔颖达正义："刻木为人，而自发动，与生人无异，但无性灵知识。"《孟子·梁惠王》记载"仲尼曰：始作俑者，其无后乎？为其象人而用之也。"焦循正义："《广雅》引《埤苍》云：'俑，木人，送葬设关而能跳踊，故名之'。"上述古籍记载表明，春秋战国时期一种殉葬用的"俑"，是由简单机械发动能够自己转动跳跃的木人，是早期机器人的雏形[54]。

2.2.3　秦汉至南北朝时期"机器人"

秦末汉初，战乱频仍，科技发展一度停滞，关于"机器人"记载也极少。随着汉朝励精图治，生产力提升，科学技术得到较大发展。尤其到东汉，出现了王充这样的唯物主义哲学家，以及张衡和祖冲之两位大科学家和发明家，大大推动了数学和物理学的发展。齿轮传动系和凸轮机构得到发展，并被应用到各类自动机械装置中。东汉以末至南

㊀ 图片来源：https://www.gamersky.com/zl/column/201801/1007067_2.shtml。

㊁ 图片来源：http://k.sina.com.cn/article_6427823337_17f20cce9001008sxe.html。

北朝时期，实现不同动作的机械木人十分丰富，有的用于生产（舂米木人、龙骨翻车），有的用于宗教宣传（木道人拜佛），有的用于表演（水转百戏、鼠市木人等），有的用于军事（木牛流马），而且记载丰富翔实。

1. 秦汉之际的“娱乐机器人”

《西京杂记》中记载，汉高祖刘邦入咸阳宫，见宫中有 12 个铜人，在绳索拽动和空管鼓吹下，可演奏出各种乐曲，构造比较复杂[54]。

公元前 200 年，汉高祖刘邦亲率 32 万步兵北击匈奴，至平城（今山西大同东北），被匈奴单于冒顿围困于白登山（平城东）达 7 天之久，汉军断粮[54]。汉军陈平得知冒顿妻子阏氏所统的兵将是国内最为精锐剽悍的队伍，但阏氏善妒。陈平命令工匠制作了一个精巧的“木机器人”，并给它穿上漂亮的衣服，打扮得花枝招展，脸上擦上彩涂上胭脂，显得更加俊俏。然后把它放在女墙（城墙上的短墙）上，发动机关（机械的发动部分），这个“机器人”就婀娜起舞，舞姿优美，招人喜爱。阏氏在城外对此情景看得十分真切，误把这个会跳舞的“机器人”当作真的人间美女，怕破城以后冒顿专宠这个中原美姬而冷落自己，因此阏氏就率领她的部队弃城而去，平城化险为夷⊖。唐人谢观将这则故事衍生为《汉以木女解平城围赋》，其中描写美女木偶为：“于时命雕木之工，状佳人之美。假剞劂于缋事，寫婵娟之容止。逐手刃兮巧笑俄生，从索绹而机心暗起。动则流眄，静而直指。似欲排君之难，匪惮陋容；如将报主之雠，无辞克已。既拂桃脸，旋妆柳眉。目成可望，肉视无遗。”这里将美女木偶写成了提线木偶。

2. 张衡及其自动装置

东汉关于自动机械装置的记载较多，其中最著名的就是张衡的地动仪。《后汉书 · 张衡传》对候风地动仪的制造和应用做了详细记载。

阳嘉元年，复造候风地动仪。以精铜铸成，员径八尺，合盖隆起，形似酒尊，饰以篆文山龟鸟兽之形。

中有都柱，傍行八道，施关发机。外有八龙，首衔铜丸，下有蟾蜍，张口承之。其牙机巧制，皆隐在尊中，覆盖周密无际。

如有地动，尊则振龙机发吐丸，而蟾蜍衔之。振声激扬，伺者因此觉知。虽一龙发机，而七首不动，寻其方面，乃知震之所在。

图 2.5 为张衡和候风地动仪。世界上地震频繁，国外真正用来观测地震的仪器直到 19 世纪才出现。候风地动仪虽只限于测知震中的大概方位，但却领先世界科技约 1800

⊖ 据《东府杂录》[61]：“即造木偶人，运机关，舞于陴间。阏氏望见之，谓之生人。”

年。此外，张衡还制作了漏水转浑天仪（见图2.6a）、瑞轮蓂（可“随月盈虚，依历开落”，相当于今天的钟表）、指南车、独飞木雕、计里鼓车（见图2.6b）等自动机械装置。漏水转浑天仪是一种水运浑象，梁代刘昭注《后汉书·律历志》采用“张衡浑仪”为题记载了浑天仪。浑天仪采用直径四尺多的铜球，球上刻有二十八宿、中外星官以及黄赤道、南北极、二十四节气、恒显圈、恒隐圈等，成一浑象，再用一套转动机械，把浑象和漏壶结合起来。它还有一个附属机构就是瑞轮蓂。《古今注》里记载了记里鼓车，原文为：“记里车，车为二层，皆有木人，行一里下层击鼓，行十里上层击镯。”记里鼓车与指南车制造方法相同，所利用的差速齿轮原理早于西方1800多年[60]。

a）张衡像㊀

b）候风地动仪㊁

图2.5 张衡和候风地动仪

a）浑天仪㊂

b）记里鼓车㊃

图2.6 浑天仪和记里鼓车

㊀ 图片来源：http://www.china.com.cn/aboutchina/zhuanti/zg365/2009-03/01/content_17348929.htm。

㊁ 图片来源：http://zhongxue.hujiang.com/yuedu/cy/p248289/。

㊂ 图片来源：http://china.wbiao.com.cn/news/10368.html。

㊃ 图片来源：http://www.zhaojiliang.cn/zxzx/zcyw408.html。

3. 三国时期自动机械装置

龙骨水车也称“翻车”“踏车”，因其形状像龙骨，故称“龙骨水车”，如图 2.7 所示，其约始于东汉。《后汉书·张让传》记载：“又使掖廷令毕岚……作翻车渴乌，施于桥西，用洒南北郊路。”虽毕岚负责，但翻车制作者却是马钧。翻车安放在河边，下端水槽和刮板直伸水下，利用链轮传动原理，以人力（或畜力）为动力，带动木链周而复始地翻转，装在木链上的刮板就能顺着水把河水提升到岸上，进行农田灌溉，经改进有畜力、风力和水力等不同版本。

a）龙骨水车 1

b）龙骨水车 2

图 2.7　龙骨水车

马钧是我国古代科技史上最负盛名的机械发明家之一，他除了制造龙骨水车外，还将木质原动轮装于木偶下面，制作出水转百戏；制作出的轮转式发石机可连续发射石块，远至数百步；同时，还改进了本来笨重的织绫机、诸葛连弩和指南车。裴松之注《三国志·魏书·杜夔传》的注引西晋傅玄《傅子》卷 5《马先生传》记录了马钧的发明事迹[61]：有人献“百戏”于魏明帝，能设而不能动。于是马钧奉命加以改制，“以大木雕构，使其形若轮，平地施之，潜以水发焉（应用水利作为动力）。设为女乐舞象，至令人击鼓吹箫。作山岳，使木人跳丸、掷剑，缘桓倒立，出入自在，百官行署，舂磨斗鸡，变巧百端”。可见，马钧设计的机器木人构造相当精巧。

《三国志·诸葛亮传》记载，亮性长于巧思，损益连弩，木牛流马，皆出其意。《三国志·后主传》记载，建兴九年，亮复出祁山，以木牛运，粮尽退军；十二年春，亮悉大众由斜谷出，以流马运，据武功五丈原，与司马宣王对于渭南。《三国演义》中提到的木牛流马就是据此而联想出来的情节，其示意如图 2.8 所示⊖。

罗贯中在《三国演义》“司马懿占北原渭桥，诸葛亮造木牛流马”一章中，详细记载了造木牛流马的方法。

⊖ 图片来源于网络，仅作示意用，不代表真正的木牛流马。

a）木牛图⊖

b）流马图

图 2.8　木牛流马

结合小说中情节，木牛流马由机关控制，可以自行运动，运送军粮，那种“剑天险峻驱流马，斜谷崎岖驾木牛”大破敌军的磅礴气势在《三国演义》得到生动描写。但是，从史料考证和当时技术推测看，诸葛亮制作的木牛流马仅是方便士兵运送军粮的工具，应该不具备自动长途行走功能。

《南齐书 · 祖冲之传》载：“以诸葛亮木牛流马，乃造一器，不因风水，施机自用，不劳人力。祖冲之所复制的木牛流马也没有流传下来。北宋陈师道记载，蜀中有小车，独推载八石，前如牛头；又有大车，用四人推，载十石，盖木牛流马也。”宋代高承《事物纪原》：“木牛即今小车之有前辕者，流马即今独推者。”所谓长途自动行走，纯属小说家言。新疆工学院（现新疆大学）王前在查阅古籍资料的基础上考证了木牛流马模型，于 1985 年制作了古籍中记载的“木牛流马”模型，并制成三架实物，到蜀道上试行[62]。

4. 三国时期的指南车和记里鼓车

基于黄帝时代生产力水平限制，指南车系后人根据涿鹿之战而臆造的。到了三国时代，指南车则现行于世。《三国志》注引《魏略》记载，马钧奉魏明帝旨意造指南车。《宋书 · 礼志》记载张衡也曾造指南车，但孤证难断[58]。综合看来，马钧造指南车较可信，自此后经南北朝、唐宋等朝代不断得到改进和完善，可见于《南齐书 · 祖冲之传》《太平广记》和《宋史 · 舆服志》等文献。其中《宋史 · 舆服志》对宋代燕肃指南车做了详细记载。燕肃指南车的基本构造如图 2.9a 所示[58]。

记里鼓车是我国古代自动计量道路里程的车辆，最早见于西汉刘歆所著的《西京杂记》。晋崔豹《古今注》则记载更为详尽：“记里鼓车，一名大章车，晋安帝时刘裕灭秦得之。有木人执槌向鼓，行一里打一槌。”《晋书 · 舆服志》和《宋书 · 礼志》也有记述。

⊖ 图片来源：http://www.baike.com/wikdoc/sp/qr/history/version.do?ver=7&hisiden=MY310a,gFZZWcEfFJmf3,dqBQ。

此后，在《南齐书》《隋书》《唐书》《宋史》和《金史》等典籍中，都对记里鼓车的构造原理有记载。《宋史·舆服志》对卢道隆记里鼓车做了详细记载，据此记里鼓车的齿轮机构可推断如图 2.9b 所示。王振铎先生也复制了记里鼓车，如图 2.9c 所示。

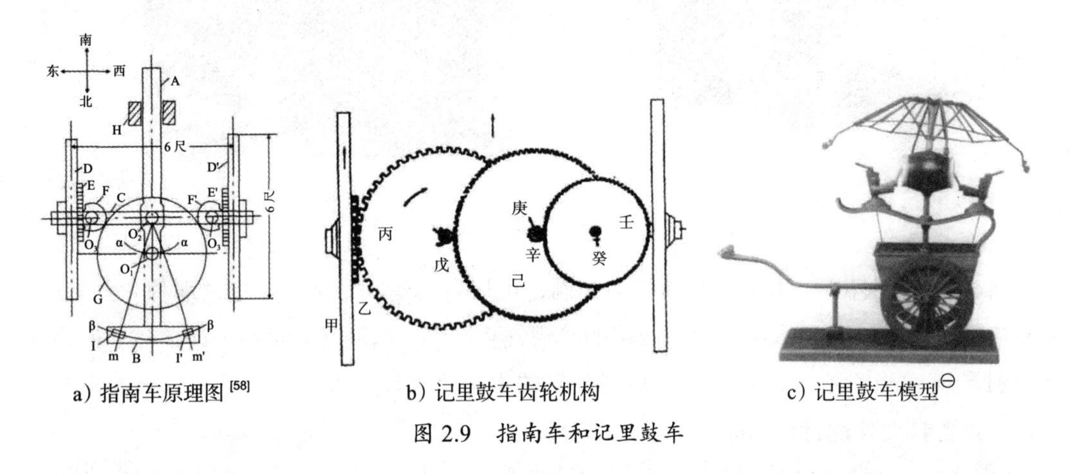

a）指南车原理图 [58]　　b）记里鼓车齿轮机构　　c）记里鼓车模型㊀

图 2.9　指南车和记里鼓车

《晋书·舆服志》载："司南车，一名指南车，驾四马，其下制如楼三级；四角金龙衔羽葆，刻木为仙人，衣羽衣，立车上，车虽回运，而手常指南。大驾出行，为先启之乘。"《宋书·礼志》也载："大驾卤簿，以次指南。"从晋代开始，记里鼓车与指南车成为姊妹车，作为天子大驾出行，象征威武皇权的先驱仪仗车辆 [54,63]。

5. 魏晋南北朝时期各类机械人

指南车和记里鼓车的出现表明魏晋时期我国齿轮传动系和凸轮机构已经发展得相当成熟，以此为基础的各类自动的木制（或金属）"机器人" 被应用到各种环境中 [54,61]。

东晋孙盛《晋阳秋》中记载："东晋元帝大兴年间（318—321 年），稀阳人（今湖南衡阳）区纯，深有巧思……造作木室，作一妇人居其中。人扣其户，妇人开户而出，当户再拜，还入户内，闭户。"除了"看门妇人"，区纯还制作了"鼠市㊁木人"，原文写道："又作鼠市于中，四方丈余，有四门，门内有木人。纵四五鼠于中，欲出门，木人辄推木掩之，门门如此鼠不得出。又作指南车及木奴，令舂谷作米。中宗闻其巧，诏补尚方左校。"

十六国时期后赵国君石虎在位期间（334—349 年），解飞制造宣扬佛教的檀车献给石虎。晋陆翔《邺中记》载："石虎至性好佛，众巧奢靡，不可纪也。尝作檀车，广丈余，长二丈，四轮。作金佛像坐于车上，九龙吐水灌之。又作木道人，恒以手摩佛心腹之间。

㊀ 图片来源：https://wapbaike.baidu.com/tashuo/browse/content?id=eff646771599dac7dea07be3。

㊁ 一种供老鼠活动的装置，笔者以为就是供人观赏木人驱鼠的类似笼子的东西。

又十余木道人，长二尺余，皆披袈裟，绕佛行。当佛前，辄揖佛。又以手撮香投炉中，与人无异。车行则木人行，龙吐水，车止则止。亦解飞所造也。”檀车上，有金佛、九龙吐水和道人拜佛，制作精巧。解飞还制造了舂车，《邺中记》记述道：“又有舂米木人，及作行碓于车上，车动则木人踏碓舂，行十里成米一斛……车止则止。中御史解飞，尚方人魏猛变所造也。”

《太平广记》引《皇览》记载：“北齐有沙门灵昭，甚有巧思。武成帝令于山亭造流杯池，船每至帝前，引手取杯，船即自住。上有木小儿抚掌，遂与丝竹相应，饮讫放杯，便有木人刺还。上饮若不尽，船终不去。”船上木人各种动作都由水力带动。灵昭还为北齐胡太后造七宝镜台，“合有三十六室，每户有一妇人执锁，才下一关，三十六户一时自闭。若抽此关，诸门皆启，妇人各出户前。”36个机器妇人是一组同时动作的“机器人”。《河朔访古记》还记载了北齐黄门侍郎崔士顺在邺都华林园内造密做堂，“周回二十四架，以大船浮之，以水力激轮”。其堂分为3层，下刻木人7个，分别弹奏乐器；中层刻木僧7人，焚香礼拜；上层作佛堂，傍列菩萨卫士。

明代焦周著的《焦氏说楛》中记述：“近有发陆逊（三国时东吴的都督）墓者，从箭出。又闻某墓，木人运剑杀人。”这里的“木人”大概就是前面提到的“俑”吧，还可运剑伤人。在《史记》《山海经》及赵无声的《快史拾遗》等书中，也有类似记载[56]。这类“从箭出”“木人运剑”的情节常见于明清及后世的侠义小说中。

2.2.4　隋唐至宋元时期“机器人”

1. 隋炀帝的“服务型机器人”

自隋朝开始，出现了更加复杂的“机器人”。隋代杜宝《大业拾遗记》记载，黄衮根据《水饰图经》，用木制成水饰，供隋炀帝玩乐。

“水饰机器人”与三国马钧水转百戏图、解飞木道人及灵昭木人所实现功能有诸多类似，但娱乐功能更加强大，完全是水转百戏的增强版，其机构也更加繁复巧妙。杜宝说，他本人曾奉敕撰《水饰图经》及检校良工图画，并与黄衮“于苑内造此水饰，故得委悉见之”。《隋书·经籍志》史部地理类有《水饰图经》二十卷，子部有《水饰》一卷，可证上述记述之真实性[61,64]。

《大业拾遗记》又记，隋炀帝造观文殿，为书堂各十二间，“每三间开一方户，户垂锦幔，上有二飞仙。当户地口施机，舆驾将至，则有宫人擎香炉，在舆前行。去户一丈，脚践机关，仙人乃下阁，捧幔而升，阁扇即开，书厨亦启，若自然，皆一机发动。舆驾出，垂闭复常”。在《太平广记》中有相关记载，这里所述自动“飞仙”，就是精巧的“机器人”[61,64]，俨然是隋炀帝的“随身秘书”。

据《北史·柳䛒⊖传》记载：“柳䛒，少聪敏，读书万卷，善属文。隋炀帝时，柳䛒官拜秘书监。……进逢兴会，辄遣命之至，与同榻共席，恩比友朋。”柳䛒少年聪慧，官拜秘书监，隋炀帝很喜欢他，时常召见。但遗憾不能在夜晚随时召来，于是隋炀帝令巧匠杜宝仿照柳䛒形貌刻造一木人，内设机关，能起伏跪拜，并能同嫔妃们饮酒[64]。为了时时见到宠臣，隋炀帝就令人制造了这个貌似柳䛒的自动木人，其荒唐也可见一斑。

2. 唐朝时期的“机器人”

唐代开元初年的马待封，是一位精通机巧的工匠，曾制造了一台“机器人”梳妆台，专供皇后梳洗打扮。《太平广记》记载：“中立台镜，台下两层，皆有门户。后将栉沐，启镜奁台，台下开门，有木妇人手执巾栉至。后取已，木人即还。至于面脂妆粉，眉黛髻花，应所用物，皆由木人执，继至，取毕即还，门户复闭。如是供给皆木人。后既妆罢，诸门皆阖，乃持去。其妆台金银彩画，木妇人衣服装饰，穷极精妙焉。”皇后梳洗时，只要打开妆门，就有手拿毛巾、梳子的木妇人袅袅而出，恭恭敬敬地送给皇后，然后返回原地。当皇后梳洗完毕，手执香脂、香粉、眉黛、髻花的木妇人，依次出来供皇后化妆，最后，东西仍由木妇人拿进去，其门全部自动关闭。这些木妇人动作灵活、准确，衣饰华丽[61,64]。这个与隋炀帝飞仙有异曲同工之妙，但“机器人”如何判断“后妆既罢”呢？这些细节没有具体描述，或许是皇后自己关上门来表示“后妆既罢”。

《太平广记》和《海州志》记载了马待封为崔邑县县令李劲制造的一台催人喝酒的器具，名叫“酒山”。李劲宴请宾客时，如有人不及喝酒，“酒山”的门就会自动打开，穿戴整齐、衣饰华丽的“机器人”就会走出来，恭敬地劝人喝酒，直到喝完斟满之后，“机器人”才回到原地、其门自动关上。倘若再有人不及时喝酒，“机器人”又会重新走出来，表示劝饮。总之，至宴会结束，“机器人”都是依次而行，始终不乱一步[61]。

《朝野全载》还记载了唐朝开元年间，杨务廉“甚有巧思，尝于沁州市内刻木作僧，手执一碗，能自行乞，碗中钱满，关键忽发，自然作声云：‘布施！’市人竞观，欲其作声，施者日盈数千”。这个僧人模样的“机器人”，能学和尚化缘，钵中钱满（钱满或许是利用钱的重量来判断实现自动发声）后，自动收钱。柳州王据研制了类似水獭的“机器人”，可沉入湖中捉鱼[65]。《新五代史》中记载，五代十国时期的后周时（951—960 年），农具发明家用硬木刻造成木偶耕人，从事田园耕种，乡野众人叹奇。这或许就是最早的

⊖ 䛒读音为 biàn。

应用于农业生产的“机器人”。

隋唐时期出现的“机器人”都有固定使用的场合，或为皇帝服务，或为皇后服务，或为县令服务，或为僧人服务，可说是当时“服务型机器人”大全。张衡制造了第一台水转浑天仪（计时可算作公共服务），经过发展到唐代有了显著进步。据《新唐书·天文志》和《旧唐书·天文志》中记载，唐代天文学家一行在开元十一年（723年）与梁令瓒合作设计制造了一台“浑天铜仪”，采用自动木人报时装置（立木人二于地平上，其一前置鼓以候刻，至一刻则自击之；其一前置钟以候辰，至一辰亦自撞之），这与近代机械钟表史上出现的自鸣钟类似，可认为是世界上最早的一台自鸣钟[61]。

3. 宋元时期的“机器人”

到了宋代，水运浑天仪的制造技术进一步提高，“报时机器人”自动化程度更高。宋代苏颂《新仪象法要》记载，巴蜀人张思训在公元979年造浑仪，把自动报时的“机器人”应用于天文仪器中，“为楼数层，高丈余，中有轮轴关柱，激水以运轮。又有直神摇铃扣钟击鼓，每一昼夜周而复始。又有十二神，各值一时，时至则自执牌盾，环环而出报时刻，以定昼夜之长短。至冬水凝，运行凝涩，则以水银代之”。这里所说的“直神”和“十二神”都是自动报时的“机器人”。

公元1092年，由吏部尚书苏颂主持，吏部守当官韩公廉设计制造了一座规模更为宏大的水运仪象台，苏颂还撰写了《新仪象法要》来介绍具体情况。该水运仪象台为木阁二层，第一层钟鼓轮上装有“拨牙”（相当于凸轮的传动部件），每一时辰开始，即有服绯衣木人于左门内摇铃。每一刻至，即有服绿衣木人于中门内击鼓。每一时正，即有服紫衣木人于右门内扣钟。又在木阁第四层设有夜漏金钲轮，上设夜漏更筹箭，每筹施一“拨牙”。每更筹至，皆有木人击金钲。苏颂和韩公廉制造的水运仪象台以及张思训制造的浑仪，都是利用水的恒定流转，发动水轮作间歇运动，以带动仪器运转。其复原品陈列于中国历史博物馆，如图2.10a所示。李约瑟在《中国科学技术史》中说：“借此机会声明，我们以前关于‘钟表装置……完全是14世纪早期欧洲的发明’的说法是错误的。使用轴叶擒纵器重力传动机械时钟是14世纪在欧洲发明的。可是，在中国许多世纪之前，就已有装有另一种擒纵器的水力传动机械时钟。”㊀

元代科学家郭守敬设计制造了结构非常精巧的大型水运自动钟，名叫大明殿灯漏。据《元史·天文志》记载：“高一丈七尺，内分四层：上层列置四神，旋当日月参辰之所在，左转日一周；次层为龙虎鸟龟之像，各据其一方，依刻跳跃，铙鸣以应于内；再次一层

㊀ 百度百科——苏颂。

周分百刻，上列十二神，各执时牌，至其时四门通报，又有一人当门内，常以手指其刻数；下层四隅钟鼓钲铙各一人，一刻鸣钟，二刻击鼓，三刻敲钲，四刻击铙。时初时正皆如是。”郭守敬采用了四种不同乐器来报告时初或时正中的各刻的方法。大明殿灯漏复制品如图 2.10b 所示。

a）水运仪象台㊀

b）大明殿灯漏㊁

图 2.10　宋元时期的自动机械计时装置

元人陶宗仪《元氏掖庭记》则说，元顺帝曾“自制宫漏，约高六七尺，为木柜藏壶其中，运水上下。柜上设西方三圣殿，柜腰设玉女择时刻筹，时至则浮水而上。左右列二金甲神人，一悬钟，一悬钲。夜则神人能按更而击，分毫无爽。钟鼓鸣时，狮凤在侧飞舞应节。柜旁有日月宫，宫前飞仙六人，子午之间，仙自耦进，渡桥进三圣殿，已，复退位如常”。这种所谓“飞仙”“神人”，就是动作复杂、自动报时的“机器人”。《续资治通鉴》也记述了元顺帝所制的灯漏，后传至明初朱元璋时期[61]。《明史・天文志一》记载，明太祖平元，司天监进水晶刻漏，中设二三木偶人，能按时自击钲鼓。太祖以其无益而碎之。这里的水晶刻漏应该是元顺帝留下来的，但毁之于明太祖之手，令人惋惜[61]。

宋代沈括著的《梦溪笔谈》卷七中，记载了一种在宋代用来捕捉老鼠的“机器人”[56]。庆历中（公元 1041—1048 年）有一术士，姓李，多巧思。尝木刻一舞钟馗，高二三尺。右手持铁简（一种兵器），以香饵置钟馗左手中。鼠缘手取食，则左手扼鼠，右手用简毙之。这种双臂配合的“机器人”较之晋代捕鼠木人更先进。除捕杀老鼠的“机器人”之外，又有能工巧匠制造了从事固定重复工作的“机器人”，如专门担当看门、驱雀、恐吓野兽

㊀ 图片来源：https://baike.sogou.com/v85271.htm。

㊁ 图片来源：https://timgsa.baidu.com/timg?image&quality=80&size=b9999_10000&sec=1559551207072&di=2b8a878ddb43c80b5a863d57e89c3e84&imgtype=0&src=http%3A%2F%2Fimg5.ph.126.net%2Fjf093xiVsmIukgAAL5JbpQ%3D%3D%2F2877800161906785775.jpg。

等任务，制作技术上有不同程度的改进[64]。宋代发展了各种傀戏，其中“水傀儡”由水力带动木偶表演，而且有乐队伴奏，有真人演员说白，道具增多[61]。

2.2.5 明清时期“机器人”

在明末姜准著《歧海琐谈集》卷七中，记述了黄子复做了个木人，可以给客人端茶送酒；还刻木犬会咬住客人的衣服，挽留来客出[55-56]。“山人黄子复，擅巧思，制为木偶，运动以机，无异生人。尝刻美女，手捧茶橐茶壶，自能移步供客。客举觞啜茗，即立以待；橐返于觞，即转其身，仍内向而入。又刻为小者，置诸席上，以次传觞。其行止上视瓯之举否，周旋向背，不须人力。其制一同于犬。刻木为犬，冒以真皮，口自开合，牙端攒聚小针。衔人衣裔，挂齿不脱，无异于真。”这段描述，实际上与前面隋唐时期提及的“服务型机器人”类似，从功能上看并没有提高多少。

宋濂《五轮沙漏铭》记载了明代詹希元创制五轮沙漏，称其“轮与沙池皆藏几腹，盘露几面，旁刻黄衣童子二,一击鼓，二鸣钲，亦运衍沙使之”。这并没有拓展苏颂、郭守敬等计时功能，只是改用沙漏驱动[64]。

明代中叶，著名机械专家王徵在未成进士之前，在家务农时，多制造“机器人”应用于生产或生活中，“多为木偶，以供驱策，或舂者，簸者，汲者，炊者，操饼杖者，抽风箱者，机关转捩，宛然如生。至收获时，辄制自行车以捆载禾束，事半功倍。”王徵对机械制造有多方面的重大贡献，他与传教士邓玉函（Johann Schreck）编写了《远西奇器图说录最》一书，较为系统地介绍了西方机械的专著[64]。

清代也有捕杀老鼠的“机器人”，例如湖南衡阳地区的工匠们制造了一个捕鼠器，周长丈余，内放香饵，开有四门，每门设有木制机器人守卫。老鼠进入器内偷食香饵，“机器人”即举椎截击，每门如此，使老鼠无法逃跑[64]。余庆远《维西见闻纪》中，则记载“机器人”捕捉虎豹[55]：“地弩，穴地置数弩，张弦控矢，缚羊弩下，线系弩机，绊于羊身。虎豹至，下爪攫羊。先动机发。矢悉中虎豹胸，行不数武皆毙。”

清代有一种可以书写文字的“机器人”，清高宗（即乾隆帝）八十寿辰（公元1790年）时，两广总督福文襄送一礼物，外形是一个小楠木匣[61,64]。把匣打开，有一木制小屋，屋内置屏风，前面放一木几，木几上陈列笔床、砚匣等物，发动机械，则有一个一尺高的少女“机器人”自屏风右边走出，用袖子慢慢擦木几上的灰尘，并注水于砚，拿墨磨之。墨既成，又从架上取朱笔一管，放在木几上，即有一个长胡子“机器人”从屏风左边走到木几边拿起笔，写“万寿无疆”四字；写完掷笔，仍从屏风左边返回；少女“机器人”则收去笔砚，放于原处，然后闩门而退。三天后，工匠对这套“机器人”进行了修理和改进。经过改进后，大胡子“机器人”可以书写汉文和满文对照的“万寿无疆”。

乾隆八十大寿恰处于欧洲钟表的繁盛时代，而道罗斯父子也在 1770 年前后在欧洲制作了机械玩偶。Jaquet Droz 钟表通过贸易销售到中国，且受到乾隆喜爱，那么道罗斯（Droz）父子制作的玩偶也一并传入中国的可能性极大㊀，两广总督所送礼物极有可能是道罗斯父子机械玩偶的改造品。《清朝野史大观》也记载了这种书写文字的机器人。

现藏于北京故宫的“铜镀金写字人钟”即由瑞士钟表师 Jaquet Droz 制作并进贡给乾隆皇帝的。“铜镀金写字人钟”由四层阁楼式组成，底层是“写字机器人”，与计时部分机械不相连，是一套独立的机械装置，只需上弦开动即可演示。“写字机器人”单腿跪地，一手扶案，一手握毛笔，开动前需将毛笔蘸好墨汁，开启机关，“机器人”便在面前的纸上写下“八方向化，九土来王”八个汉字[66]。可见，“写字机器人”在清朝已不是个案，而且与同时代欧洲“写字机器人”是一脉相承的；也从侧面反映了欧洲 Droz“写字机器人”流传之远，影响之深。

清朝故宫博物院藏有一种“自鸣钟”，扭转机关后，钟门即打开，走出一个“机器人”，磨墨伸纸，书写“万国来朝”四字，写毕返室内，钟门闭。清代科学家黄履庄喜出新意，作诸技巧。据黄履庄的表哥戴榕撰写的《黄履庄小传》记载，黄履庄掌握了发条制造技术，自制装有发条机械的“自动木人，长寸许，置桌上，能自动行走，手足皆自动，观者以为神”。制成自动木狗，“置于门侧，卷卧如常，惟人入户，触机则立吠不止，吠之声与真不异”。又制成由自动木人擎扇的“自动驱暑扇”，“不烦人力而一室皆风”。黄履庄在机械制造方面的突出成就，曾受到大数学家梅文鼎的热情称赞[64]。

乾隆二十九年（1764 年），西洋贡铜伶十八人，能演《西厢》一部。人长尺许，身躯耳目手足，悉铜铸成，其心腹肾肠，皆用关键凑接，如自鸣钟法。每出插匙开锁，有一定准程，误开则坐卧行止乱也。张生、莺莺、红娘、惠明、法聪诸人，能自行开箱着衣服，身段交接，揖让进退，俨然如生，唯不能歌耳。一出演毕，自脱衣卧倒箱中。临值场时，自行起立，仍上戏毯。这个西洋贡品多半出自中国工匠与西洋工匠的合作。

2.2.6 中国古代“机器人”总结

1. 历代记载“机器人”的特点

从文献记载看，西汉之前记载的“机器人”散存于各类轶事故事中，故事都很生动，但明显是虚构夸张的。像偃师造人、黄帝造指南车都反映了古代先民对“机器人”的渴

㊀ 百度百科——Jaquet Droz 中记述了其发展历史。

望和朴素幻想。而东汉以后，随着齿轮传动技术发展，一些可考证的机械机构被制造出来，一部分被用于公共服务，如地动仪、浑天仪；一部分被用于贵族娱乐，如水转百戏、拜佛道人等；还有一部分被用于军事，如木牛流马、指南车、记里鼓车等。

到了隋唐时期，大部分记载均属于服务型“机器人”，从水饰图经、皇后梳妆“机器人”，到行乞木僧，再到劝酒“机器人”。这不得不说与唐代思想解放有着莫大的关系。而到了宋代，类似汉代离奇幻想的“机器人”记载已经不见，像唐代追求安逸享乐的服务“机器人”也少见。但第一次出现了国家机关主动从事水运仪象台的设计与制造，并且领先于世界，且一直保持到元代。

前面述及明太祖朱元璋“以其无益”而毁掉了元代遗留的水晶刻漏，也许是巧合，但也就是明代以后，关于“机器人”的记载已经很少。从文献记载的种种迹象表明，从明朝中叶开始，随着国外传教士频繁到访中国，欧洲机械已经渗透到中国，而唐宋之前辉煌的自动机械技法没有得到保存和发扬。究竟是什么原因造成明代以后“机器人”（实际上是科学技术）的制造和发展中断了呢？

笔者认为，一方面是中国浩如烟海的史籍文献均出自文人之手（张衡、祖冲之也都是名噪一时的大文豪），没有形成系统的体系，各种制造工艺及理论都较凌乱，不利于继承和发展。这也是李约瑟讲的中国停留在经验阶段的原因。另一方面中国在宋代以后，封建主义进一步强化，尤其是政治和思想的专制化禁锢，统治阶级视某些机械机构（尤其供娱乐的机器人）为奇技淫巧、雕虫小技、伤风败俗等，使得机械机构为君子所不齿的小人之道，不符合正统的封建伦理哲学规范。这直接导致有识之士不致力于机械、物理、数学等方面的研究，因此宋代以后科学技术几乎没有任何发展，当然“机器人”也处于停滞状态了。而就在大明王朝封建专制的辉煌时期，欧洲却以文艺复兴为标志，开启了艺术和科学的大发展，形成较为完备的近代科学体系，为当今西方科学发展奠定了基础。

而到了清代后期，正史中少有记载这类自动机械装置，仅部分小说中对“消息”“机关”等有所述及。清代石玉昆小说《三侠五义》中提到冲霄楼铜网阵，就是一种自动机械装置，通过一系列传动实现对入侵者的杀伤。尽管是小说描述，但可反映出在宋代时期，军事上应用这类自动机械装置应该是常见的。后世的侠义类小说、评书，以及当代武侠小说都继承了《三侠五义》的传统，将“消息”“机关”等融入故事情节中。单田芳先生评书中几乎每一部都有类似“冲霄楼”的情节，对“机关”也描述得活灵活现。民国时期张杰鑫《三侠剑》中有“消息大王”贾斌久，精通机关暗器；常杰淼《雍正剑侠图》则详细刻画了一个外号“世界妙手、九尾宗彝”，名叫司徒郎的侠客，他为躲避师父庄道勤的追杀，到大西洋机器厂里做苦工，偷学西洋八宝转心螺丝消息埋伏。这也反映了清代中国民众对西方机械有所了解的事实。

当代著名武侠小说家金庸先生在其作品中也有述及，如《碧血剑》中金蛇郎君死后制作了精巧机关铁盒，可以射出毒箭，这类似《焦氏说楛》中陆逊墓里的机关；《笑傲江湖》中少林寺秘道内由机括操纵的铁人，且会少林武艺；《神雕侠侣》中杨过送给郭襄的生日礼物是两个会打少林罗汉拳的铁铸胖和尚。

2. 记载可信度

我国古代关于自动机械装置的记录很多，但大部分仅有记载，且多数处于不懂科技人之手，不能确认其存在与否。文献中对这些装置的记载多以文字为主，没有明晰的图形或工程化语言，以致无法考证真伪，更无法仿制或复原，记载的可信度值得商榷。按照当时科技水平和文献可靠性，可以分为三类：可信的、不可信的和难断真假的。

第一类完全可信的，如苏颂和郭守敬制造的计时 / 报时装置，以及马钧指南车和龙骨水车、张衡地动仪、燕肃指南车、卢道隆记里鼓车等，以及明清时期的“写字机器人”等。第二类则不可信如偃师造人，应该纯属虚构寓言；而鲁班造木鸟、木女解平城围、木牛流马等事件可能真实存在，但记载关于“机器人”部分则脱离实际情况，属后世演义之作。第三类则难断真假，如马钧造水转百戏、隋炀帝水饰图经、皇后梳妆“机器人”及劝酒“机器人”等，从文献记载看，描述较为详尽，栩栩如生，而且从三国到唐初都有类似记载，应该确有其事，也确有其物。按照当时技术水平推断，也有可能出现这类精巧的机械装置，但是宋代以后文献不再记载（即使记载，也是作为寓言故事），因此难以断定其真伪。

无论是可以考证的古代自动机械，还是记载扭曲夸大的“机器人”，抑或是停留在幻想中的仿人或仿动物“机器人”，都是中华民族不断进取、敢于开拓的明证，而且有些器械还领先世界很久。回到偃师造人的故事中，“唯难于心”也是现代智能机器人的难点。今天使机器人更具“智慧”和“情感”的深度学习和人工智能理论也极其复杂。透过浩瀚如烟的文献，我们应该正视中国古代曾经有过“机器人”，甚至较为先进；也应正视我们辉煌过后的失落直到今天。

2.3 国外古代“机器人”记载⊖

在古希腊神话中，对于人与神、半机械生命与机器人，没有完全清晰的定义。凡人与诸神之间有阿伽门农、忒修斯这样的半神，肉体与机器之间也仿佛存在着神秘的种族。控制自然生命的欲望使古希腊文化产生了“bio-techne”的概念——一种传说时代的科幻生物技术。

⊖ 资料来源：“诸神实验室：传说时代的古希腊机器人和起死回生术”（http://www.sohu.com/a/114019342_328901）。

（1）美狄亚的故事

希腊神话中有一个女法师美狄亚（Medea）掌握着魔法药物学和基因生物学。她在气雾缭绕的大锅（生命之锅）边进行着类似科学实验的操作。利用生物技术来制作机器人的想法大概由此而来吧。

（2）代达罗斯的故事

代达罗斯（Daedalus）是生命体和机械结合的先驱。他曾造出了一只像拥有完美程序侦察机一样的鹰，每天按时飞来啄食普罗米修斯的肝脏。还为伊阿宋造了一群喷火的机械牛来耕地。后来代达罗斯和儿子一起被关进了克里特岛上的迷宫中，为了逃出该岛，父子俩发明了飞行术，用羽毛、麻线和蜡造出了能够加在凡人身体上的机械双翼。

（3）赫菲斯托斯的故事

而火神、锻造之神赫菲斯托斯（Hephaestus）的“车间”里更是有着数不清的“机器人”“机械狗”，甚至是“人工智能”。长篇叙事诗《阿尔戈英雄记》中讲述了火神赫菲斯托斯的杰作——塔罗斯（Talos）青铜机器战士，被送往克里特岛后变成了一部杀人机器。

赫菲斯托斯还用黏土制造了潘多拉，并赋予她人类的特性，包括知识、感情和好奇心等。有了感情和知识的潘多拉，俨然就是今天的人工智能。

火神所制作的“机器人”要么是服务型，要么是战斗型的，要么就是拥有人类好奇心的人工智能型，均给“机器人”注入了知识和情感。

古希腊神话中的这些故事都很残忍、血腥和哀伤，无论是生物羔羊，还是仿生牛，甚至是塔罗斯和潘多拉，都为人类带去了灾祸和不幸。这些故事无疑展示了古希腊先民对超越自身生物学界限的渴望，千百年后却引发了人类与机器相结合的半机器人，甚至是生物型机器人的思考。

2.3.1 古希腊时期机械装置

1400年，古巴比伦人发明了利用水流计量时间的漏壶（如图2.11a所示），它被认为是历史上最早的机械设备之一，在此后的几百年里发明家不断改进，并传到了欧洲[⊖]。

公元前3世纪，古希腊发明家戴达罗斯用青铜为克里特岛国王迈诺斯塑造了一个守卫宝岛的青铜卫士塔罗斯。公元前270年左右，古希腊发明家特西比乌斯（Csestibus）发明了一种人物造型指针指示时间的水钟，如图2.11b所示。亚里士多德也曾想象过类似“机器人”的功能：如果每一件工具被安排好甚或是自然而然地做那些适合它们的工作，

⊖ 资料来源：http://www.360doc.com/content/16/0819/09/15594929_584271209.shtml。

那么就没必要再有师徒或主奴了⊖。

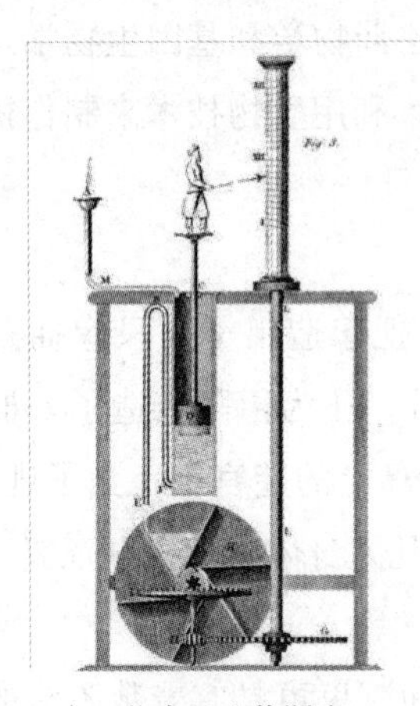

a）古巴比伦漏壶

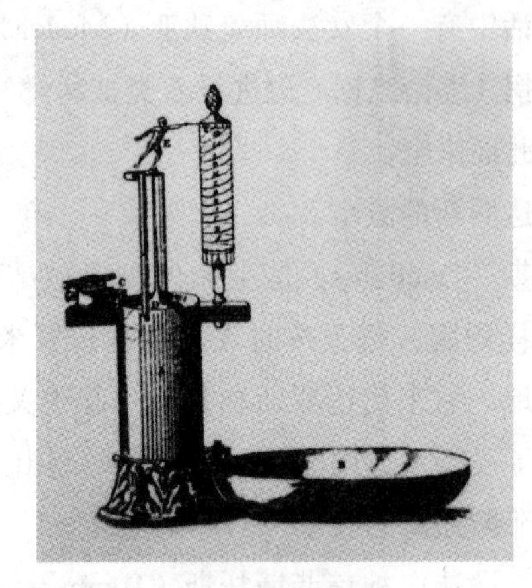

b）Csestibus 水钟

图 2.11　西方古代机械

在公元前 2 世纪出现的书籍中，描写过一个具有类似机器人角色的机械化剧院，这些角色能够在宫廷仪式上进行舞蹈和列队表演。

公元 1 世纪，亚历山大时代的古希腊数学家希罗（约公元 10—70 年）发明了以水、空气和蒸汽压力为动力的机械玩具——希罗汽转球，如图 2.12 所示。它可以自己开门，还可以借助蒸汽唱歌，如气转球、自动门等。

a）希罗汽转球 1

b）希罗汽转球 2

图 2.12　古希腊的希罗汽转球

⊖ 如亚里士多德所预想："安排好的"对应示教再现或数控型机器人，"自然而然地做"对应智能型机器人。

2.3.2　14 世纪之前的记录[⊖]

公元 807 年阿巴斯王朝的哈里发送给了查理曼大帝一个他从来都没有在基督教世界见过的高科技产品——铜质的水钟。这个钟通过掉落在碗里的金属小球计算时间，十分精密。与平时用数字表达时间的钟表不同，这个钟用十二个机械小骑士来显示时间。他们会在准点跳出窗口向主人报告现在的时间，就像是掌管时间的忠仆。

公元十世纪中叶，意大利外交家克雷莫纳的鲁伊普兰（Luiprandde Cremona）记载了他在君士坦丁堡的拜占庭皇宫里看到的王座厅。皇帝君士坦丁七世坐在巨大的宝座上，宝座侧面有金狮守卫。如果皇帝需要，就可以让雄狮张开血盆大口发出慑人的吼叫。在王座厅的边上则有一棵栩栩如生的黄金大树，上面栖息着一些镀金的小鸟，它们都在咏唱着不同的歌曲。当鲁伊普兰在皇帝面前下跪时，皇帝的王座却升上了天花板，进入上一层房间，并换了一件外套。

克拉里的罗贝尔（Robert）是一个参加了第四次十字军东征的法国骑士，他在日记中记载了在一个跑马场里的铜质雕像，可以通过机械装置自动运动，甚至比骑士们还要敏捷。几个世纪之后，传教士在蒙古大汗的帐中发现，可汗的大帐边上有几只活灵活现的机器小鸟，唱的曲调甚至与自然界的真鸟别无二致。

13 世纪，一位德国神父宣称自己做了一个基于行星学知识和神学的“机器人”，可以自如地应答别人的问题。同在 13 世纪的神学家马格努斯则自己制造了一个能蹦、能跳、能做家务的“机器人”。这个“机器人”服侍马格努斯和他著名的学生圣托马斯·阿奎那的生活。

1377 年，英王理查二世让金匠打造了一个可以活动的小天使，在加冕典礼上从天而降，给自己戴上王冠。加冕天使的控制权在金匠手里，像一个傀儡。除了实用性的“机器人”，欧洲宫廷里还有大量用于享乐的娱乐“机器人”。

1474 年，西班牙阿拉贡国王费迪南一世的宫廷上就出现了一群擅长恶作剧的娱乐型“机器人”。有的“机器人”打扮成小丑，在宴会上为客人们提供欢笑。有的机械装置则制造云雾，给在天花板上扮演神祇的“机器人”提供布景。

从文献记载看，欧洲在 14 世纪之前对于“机器人”的记载也很丰富，但较之中国文献记载要少，而且很大部分来源于神话传说。14 世纪以前出现的“机器人”记录大部分来自欧洲人的一些笔记中，或者是道听途说，或者是见闻经历，其真实性也无法完全考证。与中国隋唐时期类似，以贵族娱乐为主，同样缺乏理性分析和原理记述。但，无

⊖ 资料来源：http://robot.ofweek.com/2016-11/ART-8321203-8420-30066702.html。

论是古希腊神话幻想，还是欧洲人笔记记录，都充斥了当时人们对自动机械的需求和期待。

2.3.3 15～18世纪期间的“机器人”

14世纪开始的文艺复兴不仅带来了文艺的飞速发展，也推动了科学技术发展。在机械领域，达·芬奇、伽利略、欧拉等科学家开始了零星的理论研究。欧洲钟表业拉开了近代机械制造业的序幕。1687年牛顿建立了经典力学理论，为机械运动分析和动力分析奠定了理论基础[67]。这一时期“机器人”逐步从古代幻想和笔记记录中走出来，更多的理性设计注入其中，出现了许多影响后世的机器人原型。

1. 达·芬奇与“机器人”

莱昂纳多·达·芬奇（Leonardo da Vinci）不仅是天才画家、雕塑家，而且也是杰出的机械工程师。达·芬奇长达1万多页的手稿（现存约6000多页）至今仍在影响科学研究，被称为一部15世纪科学技术真正的百科全书⊖。

（1）达·芬奇设计的军事器械

最有名的是装甲车（Armored Car）和机关枪（Machine Gun）。达·芬奇设计的装甲车由人力推动，表面覆盖层层金属板，其金属缝隙可以使得意大利士兵在用武器射击目标的同时避免遭受敌人炮火的袭击，其手稿图如图2.13a所示，复制品如图2.13b所示。在400年后的第一次世界大战期间，装甲坦克成为逆转战争的关键武器。

a）装甲车手稿

b）装甲车复制品

图2.13 达·芬奇设计的装甲车

⊖ 资料来源：http://blog.sina.com.cn/s/blog_67b364ab0102wcdr.html。

达·芬奇也设计了多种机关枪，其手稿如图2.14a所示。一种是多向机关枪，配有呈扇形排开的枪管，它们既能独立发射，也能同步操作，如图2.14b所示。机关枪下设有车轮，可根据敌军位置自由移动。士兵更可调校背后的曲柄，以改变飞弹的高度和轨迹。另一种是有三层弹壳管的机关枪，如图2.14c所示。这部机关枪有30支枪管，分三行安装在旋转框架上。当最上一行的十支枪管发射后，第二行枪管便会立即上弹，同时最底层也开始冷却。达·芬奇设计了数款具备多个炮管的武器，以提升发射频率，它们也成为现代机关枪的前身。

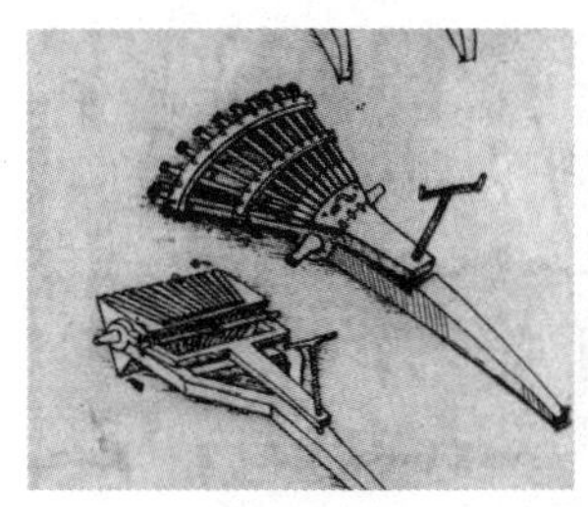

a）机关枪手稿

b）多向机关枪

c）三层机关枪

图2.14 达·芬奇设计的机关枪

达·芬奇设计的武器均没有制造出来，但都对当时武器进行了改进，成为未来战场上的利器。在一定程度上，他所设计的武器并没有实现自动化，但其精巧的机械结构为后世新型武器问世提供了灵感来源。

（2）达·芬奇设计的飞行器

1505年，达·芬奇撰写了一份手稿，后被命名为《鸟类飞行手稿》，有数以百计的日记条目写到了人类和鸟类的飞行，精心勾勒了仿照鸟类和蝙蝠解剖骨骼的飞行器。仿生学的概念已经理性化地存在于达·芬奇的脑海之中。

图2.15a为达·芬奇设计的扑翼飞机，左右两翼像鸟儿的翅膀，是仿生小鸟翅膀的，尾翼与两翼简单连接。莱特兄弟（Wright Brothers）制造的双翼飞机就借鉴了达·芬奇的设计。它还模仿鸟类和蝙蝠的解剖骨骼结构设计了一款飞行器，如图2.15b所示。1493年他还绘制了直升机的草图，他提出用一个旋转的螺旋状机翼，将直升机带向天空，如图2.15c所示。达·芬奇注释：如果这个装置是做成螺丝的形状，并以亚麻布为材料，再用淀粉糊将布料中的洞堵死，当它高速转动的时候，应该能螺旋式地升上天空。

尽管达·芬奇的设计中没有提到动力源的问题，但他对飞翔的向往，以及对鸟类飞行特点和身体结构的深入研究为飞机设计提供了科学的认识。

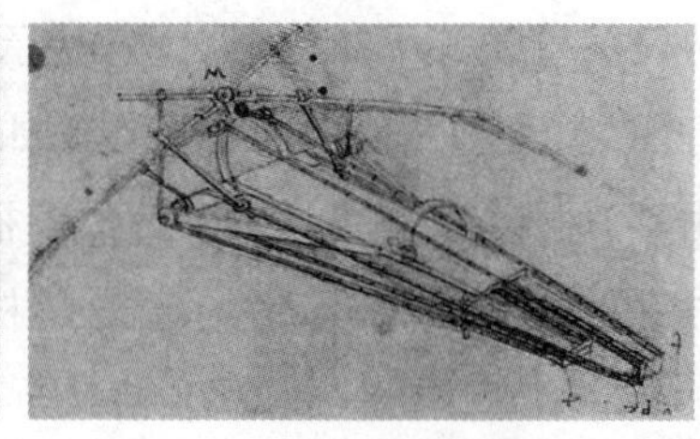

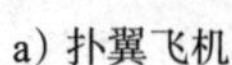
a）扑翼飞机　　b）蝙蝠骨骼飞行器　　c）直升机

图 2.15　达·芬奇设计的飞行器

（3）达·芬奇的“机器人”设计

达·芬奇对人体骨骼、肌肉、关节以及内脏器官进行了精确了解和绘制。在 1495 年，达·芬奇在手稿中绘制了西方文明世界的第一款“人形机器人”，如图 2.16a 所示。达·芬奇赋予了这个“机器人”木头、皮革和金属的外壳，用下部的齿轮作为驱动装置，由此通过两个机械杆的齿轮再与胸部的一个圆盘齿轮咬合，“机器人”的胳膊就可以挥舞，可以坐或者站立。再通过一个传动杆与头部相连，头部就可以转动甚至开合下颌。500 多年后，意大利佛罗伦萨市“泰克诺艺术”公司的工程师们根据《大西洋古抄本》和其他手稿，耗时 15 年，终于根据其中的 16 到 20 张设计草图复制出达·芬奇 500 多年前的发明——“机器武士”，如图 2.16b 所示⊖。

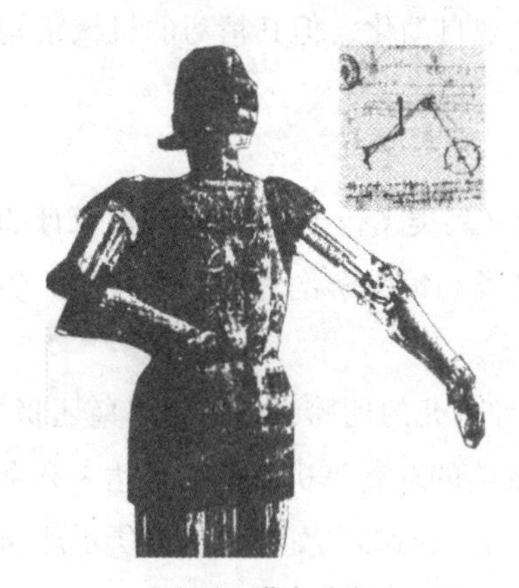

a）达·芬奇手绘　　b）意工程师仿制品⊖

图 2.16　达·芬奇设计的机器武士

NASA 机器人专家马克·罗塞姆（Mark Rosheim）花了五年时间重现了达·芬奇的骑士“Anthrobot”，并用钢铁制作了达·芬奇素描画中男性骨架的全部运动关节，找到了一

⊖⊖ 资料来源：http://it.sohu.com/20100526/n272352116.shtml。

种实现手腕全部动作的方法，为机器人拥有灵巧双手打下了基石㊀。除此而外，达·芬奇还设计过能够自由漫步的机器狮。

达·芬奇认为不同机器有诸多共同元件，如滑轮、链条、小齿轮、弹簧、轴承及减震器等，指出机器数量可以无限，但所用部件却有限。解析元件基本原理，任何运动都可能实现 [68]。后来发展起来的机械设计、机械原理等课程都是用来解析元件的基本原理的。同时，达·芬奇相信自动化是一门哲学，涉及人类解剖学、机械学和运动学等多学科知识，称达·芬奇是自动化先驱也不为过 [68]。

2. 16 世纪以后的“机器人”

达·芬奇之后，1540 年意大利发明家 Gianello Torriano 制作了可以演奏曼陀林的“女机器人”，如图 2.17a 所示。这个“美女机器人”可为当时人们提供简单的娱乐，现陈列在维也纳艺术史博物馆中。

a）意大利“美女机器人”

b）写字玩偶

图 2.17　16 世纪的美女机器人和机械修道士㊁

大约十年后，1560 年左右，发明家兼钟表师 Juanelo Turriano 发明了机械修道士，如图 2.17b 所示。机械修道士高约 15 英寸，它的动力装置包括一圈圈的弹簧、铁制的凸轮和控制杆，还有隐藏在斗篷下的三个用于移动的小轮子。他能在四方形的范围内行走，有节奏地点头并时不时地举起右手敲打胸口，举起和放下左手将木质十字架和念珠戴到另一只手上，同时，他不时地把十字架带到他的唇边并亲吻它。这个人形机械装置看上去栩栩如生，像真正的修道士在虔诚地祈祷一样。机械修道士至今仍被陈列在华盛顿的史密森尼博物馆，而且它的所有功能完好无损㊂。

㊀㊂　资料来源：https://baijiahao.baidu.com/s?id=1566563930481119&wfr=spider&for=pc。

㊁　图片来源：https://www.leiphone.com/news/201605/KAlZbVempeCghQwh.html。

1738年，法国天才技师杰克·戴·瓦克逊（Jaques de Vaucanson）发明了一只机器鸭，如图2.18a所示。它会嘎嘎叫、游泳和喝水，还会进食和排泄。瓦克逊的本意是想把生物的功能加以机械化而进行医学上的分析。瓦克逊还发明了一个能吹口哨的机械，其核心部件是一个滚轮，与现在音乐盒相似，示意图如图2.18b所示。

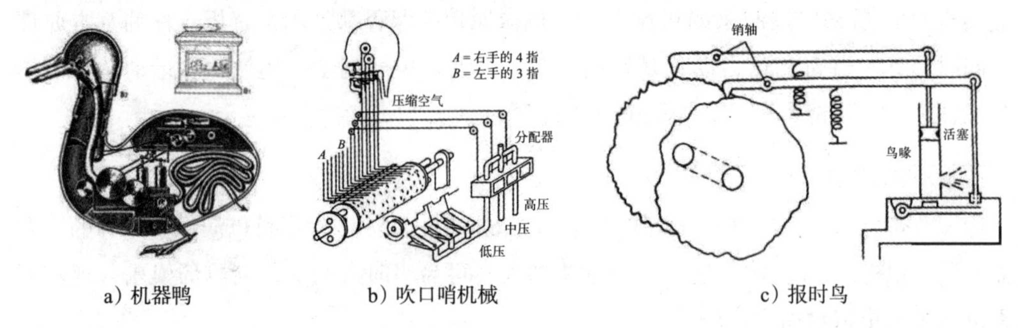

a）机器鸭　　b）吹口哨机械　　c）报时鸟

图2.18　18世纪瓦克逊发明和报时鸟

1770年，美国科学家发明了一种报时鸟，如图2.18c所示。一到整点，这种鸟的翅膀、头和喙便开始运动，同时发出叫声，它的主弹簧驱动齿轮转动，使活塞压缩空气而发出叫声，同时齿轮转动时带动凸轮转动，从而驱动翅膀、头运动。

18世纪的欧洲工匠师们（尤其是钟表匠）制作了许多机械玩偶。其中，最杰出的要数瑞士的钟表匠杰克·道罗斯（Pierre Jaquet Droz[⊖]），他将自己毕生专研数学和机械所获得的知识传授给他的儿子亨利·路易·杰克·道罗斯（Henri Louis Jaquet Droz）以及徒弟简·弗莱德瑞·勒索特（Jean Frederic Leschot），三个人一同创作出了历史上最著名的三个机械人偶：作家、画家和音乐家（如图2.19所示）。

图2.19　瑞士博物馆中保存自动玩偶[⊜]

⊖ JaquetDroz是瑞士最古老的钟表品牌之一，拥有300多年历史。

⊜ 图片来源：http://www.sohu.com/a/24491767_188442。

1768 年他首先制造了“作家”人偶机器人，这个机器人高约两英尺。“作家”利用的主要是凸轮技术，凸轮随动机构根据不同凸轮让机器男孩的手臂做出各种动作。凸轮不仅控制男孩的每一次落笔，同时也精确地控制鹅毛笔在墨水瓶中蘸取墨水和下笔力度。“作家”内部配有纯手工制作的 6000 多个零件，理论上由凸轮控制的飞轮包含所有标点符号和字母（事先编程好的 40 个字母），可以以任意顺序排列组合，进而在纸上流畅地写出所有单词。

“作家”诞生之后，道罗斯与他的儿子和徒弟，基于同样的原理，一同制造了另外两个“机器人”。“画家”可画出四副不同的肖像画：丘比特驾驭着由一只蝴蝶拉着战车的情景、路易斯国王十五世、一只狗在空白处写着“Montoutou”(我的小狗）以及王室夫妇。“画家”也利用凸轮系统二维编码手部动作，使手部操控铅笔。同时，这个男孩可在椅子上移动，并且可定期清除笔上灰尘。

最后一个“人偶机器人”是个女孩——“音乐家”，她可以用风琴演奏 5 种不同的歌曲。她像一个专门定制的由手指按压琴键的仪器。每个“机器人”的眼睛都会随着动作的变化而移动，同时，“音乐家”的胸部还可以随着演奏时的呼吸而起伏，就如一个真正的演奏家的姿态一样。这三个著名的人偶在历经西班牙等不同博物馆的收藏后，瑞士的纳沙泰尔博物馆于 1906 年获得瑞士政府补助将其购回，目前状态完好如初，已成为该馆的镇馆之宝，并定期展示。

道罗斯师徒的杰作很有可能在 18 世纪末就伴随着钟表被传入中国，前面述及的两广总督为乾隆贺寿就制作了一个可以写“万寿无疆”的“写字机器人”。

与欧洲自动玩偶类似，日本在江户时代（1603—1867 年）也出现了利用钟表原理制作的机器玩偶。1662 年，日本的竹田近江利用钟表技术发明自动机器玩偶，并在大阪的道顿堀演出。18 世纪，若井源大卫门和源信改进并制造了端茶玩偶；田中久重设计了日本自动装置偶人的最高杰作——射箭童子，如图 2.20所示。

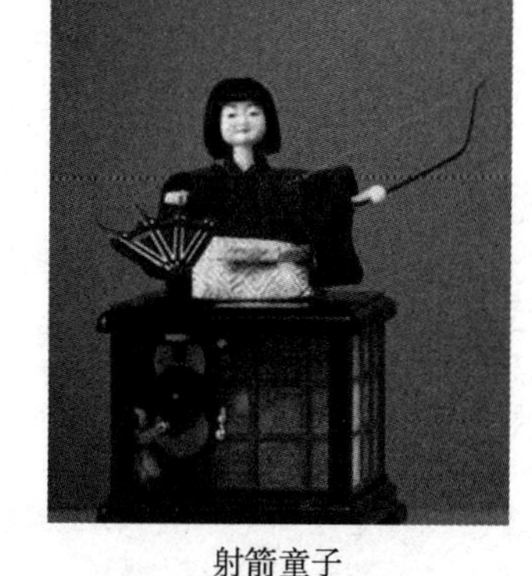

射箭童子

图 2.20 射箭童子[⊖]

1769 年匈牙利人冯 · 肯佩伦（Wolfgang Von Kempelen）建造了“土耳其机器人”，它由一个枫木箱子和箱子后面的人形傀儡组成。它能自动而快速地下象棋，用复杂的齿轮和杠杆系统来移动棋子。肯佩伦带着它在欧洲各地表演，并战胜了当时的国际象棋高手。但在几年之后，这个骗局最终被揭穿：“机器人”之所以会下棋是因为箱子里藏着一

⊖ 图片来源：http://info.toys.hc360.com/2008/02/28083866446.shtml。

个象棋大师。

14～18世纪的文艺复兴期间，“机器人”已经被理性地设计和制造出来，尤其以达·芬奇的天才设计和钟表师们精巧的制作，推动了自动机械装置大量涌现和快速发展。这一时期，欧洲记载的“机器人”已经非常丰富，而且多由专业人士记载描述[一]，很多被留存下来或者可以复制，真实度较高。伴随着18世纪中叶出现的第一次工业革命，大规模工厂代替个体手工工场，预示着“机器”时代的到来。“机器人”也从“随心创意”和“巧匠心思”中剥离出来，逐步走向工业应用。

2.3.4 机器人“误入歧途”

梦想与现实是有差距的，对机器人而言，无论是古代中国先哲，还是欧洲的钟表匠们，都致力于制造一种类“人”的机器，以替代自己。但梦想照进现实的时候，才发现人真是一种复杂的生物体，想要模仿人实在有些困难。面对困难，人类总有解决的办法，不能替代自己，那就替代我们使用的工具吧。我们伟大的前辈们便从制造机器人的想法中解脱出来，开始制造机器，机器人便“误入歧途”，进入工业领域。

1765年，哈格里夫斯（James Hargreaves）发明了*珍妮纺纱机*（Spinning Jenny），标志着工业革命的开始[二]。随着纺织业发展需求，1779年克隆普顿吸收了阿克莱水力纺纱机和珍妮纺纱机的优点，发明了骡机（Mule），可同时纺400个纱锭，大大提高了纺织生产的效率。瓦特改良蒸汽机则为工业注入了新动力，加速了工业发展进程。

1804年，法国丝绸织工约瑟夫·雅卡尔（Joseph Marie Jacquard）发明了具有划时代意义的雅卡尔提花机（Jacquard Loom）[三]，采用穿孔卡片控制花样，预先根据设计图案在卡片上打孔，根据孔的有无来控制（相当于二进制），工作效率提高到老式提花机的25倍，图2.21a和图2.21b分别为雅卡尔提花机原理图及其样机。雅卡尔本人的丝绸肖像便是雅卡尔提花机的杰作，使用了24 000张穿孔卡片才制作完成，如图2.21c所示。

雅卡尔提花机的发明得益于Basile Bouchon及他的助手Jacques de Vaucanson和Jean-Baptiste Falcon采用穿孔纸带控制织机的思路，雅卡尔只是将纸带换作了薄木板。英国数学家、计算机之父查尔斯·巴比奇（Charies Babbage）基于雅卡尔提花机卡片存储信息原理，于1822年设计了一台机械式计算机，名为*差分机*（difference engine），后来又设

[一] 这与中国文献记载方式有着本质区别，中国多由文人而非专业工匠记录。

[二] 工业革命的标志是瓦特改良了蒸汽机，与这里提到工业革命开始标志概念不同。

[三] 资料来源：https://www.douban.com/note/645925306/；Jacquard现已演变成提花机的意思。

计了更为复杂的分析机（analytical engine），但由于体积和投资庞大，并没有完成制作。

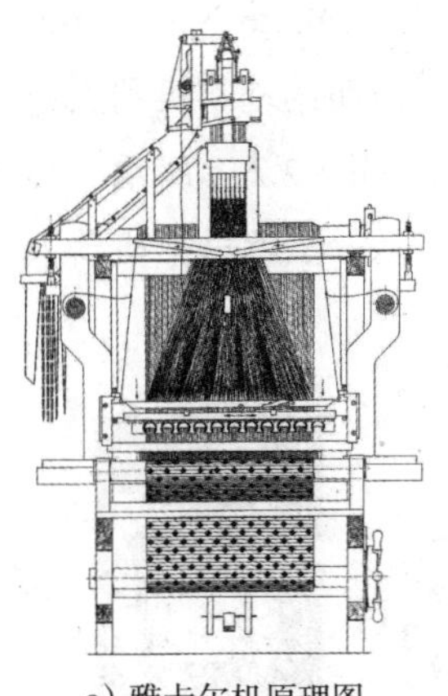

a）雅卡尔机原理图

b）雅卡尔机样机

c）雅卡尔丝绸肖像⊖

图 2.21　雅卡尔提花机

1893 年，加拿大摩尔设计的能行走的“机器人安德罗丁”，以蒸汽为动力，如图 2.22a 所示。1898 年，尼古拉 · 特斯拉（Nikola Tesla）在纽约麦迪逊广场花园展示了基于遥控技术的远程自动操作装置，即无线电遥控船，如图 2.22b 所示。随着欧洲工业革命开始，自动机械装置充斥各个行业，也使人类文明向前迈一大步。

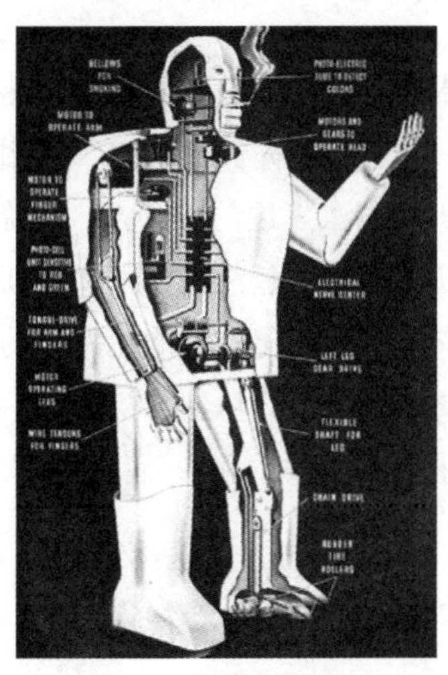

a）蒸汽机器人

b）特斯拉遥控船⊜

图 2.22　蒸汽机器人和遥控船

⊖　图片来源：http://pic.sogou.com/d?query=%D1%C5%BF%A8%B6%FB%CC%E1%BB%A8%BB%FA&mode=1&did=4。

⊜　图片来源：http://news.hexun.com/2017-11-29/191809391.html。

1928 年，W. H.Richards 发明了一个人形机器人埃里克·罗伯特（Eric Robot），它内置了马达装置，能够进行远程控制和声频控制。同年日本生物学家 Makoto Nishimura 研制出了日本第一个机器人 Gakutensoku。1933 年，世博会上展出了由纽约动物机器人小公司 Messmoreand Damon 制造的“奶牛机器人”，可模拟挤奶动作，如图 2.23a 所示。1939 年瑞典发明家 August Huber 发明了“电波机器人”，如图 2.23b 所示。虽然这个机器人比例不协调，但可以通过接收电波指令实现行走[⊖]。

a）挤奶机器人

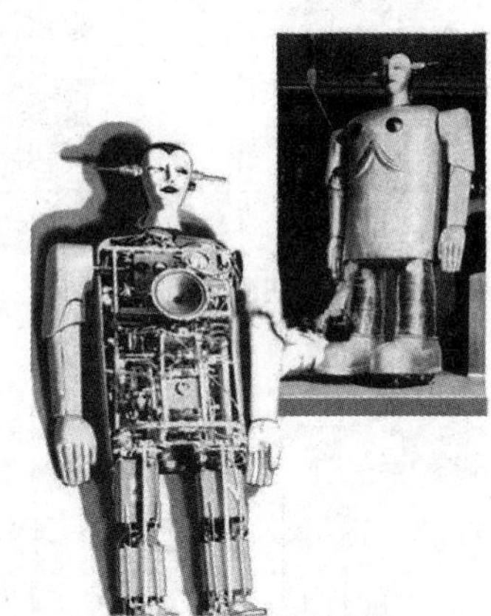

b）电波机器人

图 2.23　挤奶机器人和电波机器人

自文艺复兴开始，欧洲建立了较为完备的近代科学体系；至第一次工业革命，热力学被广泛应用到各类机械当中，推动了工业的快速发展。脱离古代先民的幻想，利用机械理论来构建推动产业发展的机器人成为 18 世纪以后欧洲机器人发展的特点。伴随着第二次工业革命开始，电磁作用也被用于机器人的制造。以安德罗丁蒸汽机器人和特斯拉遥控船为标志，机器人逐步走近工业生产，成为各领域产业向自动化和智能化发展的有力推手。人类越来越厌烦于自己在嘈杂、肮脏的工厂里操作机器，热切地希望制造一种能够代替自己操作机器的“机器”，从而解放出来，去追求更多的欢乐和幸福。机器人就这样被我们“扔”进工厂，挣扎在机器和人之间。

2.4　现代机器人幻想

进入 19 世纪中叶，欧洲出现了科学幻想派和机械制作派。从那时起，对自动机械装

⊖ 资料来源：http://www.360doc.com/content/18/0211/20/27362060_729427002.shtml。

置的科学幻想和实体制造就进入一个新的阶段。古代的纯真幻想变成了基于科学的“幻想”，并试图从机械学、生理学等科学角度上说明机器人出现的合理性；而制造机器人也是基于当时的物理学理论、机械学理论、电学理论及热力学理论，进入基于应用的机器人制造理性阶段。

如前所述，“ Robot”一词的出现时间比真正的机器人出现还早，它首先出现在科幻小说中；而当代科技更丰富了对机器人的想象空间。本节将从科幻小说、电影作品中发掘现代科技下我们对机器人的幻想和期待。

2.4.1　科幻小说中的机器人

被认为是世界上第一部真正意义上的科幻小说《弗兰肯斯坦》(Frankenstein) 就讲述了生物学家 Frankenstein 制造生物型怪物机器人的复杂心路历程，对人类制作机器人（尤其是生物型机器人）进行了深刻反思。

1881 年，意大利作家卡洛·洛伦齐尼（CarloLorenzini）写出了《皮诺曹》(Pinnochio)，讲述了提线木偶变成真正男孩的故事。在一定程度上，这为后来机器人获得生命的文学主题奠定了基础。《未来的夏娃》《罗萨姆家的万能机器人》以及阿西莫夫的作品都是类似机器人获得生命的主题。

1.《未来的夏娃》

1886 年，法国作家利尔·亚当代表作《未来的夏娃》就描述了聪明美丽的机器人 Android（安卓），图 2.24 为该书的封面。《未来的夏娃》是 19 世纪科学幻想派的代表作之一。书中描写一位与爱迪生同名的大发明家，他利用电学原理制作了一个完美的女人，聪明又美丽，更有智慧，但是她毕竟只是机器人，人性、灵魂和科学的矛盾碰撞就导致了一场类似浮士德的悲剧。作者也精心地将人的特质赋予机器人，并且考虑到了生命系统、人造肌肉、人造皮肤、人造骨骼，以及材料、运动、生物等技术可能对机器人的影响。

《未来的夏娃》影响巨大，一百多年后押井守的《攻壳机动队》即以本书为创作原本。安迪·鲁宾还以本书女主角名字为手机系统命名。

图 2.24 《未来的夏娃》

2. 阿西莫夫的机器人

1920 年，捷克作家卡雷尔·恰佩克创作了《 Rossum’s Universal Robots 》（罗萨姆家的万能机器人），使“机器人”一词逐渐流行。但是，美国作家阿西莫夫创作了一系列科幻小说，为机器人世界构建了一套合理秩序。他的机器人作品包括《银河帝国 8：我，机器人》（序曲，机器人短篇集）(1950 ～ 1982)、《银河帝国 9 ：钢穴》(1954)、《银河帝国 10 ：裸阳》(1957)、《银河帝国 11 ：曙光中的机器人》(1983) 和《银河帝国 12 ：机器人与帝国》(1985) 等。图 2.25 为《钢穴》的剧照。

a)《钢穴》剧照 1

b)《钢穴》剧照 2

图 2.25 《钢穴》剧照

阿西莫夫的《基地系列》《银河帝国三部曲》和《机器人系列》被称为“科幻圣经”，他在其作品中构建了机器人世界的合理秩序，体现了严谨思辨的思维，并提出了著名的机器人学三定律，成为现代机器人学的基石。一些机器人方面的电影均改编自阿西莫夫的作品，阿西莫夫的机器人系列科幻小说对未来的科技地位和人类命运展开思考，更多表现出对科技和人类未来的担忧 [69]。

2.4.2 电影作品中的机器人

随着电影电视的流行，越来越多关于机器人的电影电视作品被搬上银幕，不仅受到青少年的喜爱，也受到更广泛人群的喜爱。前面提及的《I,Robot》，以及家喻户晓的《变形金刚》和《终结者》等，都不断创造着票房的奇迹；甚至《金刚狼》系列和 2009 年上映的《阿凡达》中的情节也透视着机器和人的融合与进化。

最早一部关于机器人的电影出现在 1926 年，即导演 Fritz Lang 拍摄的无声电影《大都会》(Metropolis)。影片中有一个女性机器人，也是第一个登上大银幕的机器人。

1.《星球大战》

由美国导演乔治·卢卡斯拍摄的系列科幻电影《星球大战》(Star Wars)，自 20 世纪 70 年代进入人们视野。《星球大战》有两个著名的机器人 R2-D2 和 C-3PO。R2-D2 是一个典型的机智、勇敢而又鲁莽的宇航技工机器人，如图 2.26a 所示。R2-D2 不止一次在关键时刻扭转乾坤，0.96m 高的身体里有一个装着各种工具的附加臂，使他成为一个娴熟的太空船技工和电脑接口专家。

C-3PO 是由沙漠行星塔图因上一个九岁的天才阿纳金·天行者用废弃的残片和回收物拼凑而成的，如图 2.26b 所示。天行者打算让这个自制机器人帮助他的妈妈施密。在材料有限的情况下，阿纳金没有给 C-3PO 制作外壳，他的零件和线路都暴露在外，所以 C-3PO 不得不生活在“赤裸”的羞耻之中。

a) R2-D2

b) C-3PO

图 2.26 《星球大战》中的机器人

2.《变形金刚》

《变形金刚》(Transformer) 是史上最成功的商业动画之一，改编自日本 Takara 公司的戴亚克隆和微星系列，其动画如图 2.27 所示。《变形金刚》讲述了来自赛博坦星球由擎天柱率领的汽车人与威震天率领的霸天虎之间为信仰而战的系列故事。相信一部《变形金刚》一定能勾起许多人少年时的美好回忆。

因其在动画上取得的巨大成功，美国派拉蒙公司于 2007 年推出了真人版《变形金刚》，其电影海报如图 2.28 所示。凭借《变形金刚》的巨大商业吸引，派拉蒙公司连续在 2009 年推出了《变形金刚 2》，2011 年推出了《变形金刚 3》，2014 年推出了《变形金刚 4：绝迹重生》，2017 年推出了《变形金刚 5：最后的骑士》，都取得商业上的巨大成功。无疑，派拉蒙的系列电影卖点就是变形机器人，也是少年人心中永不磨灭的机器人梦。

a）变形金刚动画 1

b）变形金刚动画 2

图 2.27 变形金刚动画

图 2.28 《变形金刚》中文海报

《变形金刚》中机器人化身汽车，具有生物化的心理，是人们对机器人和汽车的双重热爱下的幻想。而美国格伦 · A. 拉森 1982 年制作的《霹雳游侠》（Knight Rider）则是现实版的汽车机器人（或智能汽车）。故事讲述孤胆英雄 Michael Knight（如图 2.29a 所示，由 David Hasselhoff 饰演）驾驶着高度人工智能的跑车 Kitt（如图 2.29b 所示）制裁犯罪分子的惊险历程。

a）Knight

b）Kitt

图 2.29 Michael Knight 和 Kitt

智能汽车 Kitt 拥有高度人工智能，其大脑是一块“ Knight 2000”微型处理器，可以像人一样思维、学习和交流，甚至精通多国语言。它拥有高强度外壳，采用特殊材料制造，外覆高分子保护层，能耐高温，可抵御子弹射击，且轮胎防弹。Kitt 的驱动系统采用工业附加（前置、后置）加力燃烧室的涡喷发动机，制动装置是电磁高真空盘式制动器。同时还有语音合成器、变形均衡器、声音均衡器、嗅觉传感器和微扫描器等。这些配置完全不是凭借想象可以做到的，而是根据当时科技程度做出的科学猜想。

在今天看来，当材料、动力、传感、通信系统和人工智能等发展到一定程度，Kitt 完全可以在未来实现（相信导演当时也预知了它的可实现性）。而在 2008 版的《 Knight Rider 》中则更清晰地引入了超级互联网，使 Kitt 成为网络化汽车，这无疑是互联网技术发展影响了导演和编剧的思维。在一定程度上，《 Knight Rider 》不是一部简单的科幻电视剧，而是基于当时科技水平下对未来智能汽车技术可实现性的预测。

3.《终结者》系列

提起《终结者》（The Terminator）可谓是家喻户晓，导演詹姆斯 · 卡梅隆将奇幻的想象和科技的理性有机地结合在一起，创造了 T-800 系列令人心折的机器人英雄形象，如图 2.30 所示。剧中，施瓦辛格成功演绎了孤胆英雄机器人的形象，讲述了从未来返回到现在的机器人 T-800 如何拯救人类精英的系列故事。不仅施瓦辛格扮演的 T-800 给观众留下深刻印象，《终结者 2：审判日》中拥有超强变形能力的经典反派液态金属机器人 T-1000（见图 2.30c）也给观众留下了深刻印象。

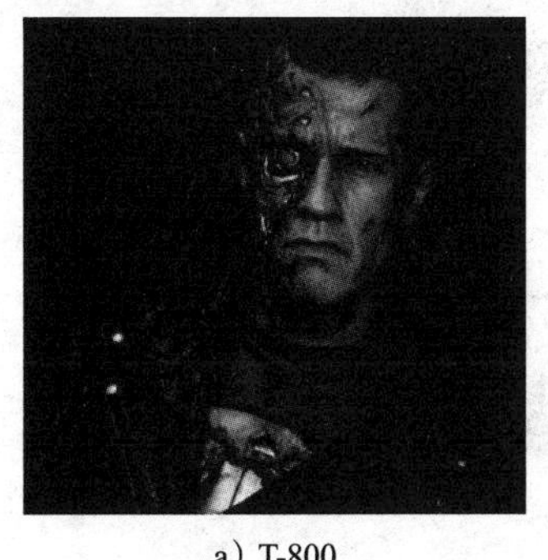

a）T-800

b）T-850

c）T-1000

图 2.30 《终结者》中的机器人形象

著名电影杂志《电影周刊》在评选 20 世纪最值得收藏的一部电影时，此片以最高票数位居第一[⊖]。这部电影居然是一部早在 20 世纪末就拍摄完毕的科幻片，这在电脑特效技

⊖ 来自百度百科。

术已经相当完善的 2017 年可谓一大新闻。

《终结者》自 1984 年上映后，取得了巨大商业成功，后面推出了系列电影，包括 1991 年的《终结者 2：审判日》、2003 年的《终结者 3》、2009 年的《终结者 2018》、2015 年的《终结者：创世纪》等。

图 2.31　机器人警察

与《终结者》类似，1987 年上映的《机器人警察》（RoboCop）讲述了一个人类与机器的结合体执行警察任务的故事，如图 2.31 所示。《终结者》系列反映了新材料、人工智能在未来机器人中的可能应用，在一定程度上反映了未来机器人可能的发展方向；而《机器人警察》则反映了机器人与生物技术融合的趋势。

4.《机器人总动员》系列

2008 年，导演安德鲁 · 斯坦顿推出了《机器人总动员》，图 2.32 为动画中的瓦力和伊娃。故事讲述了地球上的清扫型机器人瓦力偶遇并爱上了机器人伊娃后，追随她进入太空历险的一系列故事。影片的全球票房累计超过 5.3 亿美元，曾获得第 81 届奥斯卡最佳动画长片奖。

a）瓦力

b）伊娃

图 2.32　机器人总动员

这部动画片反映了未来机器人在家务和其他服务业中普遍应用的趋势，而越来越智能化的服务型机器人也可能引发一些不可预期的后果，更多地反映了机器人与机器人之间，以及机器人与周围环境之间的伦理问题。《机器人总动员》以轻松幽默的手法，描述了一个充满欢乐和历险的机器人故事。

5. 机器人伦理情节电影

在《机器人总动员》之前，2001 年斯皮尔伯格就上映了《人工智能》（Artificial Intelli-gent），如图 2.33 所示。影片讲述 21 世纪中期，人类的科学技术已经达到了相当高的水平，一个小机器人为了寻找养母，为了缩短机器人和人类差距而奋斗的故事。小机器人智能程度极高，已经不再追求任何实用性，而是更多地联系人类情感，反映出未来如何处理机器人与人类之间情感的问题，即机器人与人类之间的伦理问题。

a）海报

b）小机器人

图 2.33 《人工智能》电影照片

2015 年，亚力克斯 · 嘉兰推出了《机械姬》（ExMachina），讲述了人工智能“艾娃”的故事，如图 2.34 所示。故事梗概为：一名神秘的亿万富翁内森邀请赢得公司幸运大奖的程序员格里森到他的别墅共度一周。这栋别墅隐匿于林间，但它其实是一座高科技研究所。在那里，格里森被介绍给名为“艾娃”的人工智能机器人，原来他被邀请到这里的真正目的是针对艾娃进行“图灵测试”。

a)《机械姬》海报 1

b)《机械姬》海报 2

图 2.34 《机械姬》海报

实际上，这一系列影片都反映出未来机器人与人类如何相容共处的问题。随着机器人智能程度的提高，尤其在与人类交流过程中，如何处理机器人伦理、人与机器人伦理等问题，都会上升到社会问题，成为科学家和社会学家共同关注的焦点。

反映机器人与人类情感纠缠的影片还包括韩国导演郭在容 2008 年导演的《我的机器人女友》以及法国导演克里斯·哥伦布 1999 年导演的《机器人管家》，如图 2.35 所示。这两部影片都讲述了机器人与人类发生的爱情故事，并且通过情感感化，机器人转化成了人类。同样，它们都反映了未来机器人与人类之间的伦理问题，以及可能面对的人类与机器人之间的情感问题。

a)《我的机器人女友》

b)《机器人管家》

图 2.35 《我的机器人女友》和《机器人管家》

6. 日本动漫机器人

日本的动漫世界驰名，关于机器人动漫也很多。动画中的机器人设定有两类，分别为超级机器人（Super Robot）与真实机器人（Real Robot）[1]。超级机器人系列一般指具有强大作战能力的机器人，如早期的《铁臂阿童木》，如图 2.36a 所示，这部动画作品在中国可谓家喻户晓。超级机器人源自《魔神 Z》（如图 2.36b 所示）中的歌词“超级机器人，魔神 Z”。《铁人 28 号》也是超级机器人系列的典型代表，如图 2.37a 所示。《铁人 28 号》是横山光辉 1958 年出版的同名漫画作品，故事讲述在太平洋战争末期，为解决日本军士兵不足的问题，军部要求金田博士和敷岛博士制作可让日本军起死回生的秘密兵器——铁人 28 号。但是机器人完成后，战争却结束了，几经波折金田博士的儿子金田正太郎得到了 28 号的无线操控器，并开始用于打击犯罪组织恶势力，守护和平。这个漫画后来于 1959 年制作成广播剧，1960 年后陆续有拍摄真人特摄版、动画及真人版电影的日本机器人科幻作品，动画版则是日本动画史上的首部巨大机器人动画[2]。

---

[1] 资料来源：百度百科——机器人动画。

[2] 资料来源：百度百科——铁人 28 号。

a）阿童木

b）魔神 Z

图 2.36　阿童木和魔神 Z

相对于超级系列，真实机器人的设定比较重视科学之壁垒，最著名的就是《机动战士高达》系列，如图 2.37b 所示。《机动战士高达》是日本机器人动画变革的先驱，以及开创后世“写实机器人”动画潮流的著名动画作品。

a）铁人 28 号

b）高达

图 2.37　铁人 28 号和高达

然而更加知名的《阿拉蕾》和《哆啦 A 梦》(如图 2.38 所示)，则游离在超级系和真实系之外，不再是以战斗为主线的机器人。他们以一种轻松、幽默的状态呈现在我们的面前，给我们的童年留下挥之不去的印痕。日本动漫机器人甚至还包括下面要提到的《圣斗士星矢》，其动漫之所以如此繁盛，也折射出了当时日本工业界、学术界及整个日本社会对机器人的热捧。在一定程度上，正是这种机器人

图 2.38 《哆啦 A 梦》剧照

幻想的刺激才造就了日本“机器人王国”的地位。

7. 类外骨骼动画作品

20 世纪 80 年代风靡全球的一部漫画 / 动画作品《圣斗士星矢》，以希腊神话为主要背景，并融合了印度、埃及和中国等古代传说，其中圣斗士需要穿上相应战斗衣来发挥其威力。动画中的战斗衣包括青铜圣衣、白银圣衣、黄金圣衣和神圣衣等，如图 2.39 所示。圣衣与今天所说的外骨骼机器人有类似作用，穿上它就可以提升“小宇宙”，发挥更大的战斗威力。

a）青铜圣衣

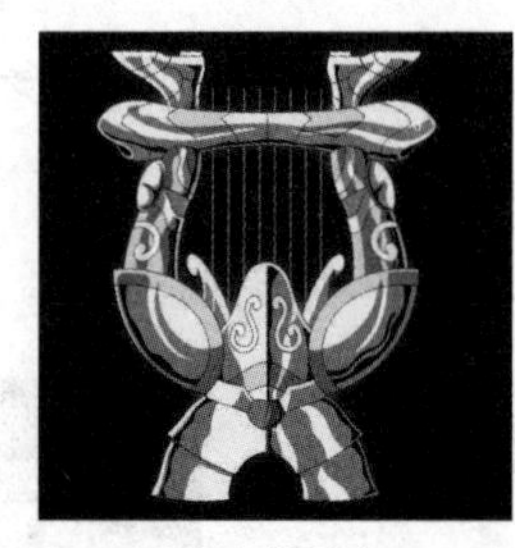

b）白银圣衣

c）黄金圣衣

图 2.39 圣斗士的各类圣衣

在《圣斗士星矢》之后，诸多类似的动画涌现。如《美少女战士》，女孩穿上水手服就成为保卫地球的美少女战士，如图 2.40a 所示。《猪猪侠》等也是穿上甲胄之后变成一只大老虎，超强的战斗力吸引了不少小朋友，如图 2.40b 所示。

a）美少女战士

b）猪猪侠

图 2.40 美少女战士和猪猪侠

所谓“圣衣”，不仅是一层保护身体的甲胄，而且与穿戴者性格相关，可提升战斗力。那么，将外骨骼机器人与脑机接口技术结合，让战士穿上类似圣衣的甲胄机器人，不仅可提高其战斗耐力，也可随心所欲发挥个人超能力，甚至加上某种特技（可针对不同场合，如喷火、凝冰等技能）——这或许可能为未来“超级士兵”提供一种可能。而这个机械甲胄在电影《钢铁侠》中的表现则更具真实性，如图 2.41 所示。《钢铁侠》中对能源提供、铁甲材料等都做了较为科学的设想，但没有融合人机接口技术，进一步做到“人甲合一”，若加上盔甲自我修复功能材料的设想，岂不是与圣斗士“圣衣”有异曲同工之妙。未来科技实现神话中的“圣衣”幻想是完全有可能的。

a）剧照 1

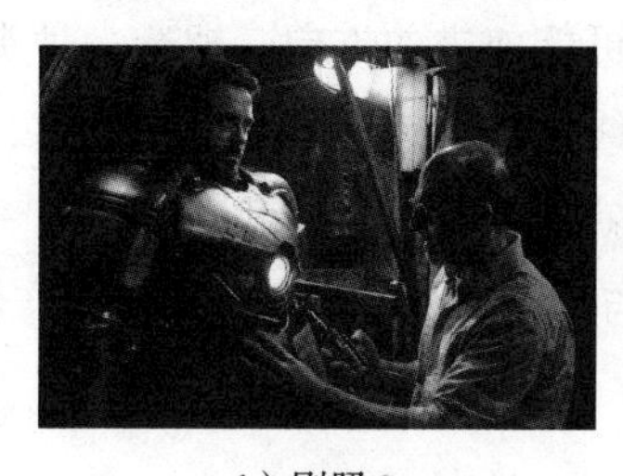

b）剧照 2

c）剧照 3

图 2.41 《钢铁侠》的部分剧照

2.4.3 科幻作品中的技术反思

科幻小说和电影中的人形机器人在现实中称为仿人机器人，即模仿人的形态和行为。但科幻作品中的人形机器人与仿人机器人是有明显差异的 [70]。科幻作品中的机器人是理想化机器人，势必脱离当前技术发展水平，甚至违背现有科学逻辑。现代科学技术范畴内的仿人机器人涉及运动学、动力学、驱动、传感、通信等技术限制，而科幻人形机器人则形态万千，功能复杂多样 [71]。

人类为什么创造机器人？从古代先民的幻想和创造中，我们可以得出一个朴素的理由，就是拓展人类自身的某些功能，突出其服务型和工具型的功能。随着机器人技术发展，机器人功能性想象也从原始的服务型、工具型逐步向情感需求领域拓展。前述科幻作品中机器人大体可分为三类：服务型、情感型和战斗型（实际上战斗型也是服务型）[71]。另一类结合生物型机器人也占据着大屏幕，如《金刚狼》《蜘蛛侠》《阿凡达》，甚至是《超人》系列，由生物变异（或通过某种生物与机器的融合技术）而使人具有超能力，也在一定程度上反映了生物与机器的融合趋势，或许我们真的可以利用机器来拓展自身的某种超能力。

从国内外科幻小说和影视作品来看，现代人同古代先民一样，对机器人的“人性”依然保持着无限幻想和期望。不同的是，现代科幻作品融入了现代科技元素，也充满着对机器人未来发展的热切希望和潜在忧虑。基于现代机器人技术可以预测，信息技术、人工智能、生物技术、网络技术、新材料技术和脑机接口技术必将使机器人向着智能化、拟人性化方向发展。

今天的机器人是从古代幻想“机器人”中脱离出来的，相信未来机器人也将从今天的幻想中走向现实。科学技术就是在持续不断的向往和畅想中前进。从幻想中诞生的机器人在今天依然被幻想。偃师造人反映了科技水平低下时期的朴素科学幻想，而魁伟的变形金刚也反映了当代科技发展可能前进的方向。塑造一种类似我们自己的生物，是人类自我认可的一种明证。但幻想终究是幻想，不能成为现实，在现实的科学技术面前，幻想也会打折扣，而折扣的结果就是制造不出自我，就制造一种可以替代自我的机器。如此说来，机器人便是人类幻想与科学技术现实妥协的一个产物。

2.5 本章小结

内容总结

在“机器人”一词出现之前，“偶”和“机械玩偶”作为机器人的代名词，显然不是为了凸显其机器的含义，而是凸显“人”的含义。从历史角度看，无论东方还是西方，机器人都出现在一些轶事或者神话中。而在 21 世纪，我们依然没有停止编造更加富有人性的机器人故事。从古至今，人类幻想的就是“人”，而不是“机器”。

本章系统地回顾了国内外机器人的起源及发展历史。在中国古代浩如烟海的文献中，记录“机器人”的古籍文献也很多，从偃师造人到浑天仪，无不显示中华民族先进的文明和智慧。

从先秦开始到唐宋时期，我国古代“机器人”记载非常丰富，其内容包括各类传说轶事、天文气象设备、宫廷大众娱乐、军事器械等，也从侧面体现出中国在漫长的历史中创造出的灿烂科技文明。到了明代，关于“机器人”的记载就很少了，仅见于一些故事、传奇小说中；到了清代，西方科技渗透到中国，而国人自制“机器人”则已罕见。不得不说，中国没有形成系统的科学和技术理论体系，关于“机器人”的记载大多数难以复原，使得“机器人”发展出现中断。

纵观全世界，古希腊文明记载了很多关于机器人的传说，欧洲古代也出现了很多自动机械装置。但文艺复兴后，西方科技迅猛发展，并且形成了完备的科学和技术体系，诸多科学家和发明家真正投入到机器人的制作中，并将机器人带入工业领域。随着工业化进程深入，机器代替了人力，正是机械化和自动化催生了工业机器人。

古代“机器人”科技在今天看来幻想成分多，实用成分少。当前，人类更是大开脑洞，在小说和影视剧中注入了科幻魅力，拓展着人类对未来的期待和渴望。回顾古今中外机器人发展的历史，我们应该相信人类创造的无穷力量，更应该相信中华民族可以创造未来人类的辉煌。

问题思考

- 结合李约瑟问题，反思中国为什么能够长期领先世界文明，创造出辉煌的中华文明？同时思考为什么进入明清时代，中国科技发展落后于西方？
- 古代“机器人”记载中可信度究竟有多大？你认为哪些记录可信，哪些记录不可信？试查阅资料，举例说明更多的关于机器人的记录。
- 欧洲进入文艺复兴以后，“机器人”的制作和设计进入理性化时代，尤其是手表工业推动了自动机械的发展。结合本章内容，举例说明欧洲钟表工业对机器人制作的推动作用。
- 现代科幻小说和影视剧有许多关于机器人的情节，请讲述你最喜欢的关于机器人的影视剧或者小说，并讲述其故事情节。

第3章

机器进化，我的前半生

在误打误撞地走进工业后，机器人的命运便成为机器的命运。为了解脱工作的劳累，让机器自动地、有感觉地、有智慧地为我们工作成为人类新的目标。机器人不再是像人一样的机器，而是替代人类某种功能的机器，机器人最终在技术现实面前沦为“机器”。

根据机械原理和热力学理论，19 世纪中后期摩尔制造“蒸汽人”和无线遥控船，标志着机器人制造脱离古代幻想和工匠巧思，进入采用科学理论和技术指导的时代。20 世纪电磁理论日臻成熟并获得广泛应用，1927 年，美国西屋公司工程师温兹利制造了“机器人电报箱”，反映出机械与电气开始交叉融合。1946 年世界上第一台计算机出现，机械与电子融合趋势更加明显，机械系统只要配备运动控制的“大脑”就可成为自动化机械，继而促进了工业机器人的诞生。

工业机器人及其扩展出来的服务机器人的本质就是机器，沿着工业机器人发展起来的机器人本质上就是机器的进化，机器逐步扩充着人类的功能成为更高级的机器。本章将机器人发展历程按照示教型、感知型、智能型进行概述，讲述机器人自 20 世纪 50 年代至 2000 年半个世纪的进化演变过程。

3.1 总体发展历程

关于现代机器人历史起源也是众说纷纭，一般以 1954 年乔治·德沃尔（George Devol）提出“程序化部件传输”专利为标志作为工业机器人的起点。而对于以工业应用为目标的搬运机器人模型最早见于 1938 年 3 月的《The Meccano Magazine》[72]。Meccano 工业机器人模型由 Griffith P. Taylor 于 1935 年设计[73]，可通过电动机实现五轴运动，其模型见图 3.1a。随后一个标题为“Pollard’s positional spray painting robot”的专利被授权，它由多关节构成（见图 3.1b），形似当前意义的工业机器人。二战后不久，美国阿尔贡国家实验室就开始研究搬运放射性材料的遥控式机械手，主机械手可在操作员引导下做一系列动作，后来改进加入了力反馈。而使工业机器人走入工业生产却是在 20 世纪 50 年代，约瑟夫・恩格伯格（Joseph Engelberger）和德沃尔成立了机器人公司 Unimation，掀起了工业机器人研究和应用的热潮。

从 1950 年算起，工业机器人经过了近 70 年的发展，机械工程和电气工程高度融合，日臻完善，并应用到汽车、电子和机械制造中。随着新材料、MEMS 技术、生物技术、互联网技术、大数据、云计算和人工智能等技术的发展，机器人向着网络化、智能化和微型化方向发展。机器人经历了从工业机器人应用，不断拓展到各行业服务型机器人及特种环境下专用型机器人的阶段，其主要发展历程如表 3.1 所示。表 3.1 所概述的机器人发展历程，本质上说是工业机器人的发展历程。自第一次工业革命以来，机器逐步代替劳动力进入工厂推动制造业的快速发展。工业机器人则是在追求机器自动化的目标下应运而生，是机器的升级，而伴随着电子技术、信息技术和网络技术的发展，工业机器人也不断提升自身性能，从制造业领域向服务业领域渗透。

a）Meccano 机器人

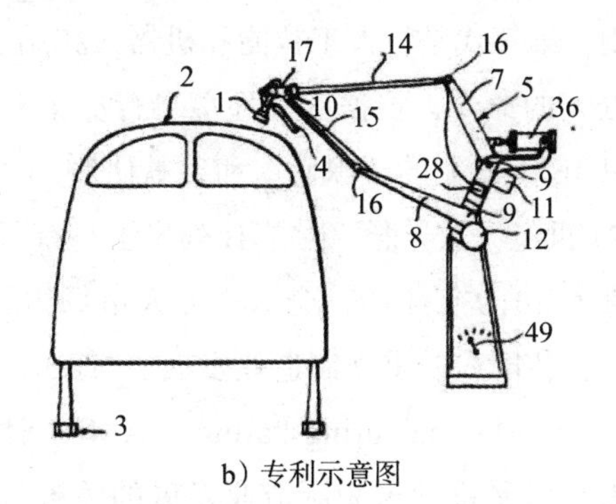

b）专利示意图

图 3.1　早期工业机器人原型

表 3.1　机器人发展历程

年代	发展历程
20 世纪 50 年代	• Denavit 和 Hartenberg 发展了齐次变换理论 • 美国 Unimation 研制出数控型工业机器人
20 世纪 60 年代	• 工业自动化需求增长，机器人进入成长期 • 机器人向实用化发展，并被应用于焊接、喷涂和搬运作业中
20 世纪 70 年代	• 融合计算机技术，机器人进入实用化阶段 • 美国在机器人理论和应用都领先发展 • 日本成立工业机器人协会（JIRA）鼓励机器人发展，机器人拥有量超过美国，成为“机器人王国”

（续）

年代	发展历程
20 世纪 80 年代	• 机器人发展成为具有各种移动机构，由传感器控制的机器 • 工业机器人进入普及时代，在汽车、电子行业得到广泛应用 • 工业机器人趋向小批量、多品种，满足个性化需求
20 世纪 90 年代	• 90 年代初期，工业机器人的生产与需求进入高潮期 • 出现了具有感知、决策、动作能力的智能机器人 • 机器人向微型化、智能化、多样化发展
21 世纪	• 2008 年经济危机后各国均制定了机器人发展战略 • 以德国工业 4.0 为代表，进一步推动机器人向智能化发展 • 各类服务型机器人大量涌现，应用领域迅速拓展 • 中国成为机器人研发和应用的主要市场

机器人发展历经 3 个主要阶段[74]。第一代指只有机械手的可编程机器人，起始于 1954 年（以德沃尔的“程序化部件传输”专利为标志），历经 20 年，发展到 20 世纪 70 年代末达到成熟，广泛应用到汽车、电子和机械制造等行业中。第二代指配备了力觉、视觉或触觉等传感器的感知型机器人，起始于 20 世纪 60 年代中叶（以 MIT 和斯坦福大学研制的带传感器机械手为标志），发展到 2000 年基本成熟，在制造领域和各类服务业中得到一定应用。第三代是将人工智能和机器人相结合的智能型机器人，不仅具备感觉功能，而且能根据人的命令，根据所处环境自行决策和规划[75]。第三代机器人起始于 20 世纪 80 年代，以 IBM 研制的“深蓝”和谷歌研制的 AlphaGo 战胜人类棋手为标志，智能型机器人将在 21 世纪大放异彩。附录 B 列出了自有可信记载以来，机器人发展过程中的重要瞬间。

进入 2010 年年底，全球机器人市场得到空前扩展，尤其是在经历 2008 年经济次贷危机后，各国纷纷重视制造业发展。“德国工业 4.0”（Industrie 4.0）“美国先进制造伙伴（Advanced Manufacturing Partner，AMP）计划”及“中国制造 2025”战略，都明确提出机器人技术是推动未来制造业发展的关键技术之一，也是应对全球劳动力成本升高、产品成本提高的最有效手段。随着新材料、生物科学和信息技术的发展，机器人继续与信息技术、人工智能、生物医疗等技术和产业深度融合，不断拓展着应用领域。

3.2 第一代机器人时期

20 世纪 50 年代，随着机构理论和伺服理论的发展，机器人进入实用化阶段。第一代机器人主要以示教再现为主，可完成固定工序的加工任务。其明显特征就是不带传感器，无法感知周围信息，不能根据环境变化做指令变更。第一代机器人以“记忆”为主，利用存储器将工序记住，在没有人工参与的情况下，可自动按照记忆完成相应的操作和加工。

3.2.1 工业机器人走向应用

进入20世纪50年代，麻省理工学院伺服机构实验室实现了三坐标铣床的数控化，开发出第一代数控铣床，开辟了机械电子相结合的新纪元。1955年，MIT公布了APT（Automatically Programmed Tool）系统，由编程人员将加工部位和加工参数以一种限定格式的语言写成源程序，再由专门软件转换成数控程序。数控编程技术为早期示教型机器人的出现奠定了必要的技术基础。

1954年是工业机器人技术发展史上的一个重要里程碑，德沃尔（见图3.2a）向美国政府提出关于“程序化部件传输”（Programmed Article Transfer）的专利申请，提出了“通用自动化”（Universal Automation），并于1961年取得专利授权[⊖]。1956年，机器人之父恩格伯格[⊜]（见图3.2b）买下了Programmed Article Transfer的专利，并于1956年与德沃尔共同创立了世界上第一家机器人公司——Unimation（Universal和Automation的缩写），1957年恩格伯格又建立了联合控制公司（Consolidated Controls Corporation），并开始生产机械手。1959年，第一个工业机器人Unimate诞生（见图3.3a）。Unimate重达2吨，采用液压驱动，基座上有一个大机械臂，大臂可绕轴在基座上转动，大臂上又伸出一个小机械臂，可相对大臂伸出或缩回；小臂顶端有一个腕子，可绕小臂转动、俯仰和侧摇；腕子前头是机械手，共5个自由度。Unimate控制器采用分离式固体数控元件，并装有存储信息的磁鼓，可记忆180个工作步骤，精度为0.0001英寸。Unimate于1961年被安装在位于新泽西州的通用汽车公司（General Motors，GM）旗下的组装流水线上，用于压铸生产汽车的门、车窗把手、换挡旋钮等部件。

a）德沃尔

b）恩格伯格

图3.2 德沃尔和恩格伯格

⊖ 值得一提的是，德沃尔发明机械手的灵感源自于科幻小说。

⊜ 为了纪念他，1977年开始设立恩格伯格机器人奖，以表彰为机器人领域做出贡献的杰出个人。

1960 年，“工业机器人”一词由《美国金属市场报》提出，并将其定义为：“用来搬运机械部件或工件的、可编程序的多功能操作器，或通过改变程序可完成各种工作的特殊机械装置。”[35] 这一定义后来也被国际标准化组织采纳[72]。工业机器人是人类不断幻想和探索过程中最先走向成熟并走进人类生产中的。早期的这一定义概括了工业机器人的特点，即可编程序、用于机械部件操作。

a）Unimate

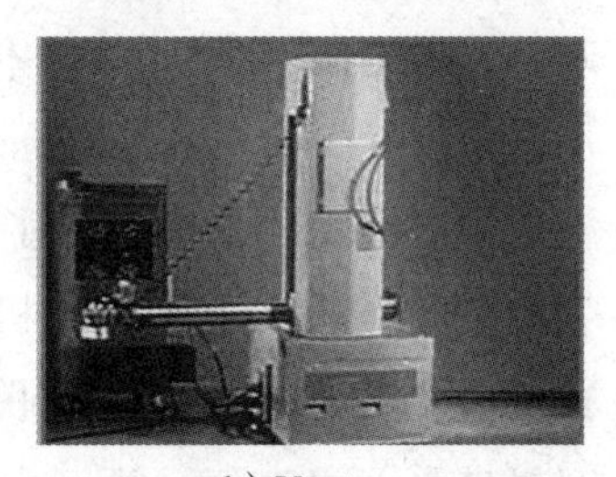

b）Verstran

图 3.3　Unimate 和 Verstran

1962 年，美国机械与铸造（American Machine and Foundry，AMF）公司制造出世界上第一台圆柱坐标型工业机器人，命名为 Verstran（Versatile Transfer，万能搬运）机器人（见图 3.3b），被应用于美国坎顿（Canton）的福特汽车生产厂。Verstran 主要用于物料运输，采用液压驱动，手臂可绕底座回转，沿垂直方向升降。1967 年，一台 Unimate 机器人被安装在瑞典的 Metallverken, Uppsland Väsby，成为欧洲安装运行的第一台工业机器人。20 世纪 60 年代后期，喷漆（挪威 Trallfa 公司，1969 年）、点焊（通用汽车公司洛兹敦工厂，1969 年）等领域的机器人相继推出，形成了工业机器人组成的柔性加工单元，使单件、小批量生产方式的制造业达到一个新高度。1969 年，Unimation 公司的工业机器人进入日本市场，该公司与日本川崎重工签订许可协议，生产 Unimate 并专供亚洲市场；同年，川崎重工成功开发了日本第一台工业机器人——Kawasaki-Unimate 2000。

工业机器人发展到 20 世纪 70 年代，从应用角度上基本趋于成熟，至 80 年代，工业机器人在日本、美国、德国等发达国家的汽车工业、造船工业及化工行业得到广泛应用。随着信息技术、网络技术和人工智能技术的发展，工业机器人也向着网络化、智能化方向发展，并越来越广泛地应用于各领域，并在当前“工业 4.0”背景下发挥着不可替代的作用。附录 C 整理了工业机器人的发展历史。

3.2.2　机器人运动学理论发展

20 世纪 50 年代工业机器人正式投入生产，针对机器人的运动学理论也得到发展。1955 年，Denavit 和 Hartenberg 针对连杆机构发展了齐次变换矩阵，将刚体空间运动转化为坐标系运动，很好地解决了机器人相邻关节空间状态的描述。下面结合图 3.4 对 D-H

方法做简要说明。图 3.4a 中刚体在空间坐标系 $\{A\}$ 中共有 6 个自由度，故采用固接在刚体上的坐标系 $\{B\}$ 来描述物体的位置和姿态。物体位置用 $\{B\}$ 系原点 O_B 在 $\{A\}$ 系中坐标位置表示，即 ${}^{A}\vec{P}_{OB}=\left[P_x,P_y,P_z\right]^{\mathrm{T}}$。物体的姿态则采用 $\{B\}$ 系各坐标轴与 $\{A\}$ 系各坐标轴之间夹角余弦构成的 3×3 矩阵 ${}_{B}^{A}\boldsymbol{R}$ 来表示，${}_{B}^{A}\boldsymbol{R}$ 形如式（3.1）。

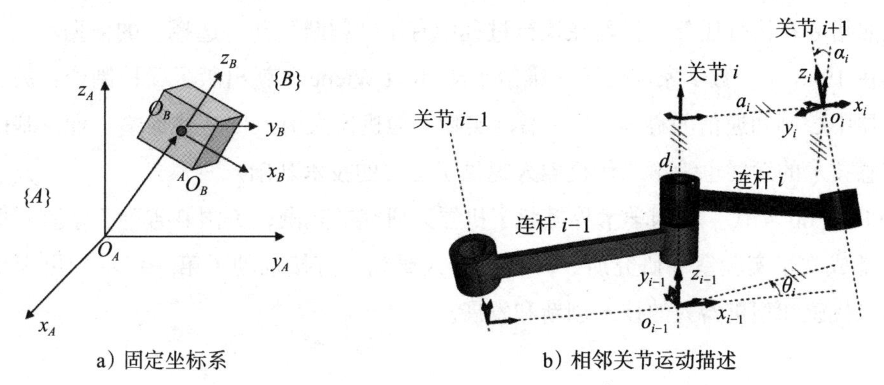

a）固定坐标系　　b）相邻关节运动描述

图 3.4　D-H 方法示意图

$$
{}_{B}^{A}\boldsymbol{R}=\begin{bmatrix}\vec{i}_B & \vec{j}_B & \vec{k}_B\end{bmatrix}=\begin{bmatrix}\cos(x_B,x_A) & \cos(y_B,x_A) & \cos(z_B,x_A)\\ \cos(x_B,y_A) & \cos(y_B,y_A) & \cos(z_B,y_A)\\ \cos(x_B,z_A) & \cos(y_B,z_A) & \cos(z_B,z_A)\end{bmatrix} \tag{3.1}
$$

为了统一物体在空间中位置和姿态的描述，采用齐次变换矩阵 $\boldsymbol{g}_{AB}$ 来描述其空间位姿，$\boldsymbol{g}_{AB}$ 可写为式（3.2）。

$$
\boldsymbol{g}_{AB}=\begin{bmatrix}{}_{B}^{A}\boldsymbol{R} & {}^{A}\vec{P}_{OB}\\ 0 & 1\end{bmatrix} \tag{3.2}
$$

图 3.4b 显示由连杆和关节构成的机器人，相邻连杆之间通过建立在关节上的坐标系来描述它们的相对关系。D-H 方法的巧妙就在于建立坐标系的统一性，使得相邻连杆之间受到四个参数的控制，其中连杆长度 a_i 和连杆扭转角 α_i 为连杆固有参数，而旋转角 θ_i 和滑动距离 d_i 则因关节不同而成为控制变量。当关节为滑动关节时，θ_i 固定，d_i 为关节变量；当关节为旋转关节时，d_i 固定，θ_i 为关节变量。按照这个原则建立起的坐标系，相邻连杆经过两次平移和两次旋转即可达到坐标变换的目的。这一理论的拓展为串联式关节机器人运动学计算铺平了道路，1965 年，L. C. Roberts 将齐次变换矩阵应用于机器人，1972 年 Paul 利用 D-H 矩阵采用微分变换法计算出机器人运动雅可比，并进一步计算轨迹，为工业机器人精确定位和轨迹规划提供了理论基础。

3.3 第二代机器人时期

示教型机器人在工业中首先得到应用，而研究者则不满足于不能适应环境的示教型机器人，迅速将目光放在了带有传感器的机器人上。第二代机器人已不完全依赖记忆，可以根据自身感觉对环境进行判断，部分自主地选择操作顺序。实际上，感知型机器人还是按照指令在执行任务，只是在执行过程中有了“判断”和“选择”的依据。

早在 1948 年，数学家诺伯特·维纳（Norbert Wiener）就出版了《控制论：关于在动物和机器中控制和通信的科学》⊖一书，实际上为机器人引入传感器铺垫了理论基础；同时，传感技术的发展也为第二代机器人提供了必要的技术基础。

20 世纪 60 年代，美国学术界掀起了机器人研究的热潮，美国麻省理工学院、斯坦福大学等都成立了实验室和研究所，开展机器人研究，直接推动了第一代示教再现型机器人向第二代感知型机器人的技术创新和发展。

3.3.1 早期的感知型机器人

1962 年，IBM 公司 H. A. Ernst 报道了他在麻省理工学院研制的带有触觉传感器的机械手 MH-1，其最初想法是研制一套由数字计算机操控的机械手，最早由 Shannon 和 Minsky 在 1958 年秋 MIT 的组会上提出。而这项工作实际完成时间在 1960 ～ 1961 年之间 [76]。

MH-1 系统由 TX-0 计算机、控制单元和伺服机械手组成。TX-0 是 MIT 于 1956 年制造的晶体管计算机，如图 3.5a 所示 [77]。计算机通过分析传感器信息来感知环境，并为机械手动作提供判断依据。控制单元可根据计算命令来选择马达和传感器，进而产生伺服马达驱动电压。整个控制单元包括 150 个晶体管、300 个二极管和 28 个闸流管。机械臂为 AMF 制造的伺服机械臂，如图 3.5b 所示。机械臂共有 7 个自由度，各自由度由独立马达驱动，用于将木块装进盒子中。

为实现机械手对木块和盒子的信号识别，机械手上安装了定位和触觉传感器，其分布如图 3.5c 所示。图 3.5c 中，1 为触碰开关，用于手指间物体定位；2 为接触传感器，如果接触则传感器关闭，表示与手指表面接触；3 为压力传感器，共 6 个，检测抓取位置；4 为光敏二极管，用于区分黑白颜色；5 为压力传感器的压垫；6 为腕部底端压力元件，当手碰到桌子时关闭。机械手上安装传感器的目的是检测外部环境刺激信号，并转化为编程语言。Ernst 指出，图 3.5c 中传感器不是很合适，需要进一步弄清楚传感器及其安装布局 [76]。

⊖ 英文原题为《Cybernetics: or Control and Communication in the Animal and the Machine》。

后来又增加了电视摄像机，进一步开展机器视觉研究。MH-1 是传感器用于机器人的技术进步，通过 TX-0 感知作业环境和对象信息，提高了机器人的可操作性和灵活性 [78]。同时，Boni 于 1962 年开发了装有压力传感器的机械手爪，通过压力敏感元件将与物体大小和质量成比例的信息传输到计算机，并向电机输入反馈信号，启动两种抓取方式。

a）TX-0 计算机

b）MH-1 机械臂

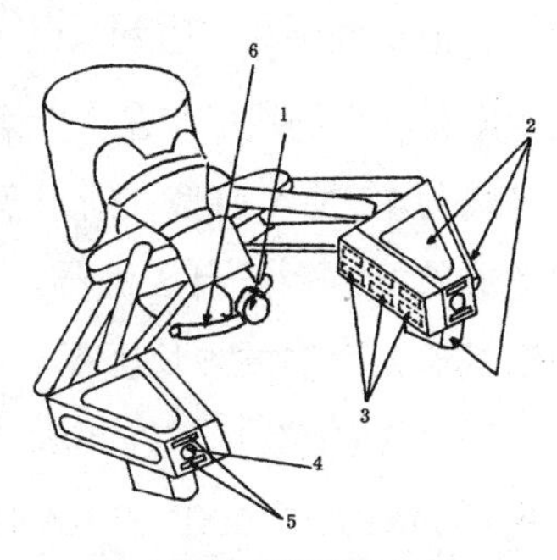

c）机械手传感器分布

图 3.5　MH-1 机械手及传感器布置

1968 年，斯坦福人工智能实验室（Stanford Artificial Intelligence Laboratory，SAIL）的创始人之一约翰·麦卡锡（John McCarthy）在高级研究计划署（ARPA）资助下研究手眼项目（Hand-Eye Project）。麦卡锡团队设计出带有摄像机和扩音器的机器人，能够根据人的指令发现并抓取积木，开启了早期机器视觉和语音识别技术研发。

在麦卡锡的启发下，斯坦福机械系维克多·沙因曼（Victor Scheinman）于 1969 年设计完成了全电驱动六轴关节机械臂，即著名的斯坦福机械臂（Stanford Arm），如图 3.6a 所示。斯坦福机械臂在计算机控制下可准确、灵巧伸展，可用于装配部件和电弧焊等，是第一个能够以随机、连续的模式组装零部件的轻量级可编程机械臂，开启了电力驱动机械臂的时代。这款高度集成的斯坦福机械臂为 SAIL 实验室学生和学者服务近 20 年 [79]。

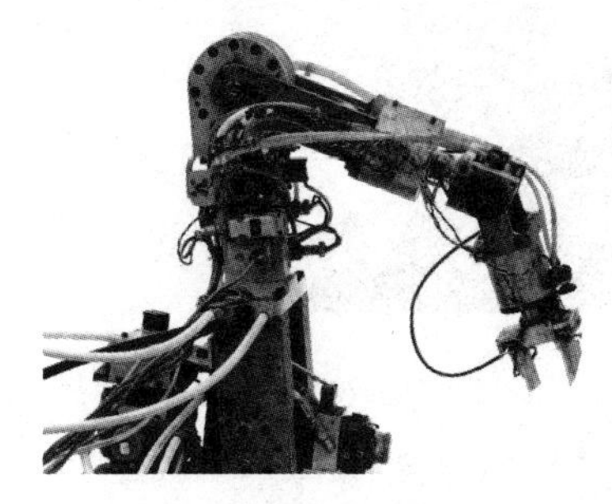

a）斯坦福机械臂

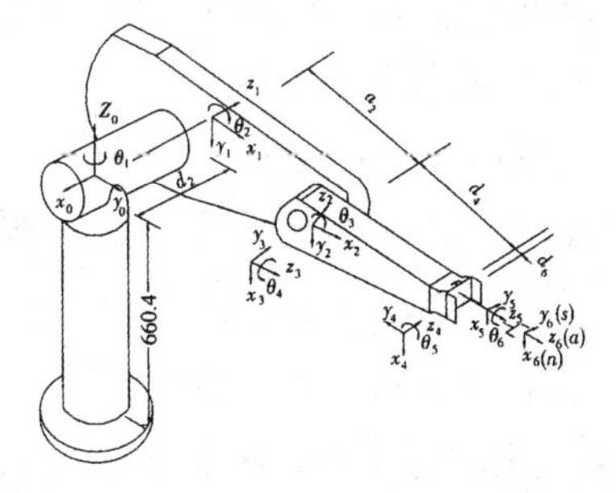

b）PUMA

c）斯坦福车

图 3.6　斯坦福机械臂、PUMA 和斯坦福车

1973 年，沙因曼创立了 Vicarm 公司并开始生产机器人手臂，还把设计卖给了 Unimation 公司。Unimation 与通用汽车公司于 1978 年合作开发出可编程通用操作臂（Programmable Universal Manipulation Arm，PUMA），其 560 型号如图 3.6b 所示。PUMA 机械臂每个关节上都装有传感器，可计算出关节的位置，可加载视觉传感器和压力传感器，并反馈给控制系统，实现协调工作[80]。PUMA 主要应用于通用汽车装配线，标志着工业机器人技术已经完全成熟，至今仍然工作在工厂第一线。

作为 PUMA 原型，斯坦福机械臂是装配线机器人的起点，也是感知型工业机器人应用的成熟标志，开启了机器人工厂时代。从 Unimate 到 PUMA 经历了从示教再现型到感知型机器人发展的漫长历程。

同时 SAIL 实验室在 1960 年至 1980 年持续研制斯坦福车（Stanford Cart）项目，该项目受到 DARPA、NSF 和 NASA 等机构资助。斯坦福车是一个移动机器人，采用电视摄像机导航，并感知周围物体，其实物如图 3.6c 所示[㊀]。它由计算机处理图像，建立车周围地图并规划运动路径，但运动速度很慢，约为 10 ～ 15min/m[79]。该项目为机器视觉应用于移动式机器人感知环境奠定了基础。

美国为将传感器引入机器人做了大量开创性工作，尤其是 MIT 和斯坦福大学的研究者们试验性地探索出感知型机器人，为工业机器人走向应用奠定了基础。同时，这些工作实际上也为未来智能型机器人发展奠定了技术和理论基础。

1973 年，第一台机电驱动的六轴机器人面世。德国库卡（KUKA）公司将使用的 Unimate 机器人研发改造成第一台产业机器人，命名为 Famulus，如图 3.7a 所示。Famulus 是世界上第一台机电驱动的六轴机器人，KUKA 也凭借它在机器人市场初露锋芒[81]。1976 年，KUKA 开发了一种全新的机器人品种——IR6/60，如图 3.7b 所示。这是真正意义上的六轴机电驱动

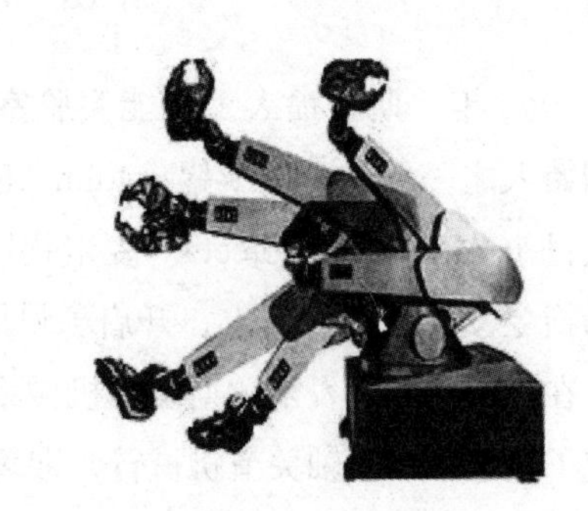

a）Famulus

b）IR6/60

图 3.7　KUKA 开发的六轴工业机器人

㊀ 图片来源：http://www.computerhistory.org/timeline/ai-robotics/。

的机器人，并且还配有一台弯手设备。与此同时，KUKA 成立了 KUKA 焊接系统和机器人有限公司，源源不断地将焊接技术推向全世界。

进入 20 世纪 70 年代，日本全面发力机器人产业。日本工业界和学者紧密合作，将机器人改进为工业应用级别。据程茂荣摘译 1972 年《 Automation 》的相关报道，日立公司研制了一种具有“视觉”功能的机器人传送带系统，能从混有不同种类物件的传送带上自动识别和选择物体。电视摄像机与计算机的连接使机器人具有与人眼类似的功能，可区别物体的形状、大小和位姿等 [82]。1973 年，日立公司开发出混凝土桩行业使用的自动螺栓连接机器人，如图 3.8a 所示。这是第一台安装有动态视觉传感器的工业机器人，它在移动的同时能够认识浇铸模具上螺栓的位置，并且与浇铸模具的移动同步，完成螺栓拧紧和拧松工作⊖。

a）日立自动螺栓连接机器人

b）川崎 Hi-T-Hand

图 3.8　日本开发的感知型机器人

1974 年，第一台弧焊机器人在日本投入运行。日本川崎重工公司将用于制造川崎摩托车框架的 Unimate 点焊机器人改造成弧焊机器人。同年，川崎还开发了世界上首款带精密插入控制功能的机器人，命名为“ Hi-T-Hand”，如图 3.8b 所示。该机器人还具备触摸和力学感应功能，运行过程中不需要计算机，只需按照序列命令控制 [83]。这款机器人手腕灵活并带有力反馈控制系统，并且开发了一套插入控制算法，可将机械零件柔顺地插入约 10 微米的间隙中 [84]。

在仿制 Unimate 机器人的基础上，经过一系列消化、吸收、创新和发展的过程，日本工业机器人很快从摇篮期进入实用期，并迅速被应用到汽车制造业 [85]。其创新和发展主要体现在将机器人与产业领域融合，结合高精度传感，满足制造业需求。尤其在 20 世纪 70 年代，日本抓住了感知型机器人发展的历史机遇，成就了机器人王国的地位。

⊖ 资料来源：http://www.360doc.com/content/18/0211/20/27362060_729427002.shtml。

3.3.2 信息技术推动工业机器人实用化

进入 20 世纪 70 年代，晶体管工艺革新，集成电路逐渐成熟，为工业机器人的技术创新带来新的机遇。1971 年 4 月，德州仪器（Texas Instrument，TI）公司与日本佳能公司共同推出的佳能袖珍计算器（Canon Pocketronic）是最早利用集成电路制造的装置。同年 11 月，世界上第一款通用型微处理器——“Intel 4004”由英特尔公司推出，它处理信息字节的速度达到 40 万赫兹，每秒钟执行 6 万条指令，运行速度足以媲美第一台大型通用电子计算机——埃尼阿克（Electronic Numerical Integrator and Calculator，ENIAC）。

集成电路的应用使得工业机器人体积大幅度减小，在实际生产活动中更加灵活，适用范围更加广泛；通用型微处理器的使用赋予工业机器人更大的精确性和可靠性，为其提供了一个更聪明的“大脑”。此外，随着计算机的体积愈趋微小，机器人的价格开始随之下降，从相当于雇佣一个工人一年费用的十二倍下降到三点七倍，这一系列技术的成熟为工业机器人向市场推广奠定了基础。

采用先进的信息技术后，工业机器人作为一项多学科交叉的高科技产品，成为很多制造业中不可或缺的组成部分。1973 年，辛辛那提·米拉克龙公司的理查德·豪恩（Richard Hohn）制造了第一台由微型计算机控制的商用工业机器人——明天的工具（The Tomorrow Tool，T3），如图 3.9a 所示。T3 是六轴电液伺服系统，可以以高达 1.27m/s 的速度提起 45.4kg 的重物，位置重复精度为 1.27mm。初期，T3 主要应用于焊接汽车车身、转移汽车保险杠和装载机床等方面。1975 年，T3 被应用于钻井作业，同年成为航天航空工业中使用的第一台机器人。随着机器人性能的大幅度提升，工业机器人的应用领域越发广泛，从工业逐渐拓展到航空、军事领域。

a）T3

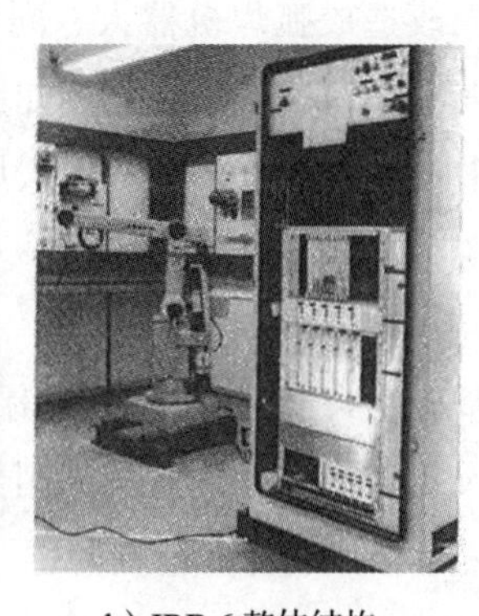

b）IRB 6 整体结构

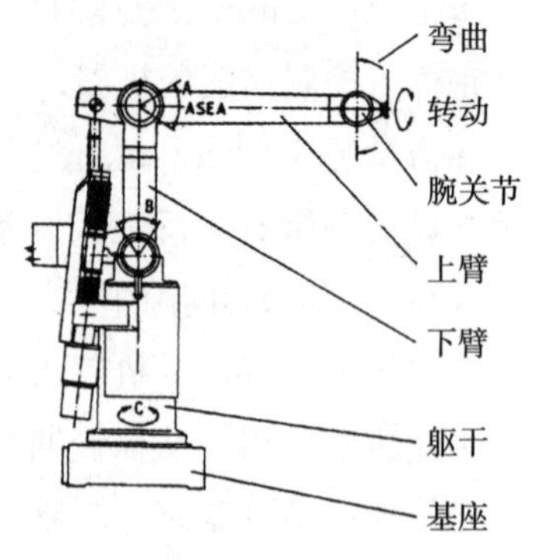

c）IRB 6 机械结构

图 3.9 微型计算机控制的工业机器人

1974 年，瑞典通用电机公司（ASEA，ABB 公司的前身）开发出世界上第一台全电力驱动、由微处理器控制的工业机器人 IRB 6，其整体如图 3.9b 所示 [86]。IRB 6 采用仿人化设计，其手臂动作模仿人类的手臂，可承载 6kg 有效载荷，5 轴，其机械结构如图 3.9c 所示 [87]。IRB 6 的 S1 控制器第一个使用了英特尔 8 位微处理器，内存容量为 16KB。控制器有 16 个数字 I/O 接口，通过 16 个按键编程，并具有四位数的 LED 显示屏。IRB 6 主要应用于工件的取放和物料的搬运，首台 IRB 6 运行于瑞典南部的一家小型机械工程公司。

1975 年，ABB 公司又开发出一个高达 60kg 有效载荷的工业机器人，命名为 IRB 60。IRB 60 满足了汽车行业有效载荷更大、灵活性更高的需求。IRB 60 首次应用于瑞典萨博汽车车身的焊接。同年，日本日立公司开发了第一个基于传感器的弧焊机器人，命名为“Mr.AROS”。

1978 年，德国徕斯（Reis）机器人公司开发了首款拥有独立控制系统的六轴机器人 RE15，如图 3.10a 所示。RE15 机器人首次在德国杜塞尔多夫（Duesseldorf）举办的国际铸造贸易博览会（GIFA）上展示。1979 年，日本不二越株式会社（Nachi）研制出第一台电机驱动的机器人，如图 3.10b 所示。这台电机驱动的点焊机器人开创了电力驱动机器人的新纪元，从此告别液压驱动机器人时代。

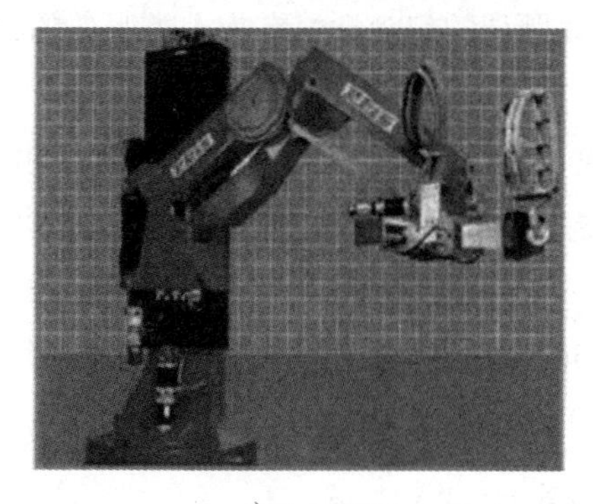

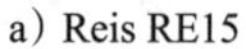

a）Reis RE15　　　　b）Nachi 电机驱动机器人

图 3.10　走向成熟的工业机器人

信息技术发展给工业机器人带来的技术创新举足轻重。集成电路技术的成熟和通用型微处理器的出现为机器人提供了智慧的“大脑”与轻便的“身体”，大大提高了机器人的可靠性和灵活性，为工业机器人的市场推广奠定了坚实的基础 [78]。

推动 20 世纪 70 年代机器人走向产业化和实用化的另一个因素则是机器人协会的作用⊖。1970 年，在美国芝加哥举行了第一届美国工业机器人研讨会。一年以后，该研讨会

⊖ 资料来源：https://wenku.baidu.com/view/36c2d3e6f242336c1fb95e7a.html。

升级为国际工业机器人研讨会（International Symposium on Industrial Robots，ISIR）。举行国际工业机器人研讨会的目的是给在世界各地的机器人领域的研究人员和工程师提供一个展示其作品的机会，并分享他们的想法。1997年，该研讨会更名为国际机器人研讨会（International Symposium on Robotics，ISR），其中包括服务机器人的技术。目前，ISR的主要目的是加强学术界和产业界的联系。现在的ISR配合国际机器人展每年举办一次，由美国、欧洲或亚洲的某个国家机器人协会主办。

1971年，日本机器人协会（Japanese Robot Association）成立，这是世界上第一个国家机器人协会。日本机器人协会最初是一个非官方的自发组织，以开展工业机器人座谈会的形式成立。1972年，工业机器人座谈会改名为日本工业机器人协会（Japan Industrial Robot Association，JIRA），并于1973年正式注册成立。1994年改为现名：日本机器人协会（JARA）。日本工业机器人协会更名为日本机器人协会，是因为机器人领域的重大进展导致了对机器人需求的多样化，机器人由制造业扩展到非制造业，如核电站、医疗服务及福利事业、民用工程、建筑业以及海洋事业等方面。

1977年，首届恩格伯格（Engelberger）机器人奖颁布。恩格伯格机器人奖是世界上最负盛名的机器人荣誉，该奖项授给那些在机器人产业技术开发、应用领域做出卓越贡献的个人。每位获奖者获得一笔酬金和带有下面题词的纪念章：在为人类服务的机器人科学的进步做出贡献。

机器人行业协会和研讨会在一定程度上加快了学术界和产业界的技术转化。同时，国家行业协会，尤其是日本机器人协会对推动机器人与各领域、各行业之间的融合发展起到了重要作用。伴随信息技术的日渐成熟，20世纪70年代末工业机器人正式走向成熟化和实用化，在日本被广泛应用于制造业领域，1980年也被称为日本的“机器人普及元年”[88]。

3.3.3 工业机器人走向成熟（20世纪80年代）

进入20世纪80年代，工业机器人得到快速发展，工业机器人应用领域得到拓展，发展呈现多样性，如SCARA、DELTA、龙门式等新型结构机械臂及直驱机器臂等都相继出现。

1981年，美国卡内基梅隆大学的Takeo Kanade⊖设计开发出世界上第一个直驱机械臂（Direct-Drive Arm），如图3.11a所示[89]。直驱机械臂由一系列如图3.11b所示的直驱

⊖ Kanade于1974年从日本京都大学获得电子工程博士学位，并成为京都大学信息科学系的教授，1980年加入卡内基梅隆大学。

关节构成，并由直流电机驱动，且每个关节都安装有光学编码器以测量关节角度和速度。直驱机械臂各关节之间的连接关系如图 3.11c 所示。直驱机械臂免去了电机和负荷之间的传输机械机构，因而不会出现由于使用减速器和铰链而产生的不平滑运动，机械臂可以自由、平稳地移动，保证机器人完成高速、精密的动作[90]。该机械臂设计完成于 1981 年，但几年以后才成功获得专利。Takeo Kanade 在卡内基梅隆大学任职期间还创立了世界上第一个有关机器人的博士课程。

a）直驱机械臂轮廓

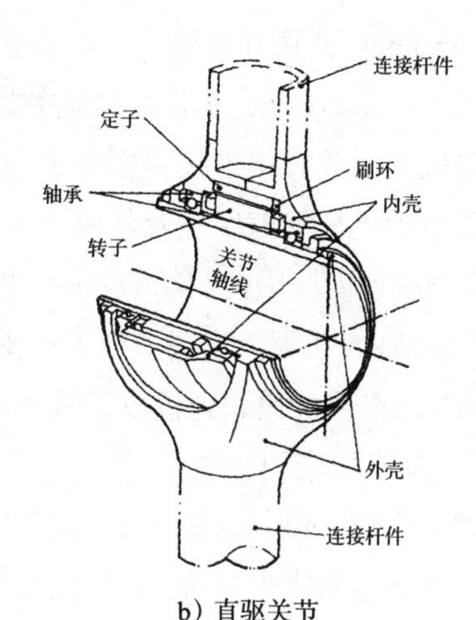

b）直驱关节

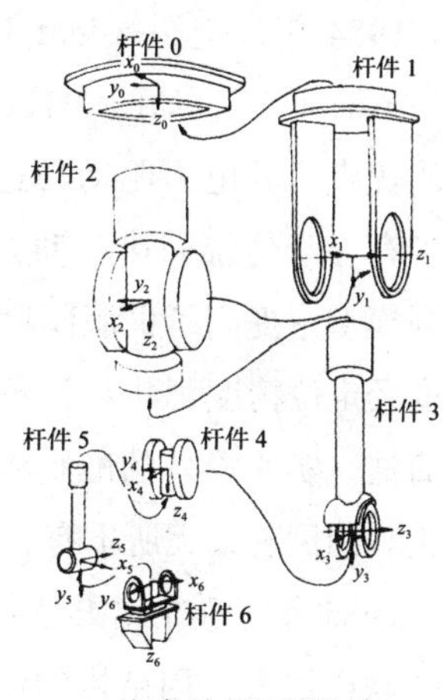

c）各关节连接关系

图 3.11　第一台直驱机械臂

1981 年，美国 PaR Systems 公司推出第一台龙门式工业机器人，如图 3.12a 所示。龙门式机器人的运动范围比基座机器人大很多，可取代多台机器人来实现大操作空间作业。

a）首台龙门式机器人

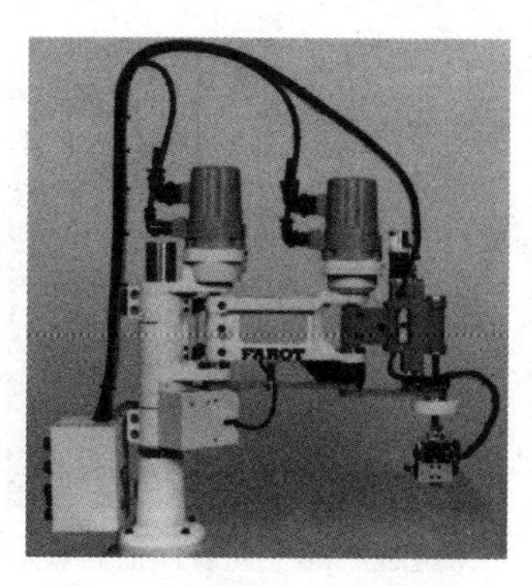

b）富士通 FAROT-4SB

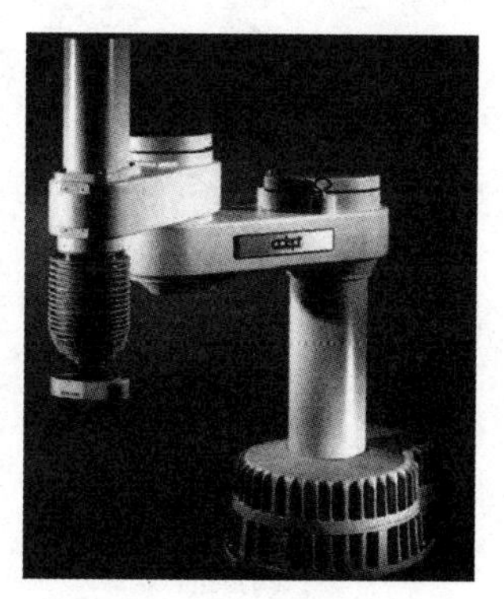

c）AdeptOne

图 3.12　新型结构工业机器人

1978 年，日本山梨大学的牧野洋（Hiroshi Makino）发明了选择顺应性装配机器手臂

（Selective Compliance Assembly Robot Arm，SCARA）。SCARA 具有四个轴和四个运动自由度（包括 x、y、z 方向的平动自由度和绕 z 轴的转动自由度）。SCARA 系统在 x、y 方向上具有顺从性，而在 z 方向上具有良好的刚度，此特性特别适合于装配工作[91]。1981 年，富士通按照 Makino 的指导开发了首台商业化 SCARA 机器人，命名为 FAROT-4SB，如图 3.12b 所示㊀。SCARA 的另一个特点是其串联的两杆结构，类似人的手臂，可以伸进有限空间中作业然后收回，适合于搬动和取放物件，如集成电路板等。

1984 年，美国 Adept Technology 公司开发出第一台直接驱动的 SCARA 机器人，命名为 AdeptOne，如图 3.12c 所示。AdeptOne 机器人的最主要特点是结合了 SCARA 和直驱的优点，其电力驱动马达和机器手臂直接连接，省去了中间齿轮或链条系统。由于消除了存在于传统间接驱动方式中的机械间隙摩擦及低刚度等不利因素，从而简化精练了控制模型，提高了伺服刚度及响应速度，因此，AdeptOne 机器人能显著提高机器人合成速度及定位精度，并对后来的 SCARA 机器人发展产生了重要影响㊁。EPSON 公司秉承设计简洁、实用第一的准则将 SCARA 性价比做到极致，从长到短，从大到小，从轻到重，从正装到倒装，无所不有，满足所有的应用。

1985 年，瑞士洛桑联邦理工大学（EPFL）的 Clavel 博士发明了一类三自由度空间平移并联机器人，因结构像倒三角和希腊字母 Δ 而得名 Delta[92]。1990 年他在美国获得了 Delta 机械臂的专利，其结构如图 3.13a 所示。Delta 由固定基座（1）和活动单元（8）构成，活动单元（8）连接工作单元（9）[93]。Delta 克服了并联机构的诸多缺点，具有承载能力强、运动耦合弱、力控制容易、安装驱动简单等优点，因而备受工业界与学术界的青睐。

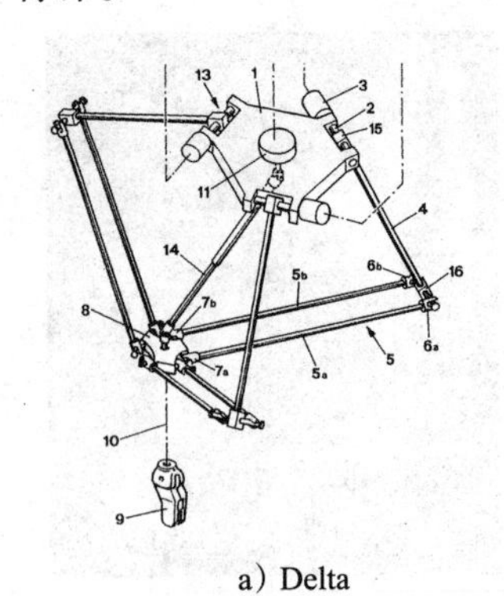

a）Delta

b）Demaurex 公司的 Delta 机器人

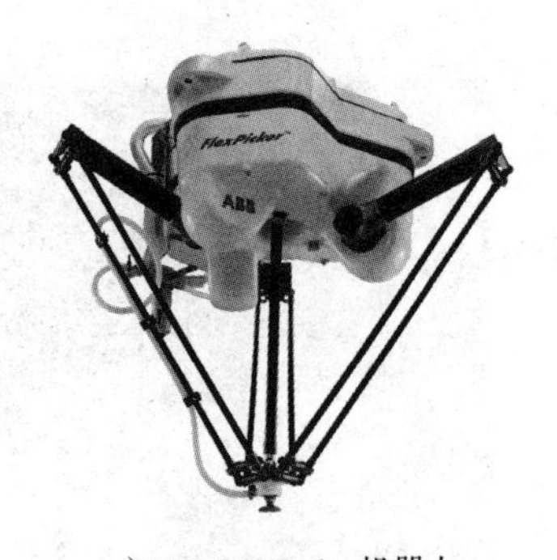

c）IRB 340 Delta 机器人

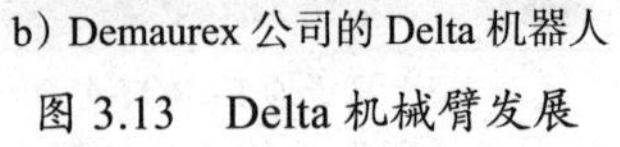

图 3.13　Delta 机械臂发展

㊀ 资料来源：http://rraj.rsj-web.org/en_atcl/842。

㊁ 资料来源：http://www.wpt-robotics.com/page88?article_id=25。

1987年瑞士Demaurex公司首先购买了Delta机器人的知识产权并将其产业化，主要用于巧克力、饼干、面包等食品包装，如图3.13b所示。1992年，瑞士的Demaurex公司出售其第一台应用于包装领域的三角洲机器人（Delta robot）给罗兰（Roland）公司。之后BOSCH和ABB也购买了Delta机器人的知识产权，ABB于1999年推出IRB 340 Delta机器人，如图3.13c所示㊀。IRB 340配置了真空系统和计算机视觉系统，实现了Delta机器人的产业化，用于食品、医药和电子等行业[94]。

20世纪80年代工业机器人走向成熟，并越来越多地应用于各行业领域。随着信息网络技术和MEMS技术的飞速发展，机器人传感器将向着信息转换、处理、传输为一体的智能化、微型化方向发展[95]，机器人控制系统也向着集成化、开放式发展[96]。1992年，瑞典ABB公司推出一个开放式控制系统（S4），如图3.14a所示。S4控制器的设计改善了人机界面并提升了机器人的技术性能。

a）ABB S4

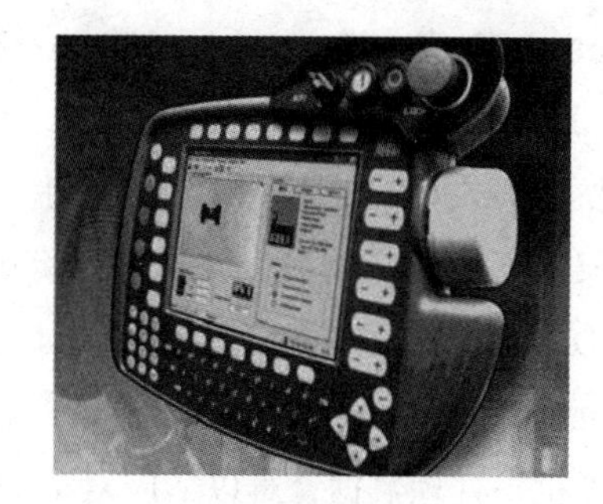

b）KUKA控制器

图3.14 机器人控制系统

1996年，德国KUKA公司开发出了第一台基于个人计算机的机器人控制系统，如图3.14b所示。该机器人控制系统配置了一个集成6D鼠标的控制面板，操纵鼠标便可实时控制机械手臂的运动。机器人控制系统采用标准的、开放的、通用的软硬件平台成为趋势，也极大地减少了系统支持需求和用户维护成本。

在1987年举办的第17届国际工业机器人研讨会上，来自15个国家的机器人组织成立了国际机器人联合会（IFR）。IFR是一个非营利性的专业化组织，以推动机器人领域的研究、开发、应用和国际合作为己任，在与机器人技术相关的活动中已成为一个重要的国际组织。IFR的主要活动包括：对全世界机器人技术的使用情况进行调查、研究和统计分析，提供主要数据；主办年度国际机器人研讨会；协作制定国际标准；鼓励新兴机器人技术领域里的研究与开发；与其他国家或国际组织建立联系并开展积极合作；通过与

㊀ 图片来源：http://www.parallemic.org/Reviews/Review002.html。

制造商、用户、大学和其他有关组织合作，促进机器人技术的应用和传播。

1988 年，IFR 发布第一份全球工业机器人统计报告，此后每年 IFR 都发布一份年度全球工业机器人统计报告。20 世纪 80 年代是工业机器人的成熟期，也是工业机器人的黄金时期，工业机器人被广泛应用于各个领域，也推动着制造业向自动化发展，将工业带入 3.0 时代。

3.3.4 服务机器人应用（20 世纪 90 年代）

欧美国家在服务机器人产品研制开发方面起步较早，始于 20 世纪 70 年代中期的 Spartacus 和 Heidelberg 机械手项目[97]。1982 年荷兰开发了一个装在茶托上的实验机械手 RSI，主要完成喂饭和翻书，直接影响了后来的轮椅机械手 Manus。1984 年荷兰 Exact Dynamics BV 公司生产 Manus 并投入市场[98]，Manus 包含 5 个自由度，由 IBM 计算机操控，属搭载式机器人，如图 3.15a 所示。1987 年，英国人 Mike Topping 研制了 Handy 1 康复机器人样机，如图 3.15b 所示。Handy 1 是工作站式机器人，可按照要求从相应物品架上抓取所需物品，并帮助患有脑瘫的患者独立就餐。此类工作站式机器人还有美国的 DeVAR（Desktop Vocational Assistant Robot）机器人（如图 3.15c 所示）、加拿大的 Regencies 和法国的 Master 机器人[99]。工作站式和搭载式体积均较大，而且需要配备单独计算机来处理数据，难以适应复杂的日常生活环境。

a）Manus 工作原理

b）Handy 1

c）DeVAR

图 3.15 欧美早期服务机器人

20 世纪 80 年代中期以后，CPU 处理速度飞速发展，可以满足进化编程和遗传算法用于机器人自主导航与控制需求。同时，各种传感器性能不断提高，而价格不断下降。用于测距的超声波、红外线、激光、静电电容等传感器，用于视频的 CCD、CMOS 摄像头，及基于光纤陀螺惯性测量的三维运动传感器都得到普及，并在服务机器人上得到了应用，大大拓展了机器人的感知能力[100]。伴随着传感器技术和计算机技术的发展，从 20 世纪 80 年代中期开始，机器人开始从工厂的结构化环境进入人类的日常生活环境，诸如医院、办公室、家庭和其他杂乱及不可控环境[101]。

20世纪90年代初，欧盟提出了TIDE计划，旨在促进“帮助技术”研发，满足社会和工作要求，改善残疾人和老年人的生活质量，提高欧洲服务业市场的发展水平。美国政府对于服务机器人的支持主要集中在作战机器人、反恐机器人方面，但医用、家用服务机器人的研发也起步较早，20世纪90年代初就开发了一款“护士助手”机器人，并在多家医院使用，如图3.16a所示[102]。斯坦福大学在1995年开发了MOVAR机器人，如图3.16b所示，机械手上装有力传感和接近觉传感器以保证工作安全可靠，但由于其复杂度和成本控制问题，仅停留在研发阶段[103]。

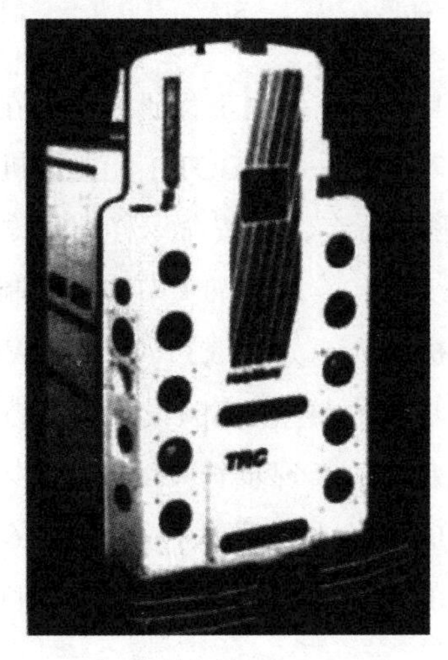

a）护士助手

b）MOVAR

图3.16　美国20世纪90年代服务机器人

日本在服务机器人方面是从仿人机器人开始的，其早期仿人机器人传感器较少，智能性能较弱。1968年，日本早稻田大学加藤一郎开始了仿人双足机器人的研制工作，并于1969年研制出WAP-1平面自由度步行机。WAP-1具有6个自由度，每条腿有髋、膝、踝三个关节，用人造橡胶造关节，通过注气、排气引起人造肌肉收缩牵引关节转动而迈步，但行走不稳定。1971年，加藤一郎又研制出了WAP-3型双足机器人，仍采用人造肌肉驱动，可在平地、斜坡和阶梯上行走，具有11个自由度[104]。

1971年，加藤实验室研制出WL-5双足步行机器人，如图3.17a所示。该机器人采用液压驱动，具有11个自由度，下肢可做三维运动，上躯体左右摆动以实现双足机器人中心的左右移动。WL-5重130kg，高0.9m，可载荷30kg，可实现步幅15cm、每步45s的静态步行。

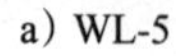
a）WL-5

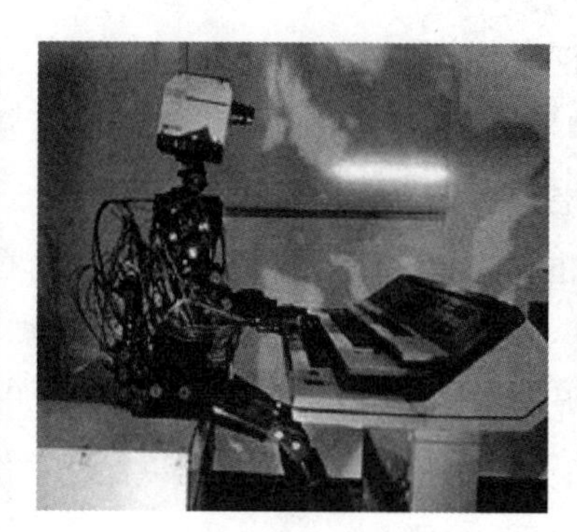
b）WABOT-1

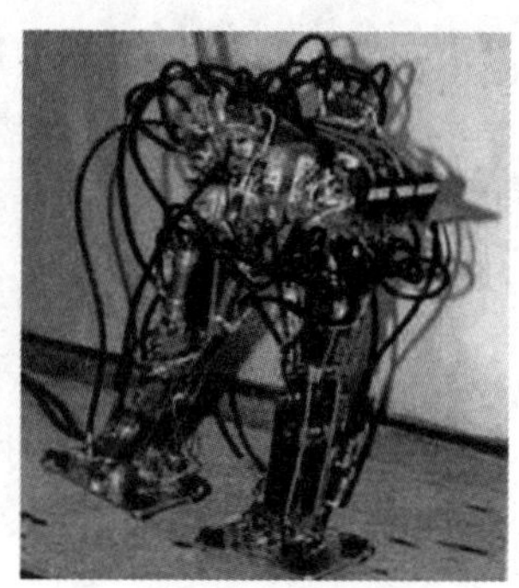
c）WL-9DR

图 3.17　早期的仿人机器人

1973 年，加藤一郎所在的早稻田大学科学与工程学院生物工程研究小组在 WL-5 的基础上开发了仿人机器人 WABOT-1[105]，如图 3.17b 所示。WABOT-1 配置了机械手、人工视觉和听觉装置，可用日语与人交流，并实现静态行走，可按命令移动身体去抓取物体[106-107]。到 1984 年又开发了新型智能机器人 WABOT-2，采用踝关节力矩控制。

1980 年，加藤实验室又推出了 WL-9DR 双足机器人，如图 3.17c 所示。WL-9DR 采用预先设计步行方式的程序控制方法，用步行运动分析及重复实验设计步态轨迹，采用以单脚支撑期为静态、双脚切换期为准动态步行方案，实现步长 45cm、每步 10s 的准动态步行[108]。1984 年加藤实验室又推出了 WL-10DR 双足机器人，并于 1986 年研制了 WL-12 步行机，实现了步行周期 2.6s、步幅 30cm 的平地动态步行。加藤一郎长期致力于研究仿人机器人，被誉为“世界仿人机器人之父”⊖。

进入 20 世纪 90 年代，随着多传感技术和人工智能技术的发展，仿人机器人智能化程度得到提高。1997 年 10 月，Honda 又推出了仿人机器人 P3[106]。21 世纪初，Honda 采用分散控制技术，实现机器人的小型化和轻量化，诞生了 ASIMO 机器人，后者能够像人一样连续自主步行，至此仿人机器人也走向智能化。

日本还有许多其他科研机构和高等院校从事仿人机器人的研制和理论研究工作，如松下电工、富士通、川崎重工、发那科、日立制作所等，并且都取得了一定成就[109]。仿人机器人受到机构学、材料科学、计算技术、控制技术、微电子学、通信技术、传感技术、人工智能、仿生学等相关学科发展的制约，在 20 世纪 90 年代末依然处于实验室阶段。至于模仿人类语言、感情，则需要人工智能及上述多学科的集成和融合[109]。

服务机器人应用领域不断拓展，其工作环境的未知性对智能化程度提出了更高要求，

⊖ 资料来源：http://www.sohu.com/a/242176088_262268。

涉及多传感器信息融合、导航与定位、路径规划、机器视觉、智能技术、人机接口技术等[110]。这些技术的突破也迎来了 21 世纪的智能机器人时代。

3.4　第三代机器人时期

之所以称为机器人，其中包含了人类最初的追求，即制造一种具有人类属性的机器。具有人类属性，那么人类的动作、感觉、情感和智慧也应该移植到机器之中。第一代机器人仅能按照人类要求完成某些动作，满足结构化环境中的需求。第二代机器人通过传感器感知环境，可模仿人类动作，适应复杂的非结构化环境。第三代机器人则是拥有“灵魂”的机器，可能正因为如此，麻省理工学院计算机科学与人工智能实验室（MIT CSAIL）悬挂着米开朗基罗的名画《创世纪》[⊖]，如图 3.18 所示[111]。第三代机器人，才是我们人类对机器人的初心和梦想，即创造如同人类一般拥有智慧和意识的机器。

图 3.18　油画《创世纪》

第三代机器人具有识别、推理、规划和学习等功能，可把感知和行动结合起来，能在非结构化环境下自主作业，越发接近了人类属性，称之为智能型机器人。智能型机器人通过感受系统、学习系统和决策系统，可以像人一样思考和动作，无疑又向着人类梦想的“具有人类属性的机器人”方向靠近了一步。蔡自兴教授将智能机器人划分为三类：传感器支持型、针对生产应用型和离散型智能体结构与信息集成[112]。本节按照时间发展顺序介绍智能型机器人的发展历程。

⊖ 该油画是米开朗基罗于 1508 年 5 月至 1512 年 10 月创作的壁画，现藏于梵蒂冈西斯廷教堂礼拜堂。在画中，从天飞来的上帝，将手指伸向亚当，正要像接通电源一样将灵魂传递给亚当。

3.4.1 图灵和人工智能

介绍智能型机器人就不得不提到人工智能，也就不得不提到图灵。艾伦·麦席森·图灵（Alan Mathison Turing，见图 3.19a，1912 年 6 月 23 日—1954 年 6 月 7 日），英国数学家、逻辑学家，在逻辑学、计算机科学和人工智能等领域取得了辉煌的成就，被称为计算机科学之父、人工智能之父。

图灵在第二次世界大战中从事的密码破译工作涉及电子计算机的设计和研制，其战时服务的机构于 1943 年成功研制出 CO-LOSSUS（巨人）机，这台机器的设计采用了图灵提出的某些概念。它使用了 1500 个电子管，采用了光电管阅读器；利用穿孔纸带输入；并采用电子管双稳态线路，执行计数、二进制算术及布尔代数逻辑运算，巨人机共生产了 10 台，并出色地完成了密码破译工作。为纪念图灵在计算机科学所做的工作，美国计算机协会（ACM）于 1966 年设立图灵奖（A.M Turing Award），专门奖励那些为计算机事业做出重要贡献的个人，其奖杯为图灵碗，如图 3.19b 所示。它是计算机界最负盛名、最崇高的一个奖项，有"计算机界的诺贝尔奖"之称。

a）图灵

b）图灵碗

图 3.19　图灵和图灵碗

智能型机器人可追溯到 1950 年图灵发表的论文《计算机器与智能》（Computing Machinery and Intelligence）。论文中提出著名的"图灵测试"，其示意如图 3.20 所示。图灵测试指测试者（提问者）在与被测试者（一个人和一台机器）隔开的情况下，通过一些装置（如键盘）向被测试者随意提问[113]。进行多次测试后，如果有超过 30% 的测试者不能确定出被测试者是人还是机器，那么这台机器就通过了测试，并被认为具有人类智能。"图灵测试"没有规定问题的范围和提问的标准，但为人工智能科学提供了开创性构思。

图灵在计算机出现之前就预见了具有逻辑思维的机器[114]，并预言在 20 世纪末将有电脑可通过"图灵测试"。2014 年 6 月 7 日在英国皇家学会举行的"2014 图灵测试"大会上，举办方英国雷丁大学发布新闻稿，宣称俄罗斯人弗拉基米尔·维西罗夫（Vladimir Veselov）创立的人工智能软件尤金·古斯特曼（Eugene Goostman）通过了图灵测试。虽然“尤金”软件还远不能“思考”，但也是人工智能乃至于计算机史上的一个标志性事件㊀。

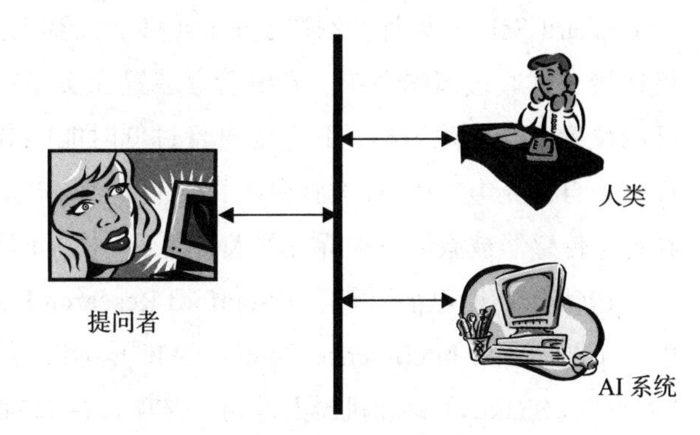

图 3.20　图灵测试示意图

1956 年，由约翰·麦卡锡（John McCarthy）召集，在美国达特茅斯学院召开专题研讨会，马文·明斯基（Marvin Minsky）、克劳德·香农（Claude Shannon）、艾伦·纽厄尔（Allen Newell）、赫伯特·西蒙（Herbert Simon）等就如何穿过迷宫、如何搜索推理和如何证明数学定理等问题进行深入讨论，尽管没有达成普遍的共识，却为会议讨论内容起了一个名字——人工智能（Artificial Intelligence，AI），1956 年成为人工智能元年[115]。

自 20 世纪 60 年代至今，人工智能经历了三次飞跃发展阶段：第一次是实现问题求解，代替人类完成部分逻辑推理工作；第二次飞跃是智能系统能够与外界环境交互，从运行的环境中获取信息，代替人类完成包括不确定性在内的部分思维工作；第三次飞跃是智能系统具有类人的认知和思维能力，能够发现新的知识，完成新任务[114]。早期的问题求解研究发展了各种搜索算法；中期以知识工程、认知科学的研究为主，发展出专家系统；随着研究的深入，人工神经网络和深度学习被应用模仿人类智能得到发展[116]。

人工智能理论为智能机器人的出现奠定了基础。与此同时，计算机技术、多传感融合技术及人机接口技术等也推动了智能机器人的发展。机器人技术正从传统的工业制造领域向医疗服务、教育娱乐、勘探勘测、生物工程、救灾救援等领域迅速扩展，适应不同领域需求的智能机器人系统被深入研究和开发。

3.4.2　早期的智能机器人

20 世纪 60 年代，人工智能学界开始对机器人感兴趣，他们发现机器人为人工智能提供了很好的试验和应用场景。这一认识很快得到科学界、工业界和政府的共识，带来了第三代智能型机器人发展的契机[78]。

㊀ 资料来源：百度百科——图灵测试。

1965 年，约翰·霍普金斯大学应用物理实验室（Applied Physics Laboratory，APL）的 Leonard Scheer 设计并制造了 Beast 移动机器人，如图 3.21a 所示⊖。Beast 没有与计算机连接，可通过声呐系统、光电管等装置在实验室白色的走廊中移动，根据环境校正自己的位置，避开障碍物，其电池电量过低时能够寻找具有特殊电池光学器件的黑色墙壁插座为自己充电。Beast 大脑由数百个晶体管制成，通过创建逻辑门来实现布尔运算，可在特定传感器被激活时告诉机器人做什么。Beast 具有初步智能和自主能力 [78]。

1966 年，斯坦福研究院（Stanford Research Institute，SRI）在斯里兰卡成立人工智能中心（Artificial Intelligence Center，AIC），Nils John Nilsson 和 Charles Rosen 等提出了“夏克”（Shakey）移动机器人计划。该项目在 DARPA 和 NSF 等资助下，于 1969 年完成了机器人 Shakey 系统，如图 3.21b 所示 [117-118]。Shakey 身高 183cm，底部是电动平台，上面是电子元件盒，头部包括摄像机、扩音器和旋转棱镜测距仪，但很不稳定，而且控制计算机有房间那么大。Shakey 是人工智能发展史上的一个重要里程碑，是第一个完全自主的机器人，表明机器人技术进入智能机器人的研发时代 [78]。

a）Beast

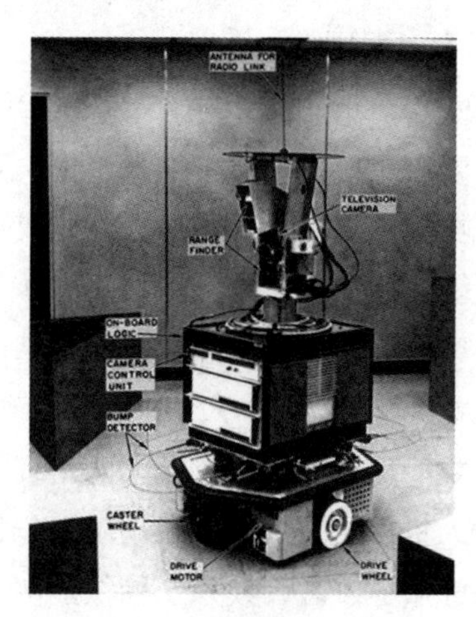

b）Shakey

图 3.21　Beast 和 Shakey

1968 年，斯坦福人工智能实验室（Stanford Artificial Intelligence Laboratory，SAIL）的创始人之一 John McCarthy（也是达特茅斯会议的发起人和召集人）在高级研究计划署（ARPA）的资助下开始一项手眼项目（Hand-Eye project），目的是研制带有手、眼、耳的机器人系统，其手眼所用设备如图 3.22a 所示 [119]。作为人工智能先驱之一的麦卡锡成功地将人工智能技术与机器人技术结合在一起，设计出带有摄像机和扩音器的机器人，提

⊖ 资料来源：http://robot.zol.com.cn/529/5295512.html。

出了早期的语音识别机制，如图 3.22b 所示 [119]。在麦卡锡的鼓励下，SAIL 中其他人积极进行机器人研究，这开启了早期机器视觉和语音识别技术的研发。

a）手眼系统的设备

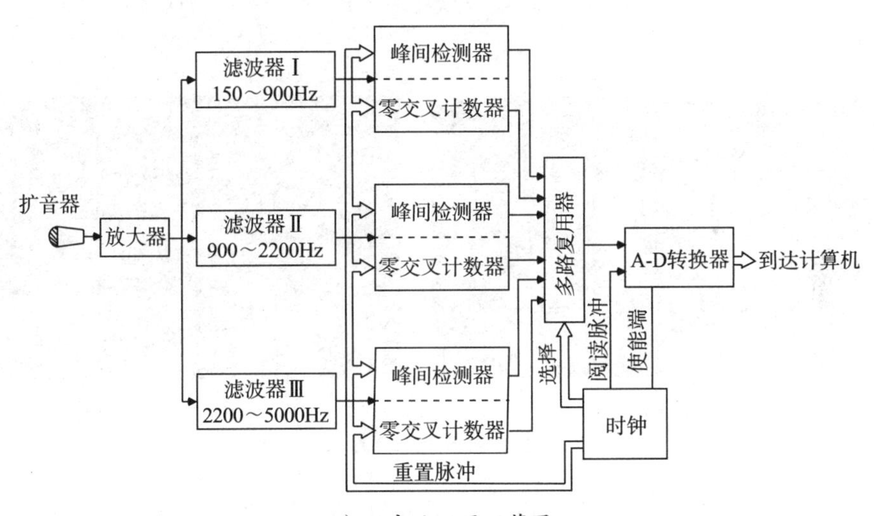

b）语音处理原理草图

图 3.22　McCarthy 手眼体统及语音处理原理图

人工智能引发了智能机器人的发展，未来智能机器人将向着提升自适应能力、学习能力和自治能力的目标发展 [120]。因此智能机器人在发展过程中，一方面应提升机器人的适应性，结合多传感融合和智能传感器技术，更好地适应复杂环境变化 [121]。另一方面，须提高机器人的自主能力，结合人工智能技术使机器人进一步独立于人，并具有更友善的人机交互能力。

3.4.3 典型的人工智能系统

人工智能进入 20 世纪 90 年代后期，出现 Deep Blue（深蓝）超级电脑，在标准比赛时限内以 3.5 ：2.5 的累计积分击败了国际象棋世界冠军卡斯帕罗夫，震惊世界。“深蓝”的设计者许峰雄曾表示，一般的国际象棋手能想到后 7 步就很不错了，但“深蓝”能想到后 12 步，甚至 40 步远，棋手当然不是计算机的对手。2008 年，人工智能计算机“北极星 2”（Polaris 2）在美国赌城拉斯维加斯连续击败了 6 名德州扑克牌顶级职业选手[1]。

2011 年 2 月 16 日，在美国智力竞猜节目《危险边缘》（Jeopardy）第三场比赛中，IBM 的另一超级电脑 Watson（沃森）以三倍的巨大分数优势力压该竞猜节目有史以来最强的两位选手肯·詹宁斯和布拉德·鲁特，夺得这场人机大战的冠军，比赛现场如图 3.23a 所示。“沃森”在比赛中没有连接互联网，其数据库中包括辞海和《世界图书百科全书》等数百万份资料，强大的硬件则助力其能在 3s 之内检索数亿页的材料并给出答案。比赛中，Watson 展示了超强的自然语言处理能力，俨然成为当时人工智能的代言人，自此人工智能进入普通大众的视野。

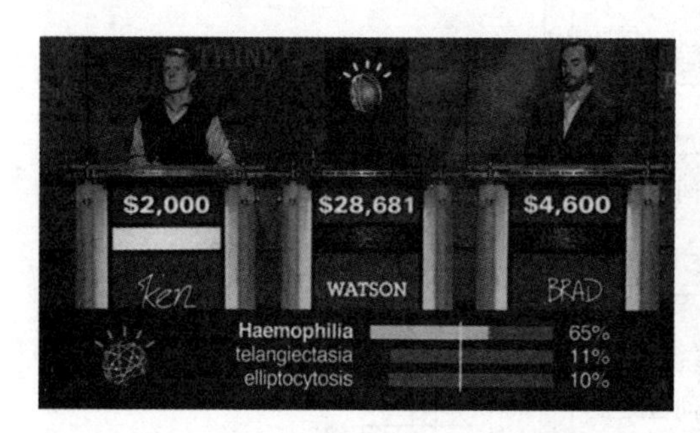

a）Watson

b）基金经理机器人

图 3.23 智力竞猜和基金经理机器人

2011 年 3 月，一只以数学模型进行交易，并启用机器人作为“基金经理人”的基金，仅靠 6 个电脑程序就创造出 1.9% 的回报率，击败了日本最优秀的基金公司，当时情形如图 3.23b 所示。据权威评级数据，时值日本“3·11”大地震，基金当月平均亏损率达 6.9%，而机器人冷静地将该基金 30% 的资产押在几只符合其标准的股票上，做出了正确决策。取得如此佳绩还得归功于机器人的“无情”[2]。

但 Deep Blue、Polaris 2、Watson 和基金机器人都是超级计算机，它们采用学习算法将技能拓展出人类范畴，而并非有着传感和运动系统的机器人。下面介绍的几款智能机

[1][2] 资料来源：http://ee.ofweek.com/2014-07/ART-8440-2805-28857647_2.html。

器人不仅有智能思维，而且要根据思维做出相应的动作，与智能型机器人更为接近。

2012 年，日本东京工科大学研发并制造了一款名为“Swumanoid”的游泳机器人，如图 3.24a 所示。该机器人不仅可用于海岸救生，还可模拟游泳者在水中的动作。为了设计这款会游泳的机器人，研究小组使用了大量 3D 扫描仪技术来记录真实游泳者的每个动作细节，并给机器人配置了 20 个由电脑操控的小型防水发动机。Swumanoid 在水中前进的速度能够达到 6m/s，比当时世界纪录保持者的速度还要快 30%。

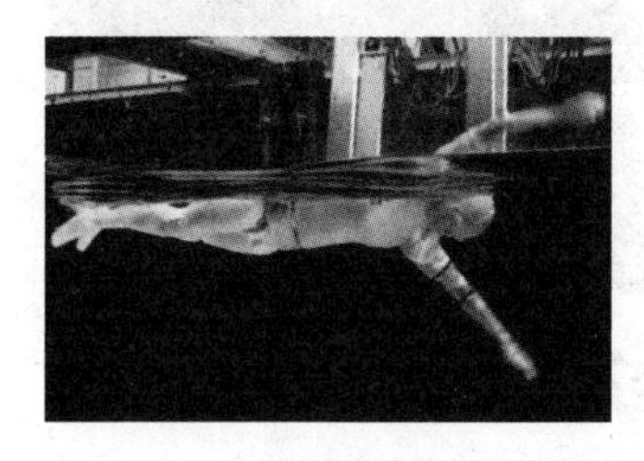

a）Swumanoid

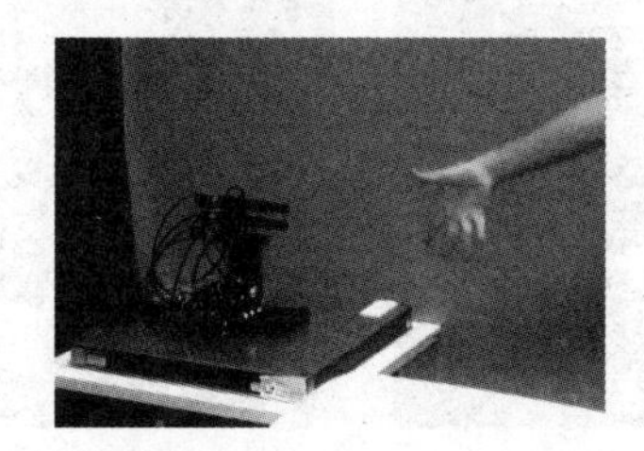

b）猜拳机器人

c）Cubestormer 3

图 3.24　搭载人工智能的机器人

英国《每日邮报》于 2013 年 11 月曾报道过日本东京大学最新研制出的智能“猜拳”机器人，如图 3.24b 所示⊖。这款机器人在玩经典的游戏——石头剪刀布时，战无不胜，打败了所有的人类挑战者。如此好战绩都得归功于它的高速视觉系统，系统能帮助它观察对手的手指运动趋势，并在最短时间内分析出对手手指的最终形状，然后伸出能够战胜对方的手势（但严格来说，这可是在作弊呀）。

2014 年 3 月，在英国伯明翰一个青年科技展上，图 3.24c 中所示的代号为“Cubestormer 3”的机器人以 3.253s 的极速还原魔方，打破吉尼斯世界纪录，比上一代机器人创下的旧纪录快了 2.017s⊜。据称人类目前最快的世界纪录是 5.55s。这款机器人由科技公司 ARM Mobile 花费 18 个月研发成功，还原魔方时它会先用一部三星 Galaxy S4 手机扫描魔方，完成计算后便能开始利用 4 只机械臂不断翻转，3s 还原。

最著名的人工智能系统当属 AlphaGo，它是第一个击败人类职业围棋选手、第一个战胜围棋世界冠军的人工智能机器人，由谷歌旗下 DeepMind 公司戴密斯・哈萨比斯领衔的团队开发。其主要工作原理是“深度学习”。AlphaGo 在 2016 年一战成名，与围棋世界冠军、职业九段棋手李世石进行围棋人机大战，以 4 ∶ 1 的总比分获胜，场景如图 3.25a 所示。

⊖ 资料来源：http://www.iqiyi.com/w_19rtlmhu9d.html。

⊜ 资料来源：http://www.iqiyi.com/w_19rr10qlg9.html。

2017 年 5 月，在中国乌镇围棋峰会上，它与排名世界第一的世界围棋冠军柯洁对战，以 3 ：0 的总比分获胜，如图 3.25b 所示。围棋界公认阿尔法围棋的棋力已经超过人类职业围棋顶尖水平，在 GoRatings 网站公布的世界职业围棋排名中，其等级分曾超过排名人类第一的棋手柯洁。

a）与李世石对战

b）与柯洁对战

图 3.25　AlphaGo 与围棋高手对战

AlphaGo 通过两个不同神经网络“大脑”落子选择器（move picker）和棋局评估器（position evaluator）合作来改进下棋。2017 年 1 月，谷歌 DeepMind 公司 CEO 哈萨比斯在德国慕尼黑 DLD（数字、生活、设计）创新大会上宣布推出真正 2.0 版本的阿尔法围棋。其特点是摈弃了人类棋谱，只靠深度学习的方式成长起来挑战围棋的极限⊖。随着人工智 能的深入研究，据预测到 2050 年，机器人足球队有望击败人类足球队。人工智能系统以深度学习为主要手段，实际上是模拟人类思维过程的机器人，在模拟人类行为方面依然较弱。仿人智能机器人是集合人类思维过程、人类行为动作和人类感受系统的综合体系，是智能型机器人的最典型代表。

3.4.4　仿人智能型机器人

仿人机器人是研究人类智能的高级平台，它是综合机械、电子、计算机、传感器、控制技术、人工智能、仿生学等多种学科的复杂智能机械，目前已成为机器人领域的研究热点问题之一 [106]。仿人机器人的研究始于 20 世纪 60 年代，1968 年美国通用电气公司的 R. Smosher 开发了一台叫“Rig”的操纵型双足步行机器人，正式拉开了仿人机器人研制的序幕 [104]。早期仿人机器人智能程度低，列为传感型机器人。

⊖ 资料来源：百度百科——阿尔法围棋（围棋机器人）。

仿人机器人的研制开始于 20 世纪 60 年代末的双足步行机器人。仿人机器人经过了几十年的发展，从最初的单元功能实现，仅模仿人进行简单行走，发展到能初步感知外界环境的低智能化，再到现在集成视觉、触觉等多项技术并能根据外界环境变化做出自身调整，完成多项复杂任务的拟人化、高智能化系统[38]。进入 20 世纪 90 年代，仿人机器人迅速发展，并真正实现了智能化。

1. 日本仿人机器人

日本学术界和产业界都致力于仿人机器人的研究，也是世界上仿人机器人研发和商业化最好的国家。1996 年 12 月，本田（Honda）公司宣布成功开发了有两臂和两腿的仿人机器人 P2，如图 3.26a 所示[106,122]。Honda 仿人机器人研发开始于 1986 年，其宗旨是机器人应该与人类共存并合作，做人类做不到的事情，开拓机动性新领域，从而对人类社会产生附加价值[109]。P2 采用无线通信控制，身高 1820mm，宽度为 600mm，重量为 210kg，其外形尺寸如图 3.26b 所示。P2 两腿拥有 12 个自由度，两臂拥有 14 个自由度，手部是有 2 个自由度的双指夹持器，通过转动拇指位置可实现抓取物体。每个关节上均由一个带有谐波减速器的直流电机驱动，身体内置四个微处理器（SPARC Ⅱ）构成的控制计算机，采用 VxWorks 实时操作系统。电气元件、驱动器和无线网络适配器电源为 NiZn 电池，重约 20kg，持续时间约为 15min，可完成上下楼梯的动作[122]。

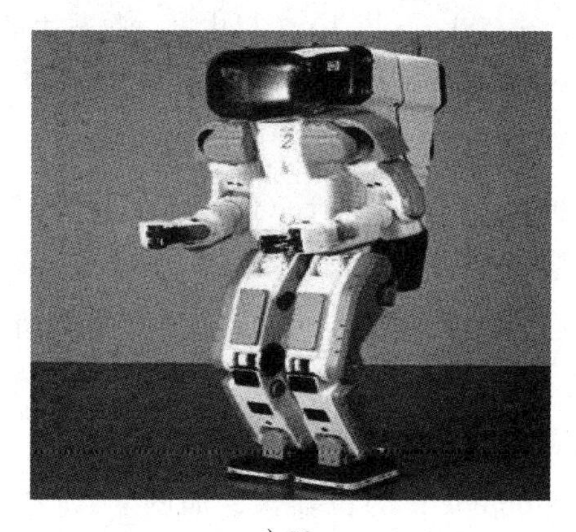

a）P2

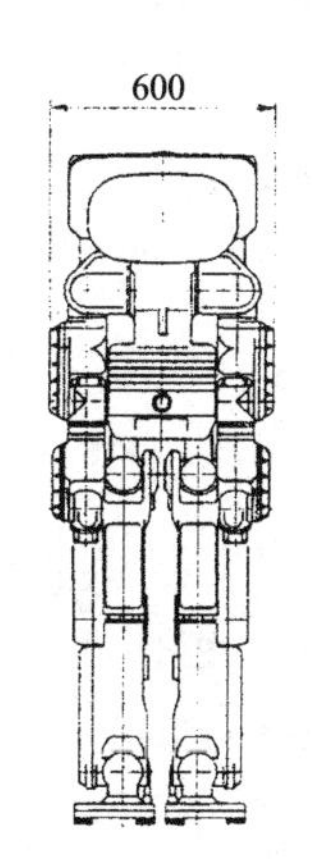

b）P2 外形尺寸

图 3.26　本田 P2

1997 年 10 月，本田推出了仿人机器人 P3（见图 3.27a），与 P2 相似，它是一台完全自主的人性化双腿步行机器人，由于采用分散控制技术，成功实现了小型化和轻量化，体重降为 130kg，高度降为 1600mm，且使用了新型镁材料[109]。本田在 2000 年 11 月 20 日又推出了新型双脚步行机器人 ASIMO（Advanced Step in Innovative Mobility），如图 3.27b 所示。ASIMO 更加小型轻量化，高 120cm，体重 43kg，使用个人电脑或便携式控制器操作步行方向和关节动作，双脚步行采用 I-WALK（Intelligent Realtime Flexible Walking），可自由步行，并组合了预测运动控制功能，实现了步行动作连续流畅 [123]。2004 年 12 月，本田推出了新一代 ASIMO 机器人，它是世界首批遥控式双足直立机器人。

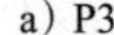
a）P3

b）ASIMO

图 3.27　本田 P3 和 ASIMO

HRP-2 是日本产业综合研究所的智能系统研究部门在日本技工贸部资助下完成的，其外形如图 3.28a 所示 [124]。HRP-2 高 1540mm，重 58kg，共 30 个自由度，每只手的抓持力为 2kg，其控制板和电池全部集中在身体上，可在不平地面行走，摔倒不受损，并能够自行站立 [125]。随后，又开发了跑步机器人的腿部模块 HRP-2L（HRP- 2 Leg Module for Running），如图 3.28b 所示，其总高 1412.9mm，其下肢总长 600mm，脚踝长度为 91mm，髋关节间距为 120mm[126]。HRP-2 系列软件平台 OpenHRP（Open Architecture Humanoid Robotics Platform）由产业技术综合研究所和东京大学制造科技中心共同研发，为开放的仿人机器人研究平台，包括四个模块：动力学仿真、视觉仿真、运动控制和运动规划，并免费发布了动力学仿真和视觉仿真模块 [125]。

日本和歌山大学学者开发了一款名为“Robovie”的机器人，如图 3.29a 所示。Robovie 可与人通信，并通过类人驱动器、视觉和声音传感器来模仿人类行为 [127]。Robovie 致力于成为人类日常生活的伙伴，利用通信功能为人类提供丰富的信息。该机器人依靠由 2 个驱动轮运动和 1 个万向轮构成的平台运动，如图 3.29b 所示。该机器人身高 120cm（中学生水平，使人易于接受），直径约为 40cm，体重约为 40kg。两臂各有 4 个自由度，头部有 3 个自由度，双眼各有 2 个自由度。Robovie 浑身遍布皮肤传感器，运动平台周围布置了 10 个触觉传感器，另有 1 个全方位视觉（见图 3.29c）、2 个微话筒及 24 个超声传感器。该机器人可工作 4 小时，自动寻找充电器 [127]。

a）HRP-2　　b）HRP-2L

图 3.28　HRP-2 系列机器人

a）Robovie　　b）移动平台　　c）全方位视觉

图 3.29　仿人机器人 Robovie

索尼公司主要针对娱乐机器人进行研究，包括机器狗 AIBO（详见 4.3.1 节）和双足娱乐机器人 QRIO。在行走方面，2003 年 12 月推出的 QRIO 能够在不平地面上动态步行、跳舞。作为娱乐机器人，QRIO 能识别人的面孔、声音，以及与人对话、会唱歌和表达情绪，并能记住陌生面孔和声音，通过立体视觉系统，能看到障碍物并判断出最佳避障路径 [125]。

2. 欧美仿人机器人

法国 BIP 2000 是由法国 Laboratoire de Mkcanique des Solides 实验室和 INRIA 机构共同开发的一种具有 15 个自由度的双足步行机器人，如图 3.30a 所示。其目的就是实现拟人双足机器人的下肢系统。该机器人包括两条腿、两只脚、一个骨盆和躯干、15 个主动关节和 2 个被动关节，其运动学如图 3.30b 所示。项目分为 INRIA、LAG-CNRS、LMS-CNRS 和 LMP-CNRS 4 个组，分别完成不同的任务。INRIA 主要完成系统实时控制的理论及实际的研究，以及极限环、稳定性和行走在斜坡上的研究；LAG-CNRS 研究双足机器人系统的建模和优化控制；LMS-CNRS 负责机械结构的设计；LMP-CNRS 主要研究运动生理学方面，以便为此计划提供数据。它采用分层递阶控制结构策略，实现站立、行走、上下坡和楼梯。

瑞典查尔姆斯理工大学围绕塑料人体骨架，建造了机器人原型 ELV IS，其工作动机是基于将来仿人机器人对工业、研究和社会的重要地位的肯定，目标就是建立一个能自主行走且可与人进行口头交流的机器人[129]。

德国卡尔斯鲁厄大学开发的 ARMAR 仿人机器人如图 3.30c 所示[130]。ARMAR 共有 25 个自由度，包括一个轮式驱动平台、有 4 个自由度的躯体、两只各有 7 个自由度的类人臂、两个简单的抓持器和一个 3 自由度的头部，上肢躯干重约 45kg。ARMAR 可实现在车间或家庭等非结构环境下与人类交流，并完成人类部分工作[130]。

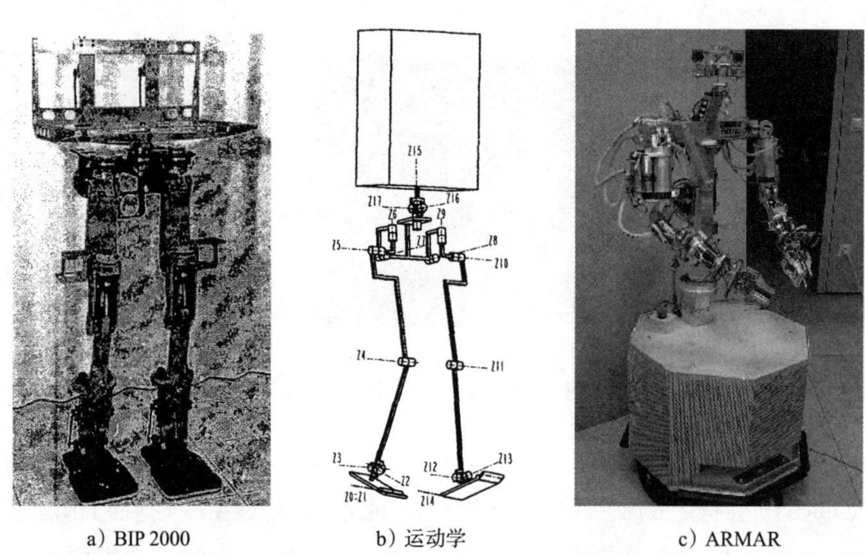

a）BIP 2000　　b）运动学　　c）ARMAR

图 3.30　法国机器人 BIP 2000 和德国 ARMAR

1993 年夏天，美国麻省理工学院人工智能实验室启动制造仿人机器人，其目的有二，其一出于工程目的，即建立一个通用灵巧拟人机器人原型；其二出于科学目的，即理解人类认知科学。他们搭建了上肢躯干仿人机器人 Cog，如图 3.31 所示。Cog 拥有 21 个自由度来近似人体运动，包括两个 6 自由度臂、一个 2 自度躯干、一个 1 自由度躯干旋转，一个 3 自由度颈部和 3 自由度眼睛，并搭载大量传感器来近似人体感觉系统，包括视觉系统、听觉系统、触觉系统和前庭系统。Cog 采用不同处理器构成的混杂网络分层控制，包括从关节级微型处理器控制到处理声音和视觉的数字信号处理器[130]。Cog 工程在仿人机器人的设计，特别是人和机器人交互、人的感知方面做出了巨大的贡献 [129]。

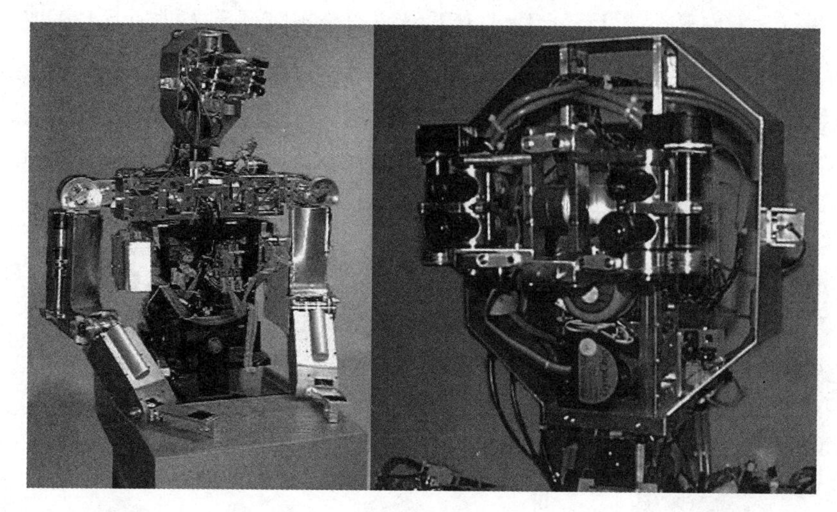

图 3.31　Cog

国际上关于智能机器人技术研究的优势科研机构包括 MIT 计算机科学和智能实验室、斯坦福大学人工智能实验室、CMU 机器人研究所、佐治亚理工学院人机交互实验室、早稻田大学仿人机器人研究院、日本本田公司机器人研究中心、筑波大学智能机器人研究室、德国宇航中心机器人研究室、德国弗劳恩霍夫应用研究中心、Universitat de Girona 水下机器人研究室等。知名的国际服务机器人行业领先企业包括美国 iRobot 公司、美国 Northrop Grumman 公司、英国 ABP 公司和 SaabSeaeye 水下机器人公司、美国 Intuitive Surgical 外科手术机器人公司、德国 Reis 机器人集团、瑞士 ABB 公司、日本 Yaskawa Electrics 公司、美国 Remotec 公司、加拿大 Pesco 公司、法国 Aldebaran 公司等 [132]。除上述介绍的仿人机器人外，其他典型的仿人机器人如图 3.32 所示 [132]。

3. 中国仿人机器人

我国的国防科技大学、北京理工大学、清华大学、北京航空航天大学、沈阳自动化所等单位都在进行针对仿人机器人的研究。通过研究机构、控制、传感器、电源等关键问题，突破了稳定行走控制技术和复杂运动规划等关键技术，研制出具有语音对话、力觉、平衡觉等功能的自主知识产权的仿人形机器人，并实现了独立行走、武术表演等多种运动演示，处于国际先进水平 [133]。

国防科技大学于 1988 年 2 月研制成功了 6 关节平面运动双足步行机器人 KDW-Ⅰ，1990 年又研制成功了 10 关节 KDW-Ⅱ [129]，1995 年开发出下肢有 12 关节的空间运动型机器人系统KDW-Ⅲ，最大步距为40cm，步速为4m每步，并实现了平地前进、后退、左右侧行、左右转弯、上下台阶、上下斜坡和跨越障碍等人类所具备的基本行走功能[106,129]。2000年11月29日，国防科技大学研制出我国第一台类人型双足步行机器人——先行者，如图3.33a所示[106,125,134]。先行者高1.4m，质量20kg，可实现前进/后退、左/右侧行、左/右转弯和手臂前后摆动等各种基本步态，行走频率为每秒2步，能平地静态步行和动态步行[106]。

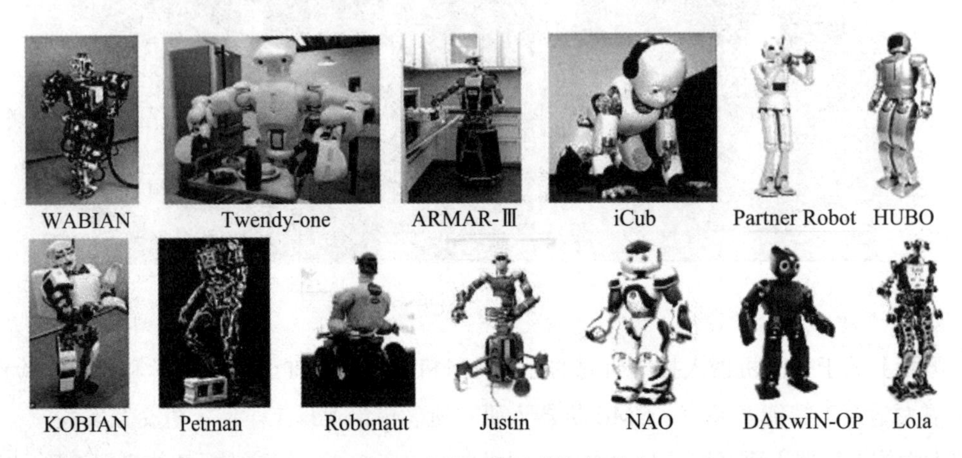

图3.32 世界知名的仿人机器人

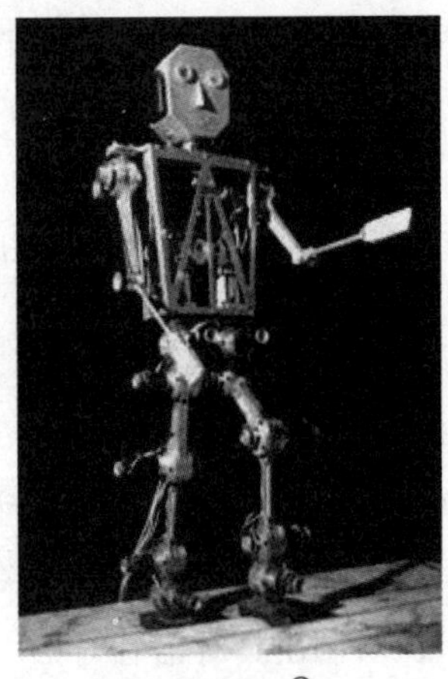

a）先行者[1]

b）BRH-01[2]

c）汇童[3]

图3.33 三种国产仿人机器人

[1] 图片来源：http://news.eastday.com/epublish/big5/paper5/20001130/class000500006/hwz254419.htm。

[2] 图片来源：http://info.electric.hc360.com/2008/09/04145770470.shtml。

[3] 图片来源：http://pic.sogou.com/d?query=%BB%E3%CD%AF%BB%FA%C6%F7%C8%CB&mode=1&did=6#did5。

2002年12月，北京理工大学研制成功我国首个真正意义上的仿人机器人BRH-01，如图3.33b所示。BRH-01高1.58m、重76kg、有32个自由度、步速1km/h、步幅0.33m、能打太极拳、会腾空行走，并能根据自身的平衡状态和地面高度变化，实现未知路面的稳定行走[125]。在BRH-01的基础上，北理工又研制了“汇童”机器人，一个身高为160cm、质量为63kg，并且具有视觉、语音对话、力觉和平衡觉等功能的拟人机器人[135-136]。“汇童”4代身高为1.65m、体重为65kg，拥有完整的身体及一张和它的创造者相似的面孔。它的厉害之处在于面对不同情况会做出相应的表情，而如果你向他提问他也会在“思考”后给出回答。而“汇童”5代（见图3.33c）保留了机器人的外形，它的特长则是乒乓球，高速影像处理和全身32个自由度的活动力让它的最高对打次数达到了200回合。

清华大学于2002年4月9日研制出具有自主知识产权的仿人机器人THBIP-1（Tsinghua Biped Humanoid Robot）样机，如图3.34a所示[137]。THBIP-1具有头、手臂、躯干、腿和脚，共32个自由度，其中下肢有12个自由度，上肢16个自由度，两只手各2个自由度，具有视觉及语音识别等功能，总重量为130kg，高为170mm[138]。

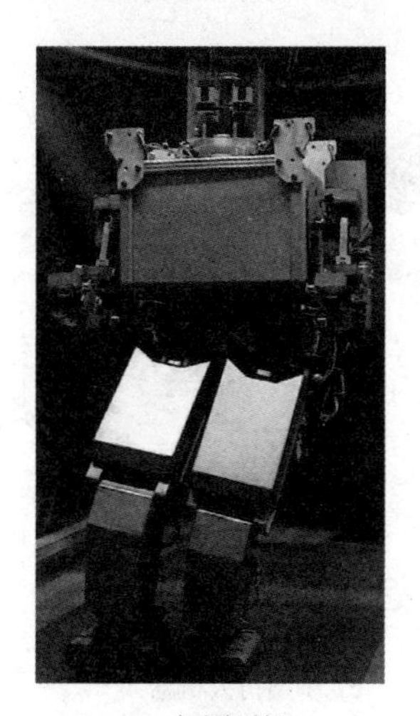
a）原型机

b）平地行走

c）上下台阶

图3.34 清华大学THBIP-1 ⊖

THBIP-1头部装有2个CCD摄像头，脚部装有2个六轴力/力矩传感器来测量地面反作用力，躯干部装有加速度计和重力计[139]。它采用基于主要支撑腿优化的步态生成法，步行实验证明，THBIP-1成功实现了无缆连续稳定地平地行走、连续上下台阶行走，如图3.34b和图3.34c所示。其平地行走速度为4.2m/min，步距为0.35 m，跨越台阶高

⊖ 图片来自付成龙、刘莉和陈恳发表的文献《清华大学THBIP系列仿人机器人研究进展》。

度为 75mm，跨越速度为每步 20s；并在仿人机器人机构学、动力学及步态规划、稳定行走理论、非完整动态系统控制理论与方法，以及总线通信、嵌入式系统、微电动机驱动、自载电源、环境感知技术等方面取得了一些创新成果和突破性进展[106]。

哈尔滨工业大学于 1985 ～ 2000 年研制出双足步行机器人：HIT-Ⅰ、HIT-Ⅱ、HIT-Ⅲ和 HIT-Ⅳ。HIT-Ⅰ具有 12 个自由度，可实现静态步行，HIT-Ⅱ具有 12 个自由度，髋关节和腿部结构采用平行四边形结构；HIT-Ⅲ具有 12 个自由度，如图 3.35a 所示，基于神经网络逼近系统逆动力学模型，实现了步距 200 mm 的静态 / 动态步行，最快步行周期为每步 3.2 ～ 4.0s，能够完成前 / 后、侧行、转弯、上下台阶及上斜坡等动作[106,140-141]。随后哈工大又研制了 Mini-HIT，如图 3.35b 所示，具有 24 个自由度，身高 45cm，净重 3.13kg，可实现短跑、长跑、投篮、拳击等多种复杂运动[141]。2005 年又设计了小型仿人机器人，如图 3.35c 所示，身高 350mm，机器人头部为 40mm，躯干为 85mm，大腿长度为 100mm，小腿长度为 125mm，脚长为 95mm，通过样机实验可以实现俯卧撑和翻滚动作[142]。

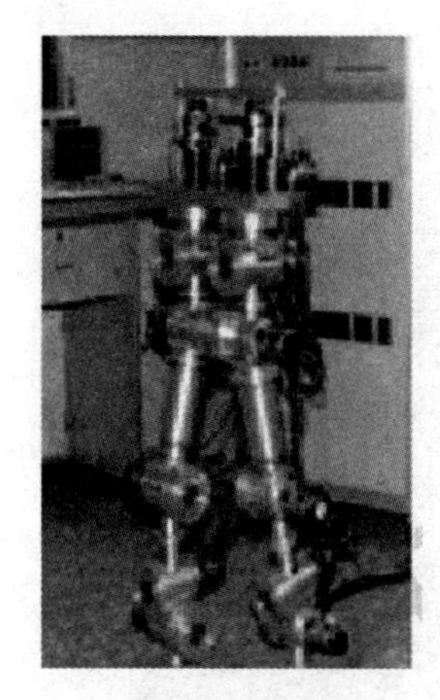
a）HIT-Ⅲ

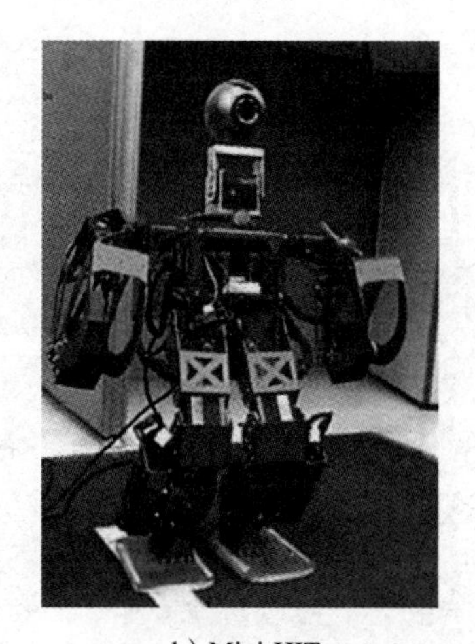
b）Mini-HIT

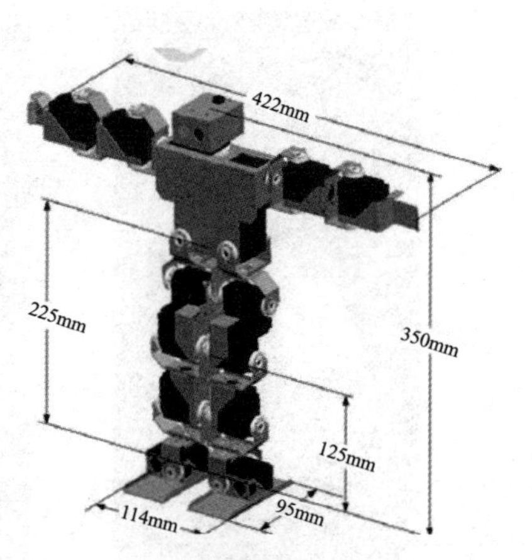

c）小型仿人机器人

图 3.35　哈尔滨工业大学仿人机器人

相比国外，我国从 20 世纪 80 年代中期才开始研究双足步行机器人，起步较晚；但与国外仿人双足机器人一样经历了由少自由度到多自由度、由实现简单动作到复杂动作、由简单功能到仿生复杂功能、由静态步行到动态步行、由类人下肢到完全仿人的较为系统全面的研究和发展过程。

除了仿人机器人外，全球范围内在助老助残、家用服务、个人辅助人机交流、医疗护理、烹饪及特殊场合应用的水下自主、搜救 / 排爆等智能型机器人迅速发展[132]；而国内学者在救援救灾机器人、网络环境机器人、医疗机器人、仿生机器人及人机交互等领域的研究比较活跃[143]。

3.5 智能机器人关键技术

对智能机器人技术水平的衡量有一定的技术指标和标准，机器人能力评价指标包括智能程度、机能特性和物理能指标[144]。智能程度主要指机器人对外界的感觉和感知能力，包括记忆、运算、比较、鉴别、判断、决策、学习和逻辑推理能力等。机能特性指机器人的任务变通性、领域通用性或空间占有性等；物理能指标指机器人的指力、速度、可靠性、联用性和寿命等。各类指标涉及机构学、控制科学、材料科学与工程、计算机科学、传感技术、信息技术、人工智能和仿生学等诸多学科。智能机器人是多学科交叉发展的成果，代表高技术的发展前沿[110]。

随着智能机器人技术的发展，其应用领域不断拓展，需要高度适应环境不可预测性和任务复杂性等需求，其研究和应用过程主要涉及多传感器信息融合、导航与定位、路径规划、智能控制和人机接口等关键技术[110]。

3.5.1 多传感器信息融合

多传感器信息融合技术与控制理论、信号处理、人工智能、概率和统计相结合，为机器人在各种复杂、动态、不确定和未知的环境中执行任务提供了一种技术解决途径[145]。机器人所用的传感器有很多种，根据不同用途可分为内部测量传感器和外部测量传感器两大类。内部测量传感器用来检测机器人组成部件的内部状态，包括特定位置、角度传感器；任意位置、角度传感器；速度、角度传感器；加速度传感器；倾斜角传感器；方位角传感器等。外部测量传感器包括视觉（测量、认识）传感器、触觉（接触、压觉、滑动觉）传感器、力觉（力、力矩）传感器、接近觉（距离）传感器以及角度（倾斜、方向、姿态）传感器。

多传感器信息融合就是指综合来自多个传感器的感知数据，以产生更可靠、更准确或更全面的信息。经过融合的多传感器系统能够更加完善、精确地反映检测对象的特性，消除信息的不确定性，提高信息的可靠性。融合后的多传感器信息具有以下特性：冗余性、互补性、实时性和低成本性[145]。目前多传感器信息融合方法主要有贝叶斯估计、Dempster-Shafer 理论、卡尔曼滤波、神经网络、小波变换等[146]。多传感器信息融合研究的活跃点主要包括以下三个方向。

多层次传感器融合。由于单个传感器具有不确定性、观测失误和不完整性的弱点，因此单层数据融合限制了系统的能力和鲁棒性。对于要求高鲁棒性和灵活性的先进系统，可以采用多层次传感器融合的方法。低层次融合方法可以融合多传感器数据；中间层次融合方法可以融合数据和特征，得到融合的特征或决策；高层次融合方法可以融合特征和决策，得到最终的决策。

微型传感器和智能传感器。传感器的性能、价格和可靠性是衡量传感器优劣与否的重要标志，然而许多性能优良的传感器由于体积大而限制了应用市场。微电子技术的迅速发展使小型和微型传感器的制造成为可能。智能传感器将主处理、硬件和软件集成在一起，并具有以下功能：自校准、自标定和自动补偿功能；自动采集数据、逻辑判断和数据处理功能；自调整、自适应功能；一定程度的存储、识别和信息处理功能；双向通信、标准数字化输出或者符号输出功能；算法判断、决策处理的功能[121]。

自适应多传感器融合。在实际世界中很难得到环境的精确信息，也无法确保传感器始终能够正常工作。因此，对于各种不确定情况，鲁棒融合算法十分必要。现已研究出一些自适应多传感器融合算法来处理由于传感器的不完善带来的不确定性[147]，以形成对系统环境的相对完整一致的感知描述，进而提高智能系统决策、规划、反应的快速性和正确性，降低决策风险[148]。

3.5.2 导航与定位

在机器人系统中，自主导航是一项核心技术，是机器人研究领域的重点和难点问题。导航的基本任务有 3 点：①基于环境理解的全局定位。通过环境中景物的理解，识别人为路标或具体的实物，以完成对机器人的定位，为路径规划提供素材。②目标识别和障碍物检测。实时对障碍物或特定目标进行检测和识别，提高控制系统的稳定性。③安全保护。可对机器人工作环境中出现的障碍和移动物体做出分析并避免对机器人造成的损伤[149]。机器人有多种导航方式，根据室内环境信息的完整程度、导航指示信号类型等因素的不同，可以分为基于地图导航（map-based navigation）、基于创建地图导航（map-building-based navigation）和无地图导航（mapless navigation）等三类，室外环境则可分为结构化环境下导航和非结构化环境下导航[150]。基于地图导航的中心思想是视觉系统为机器人间接或直接提供标志位置，从而机器人可自我定位，其基本步骤包括：①获取传感信息，对视觉导航即将影像数字化；②检测标志位置，通过边缘提取、平滑、滤波和增强等步骤来识别标志；③建立观测点与标志位置之间的联系，利用某种标定规则来实现，这是地图导航的难点；④计算观测目标的位置 [150]。

根据导航采用硬件的不同，可将导航系统分为视觉导航和非视觉传感器组合导航 [149]。视觉导航是利 用摄像头进行环境探测和辨识，以获取场景中绝大部分信息。目前视觉导航信息处理的内容主要包括：视觉信息的压缩和滤波、路面检测和障碍物检测、环境特定标志的识别、三维信息感知与处理。视觉信息的获取是局部路径规划和导航的基础 [110,149]。非视觉传感器导航是指采用多种传感器共同工作，如探针式、电容式、电感式、力学传感器、雷达传感器、光电传感器等，用它们来探测环境，对机器人的位置、姿态、速度和系统内部状态等进行监控，感知机器人所处工作环境的静态和动态信息，使得机器人相应的工作顺序和操作内容能自然地适应工作环境的变化，有效地获取内外部信息。在自主移动机器人导航中，无论是局部实时避障还是全局规划，都需要精确知道机器人或障碍物的当前状态及位置，以完成导航、避障及路径规划等任务，这就是机器人的定位问题。比较成熟的定位系统可分为被动式传感器系统和主动式传感器系统。被动式传感器系统通过码盘、加速度传感器、陀螺仪、多普勒速度传感器等感知机器人自身运动状态，经过累积计算得到定位信息。主动式传感器系统通过包括超声传感器、红外传感器、激光测距仪以及视频摄像机等感知机器人外部环境或人为设置的路标，与系统预先设定的模型进行匹配，从而得到当前机器人与环境或路标的相对位置，获得定位信息 [110]。

3.5.3　路径规划

路径规划技术是机器人研究领域的一个重要分支。最优路径规划就是依据某个或某些优化准则（如工作代价最小、行走路线最短、行走时间最短等），在机器人工作空间中找到一条从起始状态到目标状态、可以避开障碍物的最优路径 [110,151]。

路径规划方法大致可以分为*传统方法*和*智能方法*两种。传统路径规划方法主要有以下几种：自由空间法、图搜索法、栅格解耦法、人工势场法。人工势场法是传统算法中较成熟且高效的规划方法，广泛应用于移动机器人中，它通过环境势场模型进行路径规划，但是没有考察路径是否最优，且存在极小点问题 [152]。人工势场法首先由 Khatib 提出，其基本思想是对机器人运行空间人为地定义一个由目标位置的引力场和障碍物的斥力场叠加而成的抽象势场 [153]。传统人工势场定义如下。

假设机器人位置为 $X=(x, y, z)$，则目标位置 X_{goal} 与机器人之间的引力场 $U_{attract}$ 定义为公式（3.3）。

$$U_{\text{att}} = \frac{1}{2} \cdot k_{\text{att}} \left(X - X_{\text{goal}} \right)^2 \tag{3.3}$$

其中，k_{att} 为引力场的增益系数。进一步定义机器人与目标位置之间的引力 F_{attract} 为引力场的负梯度，如公式（3.4）所示。

$$F_{\text{att}} = -\nabla U_{\text{att}} = -k_{\text{att}} \left| X - X_{\text{goal}} \right| \tag{3.4}$$

障碍物 X_0 与机器人之间的斥力场 U_{rep} 定义为公式（3.5）。

$$U_{\text{rep}} = \begin{cases} \frac{1}{2} \cdot k_{\text{rep}} \left(\frac{1}{X - X_0} - \frac{1}{\rho_0} \right)^2, & X - X_0 \leqslant \rho_0 \\ 0, & X - X_0 > \rho_0 \end{cases} \tag{3.5}$$

类似地，障碍物与机器人之间的斥力 F_{rep} 定义为斥力场的负梯度 $F_{\text{rep}}(X) = -\nabla U_{\text{rep}}$，如公式（3.6）。

$$F_{\text{rep}}(X) = \begin{cases} k_{\text{rep}} \left(\frac{1}{X - X_0} - \frac{1}{\rho_0} \right) \frac{1}{(X - X_0)^2} \frac{\partial (X - X_0)}{\partial X}, & X - X_0 \leqslant \rho_0 \\ 0, & X - X_0 > \rho_0 \end{cases} \tag{3.6}$$

两式中，k_{rep} 为斥力场的增益系数，ρ_0 为障碍物的影响距离。机器人在环境中的总势场为引力场和斥力场的叠加，即 $U_{\text{total}} = U_{\text{att}} + U_{\text{rep}}$。人工势场对机器人的作用力 $F_{\text{total}} = F_{\text{att}} + F_{\text{rep}}$。

人工势场法虽然简单易用，但实际应用中经常出现障碍物在目标位置附近的情况，使机器人陷入局部最小点状态 [151]。传统的栅格法、自由空间等方法在路径搜索效率及路径优化方面都存在局限性，有待于进一步改善。

智能路径规划方法是将遗传算法、模糊逻辑以及神经网络等人工智能方法应用到路径规划中，以提高机器人路径规划的避障精度，加快规划速度，改进传统路径规划算法的局限性，满足实际应用的需要。其中应用较多的算法主要有蚁群算法、模糊方法、神经网络、遗传算法、Q 学习及混合算法等，这些方法在障碍物环境已知或未知情况下都已取得一定的研究成果 [152,154-155]。

3.5.4 智能控制

随着人们对机器人高速、高精度要求的不断提高，整个机器人系统对其控制部分的要求也越来越高 [156]。智能控制是人工智能和控制相结合而产生的一种控制方法 [157]。1965 年，傅京孙（K.S.Fu）教授首次提出了基于符号操作和逻辑推理的启发式规则，并成功应用于学习控制系统[158]。1967年，Leondes和Mendel首次使用了“智能控制”这一名词。

机器人控制广义上讲，包括路径规划、任务规划和运动控制三个方面。用于机器人的智能控制技术主要包括神经网络技术、模糊控制技术及智能控制技术融合（模糊控制和变结构控制的融合；神经网络和变结构控制的融合；模糊控制和神经网络控制的融合；智能融合技术还包括基于遗传算法的模糊控制方法）等[110,159]。

1. 机器人的模糊控制

模糊控制（fuzzy control）是以模糊集理论、模糊控制逻辑推理和模糊语言变量为基础的一种智能控制方法。该方法的研究对象一般为难以准确建立数学模型的系统，通过模拟人的思维行为方式，展开模糊推理和模糊决策，来实现对研究对象的智能控制。模糊控制的理论基础是模糊集合论、模糊逻辑推理和模糊语言变量，结合相关先验知识和专家的经验作为其控制规则[160]。英国学者E.H.Mamdani在1974年首次成功地将模糊集理论运用于工业锅炉的过程控制之中[161]，并于20世纪80年代初又将模糊控制引入机器人的控制[162]。被控对象是一个具有两个旋转关节的操作臂，每个关节由直流电动机驱动。关节的实际转角通过测速发电机由A/D转换电路获得，其角速度通过SOC的记忆存储器编程来实现。其主要是对操作臂模糊控制系统分别进行阶跃响应测试和跟踪控制试验，结果证明模糊控制方案具有可行性和优越性[156]。

Lin C M等在模糊控制器结构的基础上，引入PI调节机制来达到对阶跃输入的快速响应和消除隐态误差的效果。通过相平面上对两种不同区域的启发性分类，可得到一组简单的模糊规则，从而简化了模糊规则库和算法，使最终的控制器易于实现。该控制方案通过在改进的两臂两连杆机械手（two-arm two-link manipulator）上的仿真实验验证了算法的有效性[163]。

邓辉等人提出了一种基于模糊聚类和滑模控制的模糊逆模型控制方法，并将其应用于动力学方程未知的机械手轨迹控制；采用C均值聚类算法构造两关节机械手的高木–关野（T-S）模糊模型，并由此构造模糊系统的逆模型。在提出的模糊逆模型控制结构中，离散时间滑模控制和时延控制用于补偿模糊建模误差和外扰动，保证系统全局稳定性，并改善其动态和稳态性能。系统稳定性和轨迹误差的收敛性通过稳定性定理得到证明[164]。

2. 神经网络控制

神经网络的研究始于20世纪60年代，并在20世纪80年代得到快速的发展，被广泛用于不确定性和非线性的机器人系统控制中[165]。神经网络在控制应用上具有以下特点：能够充分逼近任意复杂的非线性系统；能够学习与适应不确定系统的动态特性；有很强的鲁棒性和容错性等。而机器人系统恰恰是一个典型的多输入多输出的非线性系统，具有时变性、强耦合和非线性的动力学特征，且存在严重的不确定性，一方面模型存在不确定性，另一方面模型结构或参数可能在较大范围内变化。因此，神经网络能够很好地解决机器人完成复杂任务的控制问题[45]。

早在 1975 年，J. S. Albus 提出了一种基于人脑记忆和神经肌肉控制模型的机器人关节控制方法，即 CMCA（Cerebella Model Controller Articulation）法，用于求解机械手的关节运动[166]。该方法以数学模块为基础，采用查表方式产生一个以离散状态输入为响应的输出矢量。CMCA 被广泛应用于机器人控制中，如 Miller 等将其用于 PUMA 机器人实时动态轨迹跟踪控制，并将其跟踪精度提高百分之一的数量级[167]。

BP 神经网络是 1986 年由 Rumelhart D E 和 Mcclelland J L 提出的多层前馈网的反向传播算法，该网络不依赖模型，只要有足够多的隐层和隐节点，就可逼近任意的映射关系[168]。BP 网络可实现机器人手眼协调控制，在机器人轨迹跟踪、避障控制和运动控制中都得到广泛应用[169–171]。

3. 智能控制技术融合

无论是模糊控制还是神经网络都有其自身的局限性，如机器人模糊控制中的规则库如果很庞大，推理过程的时间就会过长；如果规则库很简单，控制的精确性又会受到限制；无论是模糊控制还是变结构控制，抖振现象都会存在，这将给控制带来严重的影响；神经网络的隐层数量和隐层内神经元数的合理确定仍是目前神经网络在控制方面所遇到的问题，另外神经网络易陷于局部极小值等问题[110]。将各种技术进行融合以克服自身局限，是解决复杂机器人控制问题的一个有效途径。

模糊控制和变结构控制的融合。在模糊变结构控制器（Fuzzy Variable Structure Controller，FVSC）中，许多学者把变结构框架中的每个参数或是细节采用模糊系统来逼近或推理。金耀初等引入模糊规则来动态预测和估计系统中的不确定量，提出一种模糊变结构设计方法，具有较强的鲁棒性和优良的跟踪性能，且可消除颤动现象，并应用于机器人控制中[172]。常玲芳等通过将非线性系统化为多个精确 T-S 模型来建立非线性系统精确的 T-S 模糊模型，将模糊理论与成熟的线性变结构控制理论相结合，设计出一种模糊变结构控制器，提出了使全局模糊模型稳定的充分条件，并用 Lyapunov 稳定性理论证明该控制器能确保模糊动态模型全局渐近稳定，从而使非线性系统稳定。仿真结果表明了该设计方法的有效性[173]。

神经网络和变结构控制的融合。神经网络和变结构控制的融合一般称为 NNVSC。实现融合的途径一般是利用神经网络来近似模拟非线性系统的滑动运动，采用变结构的思想对神经网络的控制律进行增强鲁棒性的设计，这样就可避开学习达到一定的精度后神经网络收敛速度变慢的不利影响。经过仿真实验证明该方法有很好的控制效果 [174]。但是由于变结构控制的存在，系统会出现力矩抖振 [156]。

模糊控制和神经网络控制的融合。一般称为模糊神经网络（fuzzified neural network）或神经网络模糊控制器（neuro-fuzzy controller）。美国学者 B.Kosko 于 1992 年在其著作《Neural Networks and Fuzzy Systems》中提出将模糊系统和人工神经网络相结合对控制对象进行控制 [175]。模糊系统和神经网络都属于一种数值化和非数学模型函数估计器的信息处理方法，它们以一种不精确的方式处理不精确的信息。模糊控制引入了隶属度的概念，即规则数值化，从而可直接处理结构化知识；神经网络则需要大量的训练数据，通过自学习过程，借助并行分布结构来估计输入与输出间的映射关系。利用模糊控制的思维推理功能来补充神经网络的神经元之间连接结构的相对任意性，以神经网络强有力的学习功能来对模糊控制的各有关环节进行训练 [156]，二者相互补充，彼此依赖，实现机器人高精度、自适应、自学习的控制策略。

3.5.5　人机接口技术

当环境中存在大量不确定因素时，仅依靠传感技术和机器感知，机器人无法正确识别环境，同时机器智能和独立决策能力有限（即使机器人可以独立完成，也由于缺乏对环境的适应能力而并不实用 [110]），需要在人的参与或协调下才能完成环境的正确识别和决策的正常执行 [176]。因此，设计良好的人机接口就成为智能机器人研究的重点问题之一。

人机接口技术研究如何使人方便、自然地与计算机交流。机器人除了需要友好的、灵活方便的人机界面之外，还要求能够看懂文字、听懂语言、说话表达，甚至能够进行不同语言之间的翻译，而这些功能的实现又依赖于知识表示方法的研究。人机接口技术已经取得了显著成果，如文字识别、语音合成与识别、图像识别与处理、机器翻译等技术已经开始实用化 [177]。人机接口装置和交互技术、监控技术、远程操作技术、通信技术等也是人机接口技术的重要组成部分，其中远程操作技术是一个重要的研究方向 [178]。

在面对动态的、非机构化的环境和复杂任务时，机器人需要有人的参与和协调，很多学者提出了“以人为中心”的机器人系统（Human-Centered Robotics，HCR），强调机器人能感知环境和人的需求，与人之间是一种合作关系 [176]。HCR 人机接口作为人与机器人之间交流信息、进行对话的媒介，是人操作、控制机器人的操作控制设备（Operational Control Unit，OCU），要求由特殊输入设备来获取人的控制意图。HCR 和可穿戴计算机（Wearable Computing，WearComp）有很多共通之处，包括头部安装设备（Head Mounted Device，HMD）、数据手套、3D 跟踪及各类触觉设备都被开发出来以用于虚拟现实或机器人远程操控 [179]。图 3.36a 为一种叫作 CASIMIRO 的感知型用户接口（Perceptual User Interface，PUI），可感知用户声音、面部表情、眼神、动作等行为，可实现机器人与人之间的交流 [180]。《神经工程学》杂志上报道了一个实验，研究人员戴上一种特殊的“帽子”（见图 3.36b），就可以利用思维来直接控制直升机航模，其躲避障碍物的成功率高达 90%，这是脑 – 机接口技术的典型案例 [181]。脑 – 机接口技术可以拓展机器人的应用场景，在救援、抢险等任务中延伸人类的肢体功能。

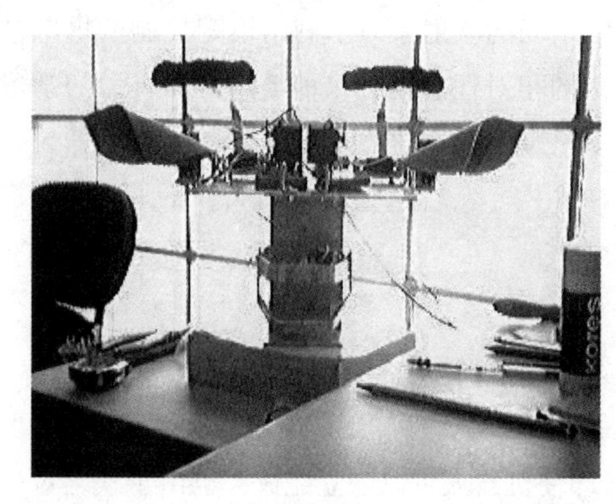

a）CASIMIRO

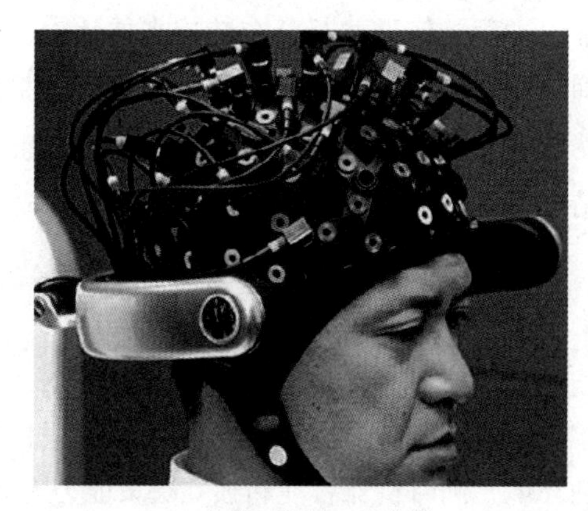

b）脑 – 机接口穿戴器

图 3.36 脑 – 机接口示例

脑 – 机接口（Brain-Computer Interface，BCI）由加州大学洛杉矶分校的 Jacques Vidal 首次提出，并用于控制光标在二维空间的位置 [182]。随着脑 – 机接口设备的便携化和智能化，脑电信号作为外围设备驱动信号与服务型机器人连接，成为研究和应用的热点。脑 – 机接口技术是涉及神经科学、信号检测、信息处理、模式识别等多领域的交叉学科，建立脑电信号与计算机之间的直接联系，通过对驱动源信号解码与重新编码，实现对外围设备（机器人）的控制 [183]。张小栋等将脑控技术分为正问题“脑控”和反问题“控脑”两类，这里述及的脑 – 机接口是正问题脑控，即提取人（或动物）脑电信号来控制机器人。其关键在于精确提取和解码脑电图（Electroencephalo-graph，EEG），进而推测大脑的思维活动，并翻译成计算机或其他外围设备能够识别的命令 [184]，其基本模型如图 3.37 所示。

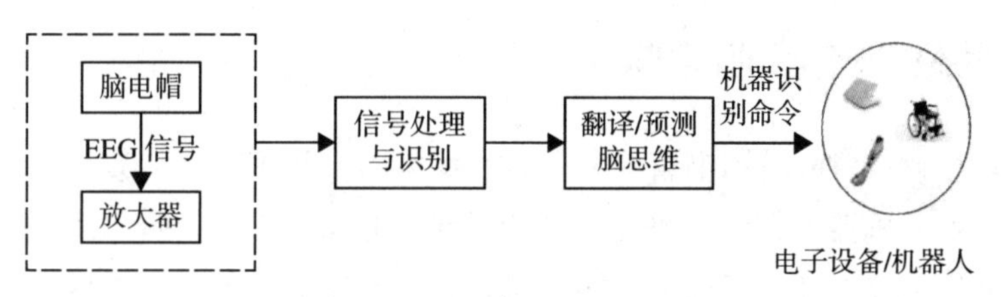

图 3.37 脑 – 机接口技术模型图

由于脑 – 机接口不依赖于正常的外周神经和肌肉组成的输出通路，可以替代部分老人和残障人士因各种原因不具备的语言表达或肢体动作，为他们与机器人之间提供了可能的通信方式，因此在康复机器人中有着广泛应用[185]。如脑 – 机接口控制上肢假肢，如图 3.38a 所示，采用神经网网络实现三种典型手动作模式，识别正确率可达 85%，实现了大脑意念驱动控制[184]。而如图 3.38b 所示的脑控残疾轮椅，可通过提取患者 EEG 特征信号来判断患者的行走意图和要求[186]。赵丽等结合脑 – 机接口技术和机器人技术搭建了一套脑 – 机接口系统，如图 3.38c 所示。通过受试者简单的睁闭眼动作，实时提取其自发脑电中 Alpha 波阻断特征向量，从而实现对 TUT02-B 型服务机器人在 4 个方向运动的控制，控制准确率可达 91%[187]。

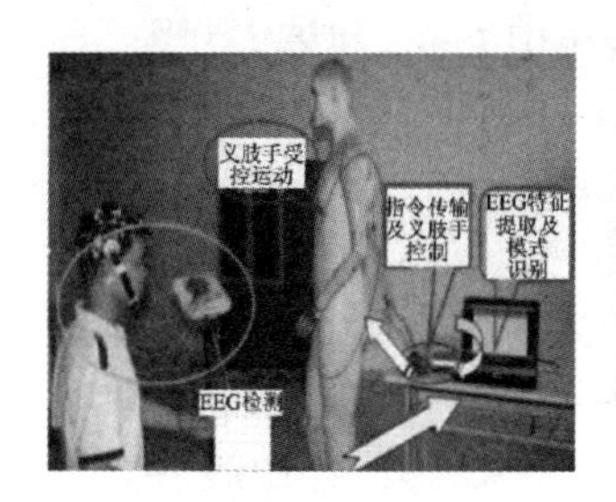

a）脑控上肢假肢

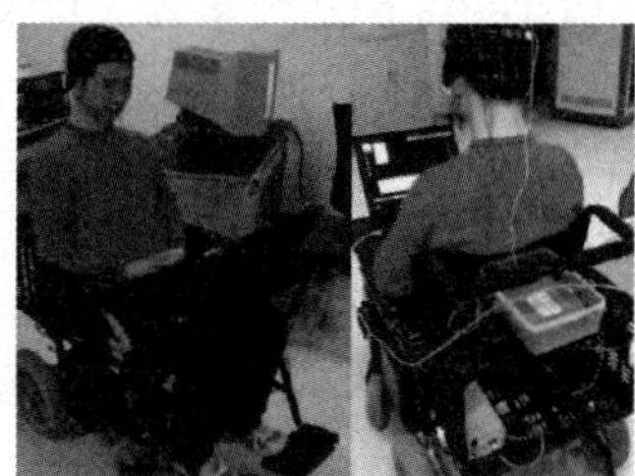

b）脑控残疾轮椅

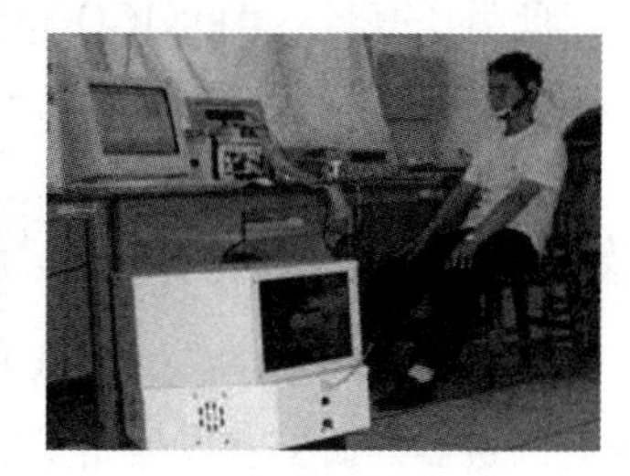

c）意念控制方向

图 3.38 脑机接口在康复机器人中应用

3.6 中国机器人的发展历程

几乎与国际同步，我国于 20 世纪 50 年代开始研制机械手，并用于机械工业的各个行业中[188]。但机器人起步发展却推迟到 20 世纪 70 年代初，要滞后美国将近 20 年。我国机器人发展历程大致上可分为四个阶段⊖：20 世纪 70 年代的萌芽期、20 世纪 80 年代的开发期、20 世纪 90 年代的实用化期和 21 世纪的高速发展期[188-189]。

⊖ 笔者结合陈佩云和曹祥康对我国机器人发展历程的划分，以及自身对 2000 年后我国机器人进入的高速发展阶段的了解。

3.6.1　20 世纪 70 年代萌芽期

1970 年以后国内学者从图书馆外文杂志中零星地了解到机器人技术的出现。1972 年我国开始研制工业机器人，由上海起，接着天津、北京、吉林、哈尔滨、广州、昆明等十几个研究单位和院校开发了固定程序、组合式、液压伺服型通用机器人，并开始了机构学、计算机控制和应用技术的研究 [188]。

1977 年在江苏嘉兴召开了全国性机械手技术交流大会，这是我国第一个以机器人为主题的大型会议 [189]。从嘉兴会议之后，关于机器人技术的学术交流几乎年年不断，也不断加强了国际学术交流。日本的达三郎、花房秀朗、安腾司文等教授陆续来华访问交流，与此同时我国学者也走出国门，到国外进行考察和访问 [189]。

当时开展的机器人研发项目包括：江苏省支持的江苏省机械研究所喷涂机器人的开发；南京市支持的南京机械研究所搬运机器人的开发；军工部门支持的华东工学院填弹机器人的开发；哈尔滨工业大学在地方支持下的焊接机器人的开发；四川省支持的汽车顶喷机器人的开发；广东省以应用牵动研发的电风扇喷涂用机器人应用示范工程开发等。第一批在各地引入的机器人主要是教学机器人以及日本大日机工株式会社的 PT 型机器人，此后还有日本 TOKICO 和挪威 Traffa 的喷涂机器人以及美国 Puma 机器人 [189]。

3.6.2　20 世纪 80 年代开发期

在推动我国机器人快速发展方面，不得不提到蒋新松院士，如图 3.39 所示。蒋先生为我国机器人研究和发展做了巨大贡献，因此被称为“中国机器人之父”。1979 年，他提议将智能海洋机器在海洋中应用，并攻克关键技术，研制出“海人一号”，1985 年首次试航成功。1982 年中科院自动化所在国家科委支持下，开始筹建机器人工程中心，于 1984 年建成，主要开展智能机器人及水下机器人的研发工作 [189]。在他的主持下，20 世纪 80 年代沈阳自动化所先后研制成功了我国第一台工业机器人样机、第一台水下机器人、第一台工业机器人通用控制器等一系列成果 [190]。在他的参与下，《高技术研究发展纲要》（“863 计划”）中设立了智能机器人和 CIMS 两个主题组，为我国机器人技术研究、开发和应用奠定了基础 [189]。

蒋新松院士为早期机器人普及工作也做出了贡献。他于 1979 年 8 月作为中国科学院机器人与人工智能考察组一员赴日本进行学术考察，先后参观和考察了日本通产省工业技术电子技术综合研究所、机械技术研究所、东京大学、东京工业大学等 18 个单位，对日本机器人技术发展状况做了了解 [191]。回国后，他撰写了《机器人与人工智能考察报告（一）》和《日本机器人与人工智能考察报告（二）》两篇报告，对当时日本机器人研究和产业发展做了详细介绍 [191]，同时也对机器人关键技术（如上肢机构及其控制、多关节手控制、主从控制、步行机构及手爪机构及其控制等）做了详细介绍 [192]。同行的陈效肯和刘海波也撰写了《日本机器人与人工智能考察报告（三）》，对机器视觉、人工智能做了详细介绍，同时对我国机器人发展提出了建议 [193]。1987 年，他又发表了《国外机器人的发展及我们的对策研究》，对我国机器人发展提出了建议和对策 [35]。

图 3.39　中国机器人之父——蒋新松院士

沈阳自动化所的机器人工程中心成立后，我国各高校纷纷成立了机器人研究机构，开展机器人技术的基础研究和整机开发工作。1983 年 12 月在广州成立了中国机械工程学会工业机器人专业委员会，1985 年 9 月在沈阳成立了中国自动化学会机器人专业委员会。这两个专业委员会每 1 ～ 2 年举办一次全国性学术交流活动，协助国家主管部门开展有关机器人发展规划的工作，对机器人研发和产业发展起到了促进作用。1987 年 7 月成立了第一届智能机器人主题专家组，开启了我国科技工作者在机器人高技术方面有目的、有计划、有组织的科研攻关 [189]。

在工业应用方面，“七五”期间，由机电部主持，中央各部委、中科院及地方几十所科研院所和大学参与下，对工业机器人基础技术、基础元器件和整机进行研发，完成了示教再现工业机器人成套技术的研发，研制出喷涂、弧焊、点焊和搬运等作业机器人整机。工程应用方面，第二汽车厂建立了第一条采用国产机器人的生产线——东风系列驾驶室多品种混流机器人喷涂生产线，同时编制了我国工业机器人标准体系的十二项国标、行标[188]。

除了工业机器人，20 世纪 80 年代我国学者也及时跟踪了国外智能机器人技术；人才培养方面，由于国家的投入吸引了 160 多家单位从事机器人及其相关技术的研究。到 20 世纪 80 年代后期，形成了京津、东北、华东和华南等机器人技术发达地区和十几家优势单位，培养了一支 2000 多人的机器人应用队伍，造就了一批机器人专家[188]。

3.6.3 20 世纪 90 年代实用化期

进入 20 世纪 90 年代，在改革开放与市场经济的推动下，国家“863 计划”确定了特种机器人与工业机器人及其应用工程并重，以应用带动关键技术和基础研究的发展方针，使一批机器人技术走向世界前列[194]。

在国家“863 计划”的支持下，国防科技大学研制出我国第一台两足步行机器人——先行者。1994 年，沈阳自动化所在完成 1000m 水下无缆自治机器人研制后，与俄罗斯开展合作，成功研制了 6000m 水下无缆自治机器人并实现了工程化；1995 年和 1997 年，在夏威夷东南太平洋 5800m 水深处进行了两次探测试验，实现了海底录像、摄影、海底地势与水文测量等，使我国成为世界上少数几个具有深海探测能力的国家[194]。沈阳自动化所在 20 世纪 90 年代取得了一系列其他成果，包括 1992 年第一次将国产 AGV 应用于柔性生产线，1993 年成立了机器人技术国家工程研究中心，1995 年开发了国内首台四自由度焊接机器人并投入应用[190]。

工业机器人方面，在“八五”末期（1995 年）国家选择以焊接机器人的工程应用为重点进行开发研究，到 2000 年基本掌握了焊接机器人应用工程成套开发技术、关键设备制造、工程配套、现场运行等技术[188]。九五期间，完成了焊接机器人、装配机器人及 AGV 等产品的小批量生产及工程应用，包括一汽集团汽车自动焊接线，嘉陵、金城、三水摩托车焊接线，以及自动码头、小型电器自动装配线等 100 多项机器人示范应用工程[195]。到 1996 年，焊接机器人已得到广泛应用，我国使用焊接机器人进行生产的工厂大约有 70 家，全国安装焊接机器人达 500 台。1999 年，北京机械工业自动化研究所机器人中心研制的 AW-600 型弧焊机器人工作站和由“一汽”集团、哈尔滨工业大学和沈阳自动化所研制的 HT-100A 型点焊机器人标志着我国焊接机器人已经开始走向实用化[196]。

到 2000 年，通过实施一批机器人应用工程，形成了一批机器人产业化基地，为我国机器人高速发展奠定了基础。尽管中国的工业机器人产业仍在不断的进步中，但与国际同行相比，差距依旧明显。从市场占有率来说，更无法相提并论。对于工业机器人的很多核心技术，当前我们尚未掌握，这是影响我国机器人产业发展的一个重要瓶颈㊀。

3.6.4　21 世纪高速发展期

“十五”期间，国家“863 计划”机器人技术主题重点支持了水下载人潜器、危险作业机器人、医疗机器人、仿人仿生机器人及面向电子、汽车等重点行业的自动化生产线设备。进入 2010 年，随着互联网产业在中国的迅速发展以及中国经济的快速发展，机器人技术及产业在中国得到迅速发展，在工业机器人广泛应用的基础上，各类服务型机器人成为主要增长点。

自动化生产线。济南二机床公司开发出三条面向汽车行业的冲压生产线（1000T-2000T)，在机电一体自动压力机的设计和制造方面填补了国内空白。其为荣成华泰汽车有限公司提供的机器人自动化冲压生产线于 2008 年投入使用，是国内第一条自主研发、制造和集成的大型压力机机器人自动化生产线，如图 3.40a 所示 [197]。该生产线的压力机部分由一台多连杆 2000t 和三台 1000t 压力机组成，自动化送料系统采用六轴冲压专用机器人。

深水潜水器。2002 年科技部“863 计划”组启动“蛟龙号”载人深潜器的自行设计、自主集成研制工作，在全国几十家单位精诚合作和努力下攻克了大直径高压钛合金球壳设计与制造技术 [133]，最终于 2009 年实现 7000m 级海试成功，如图 3.40b 所示。2012 年 6 月，“蛟龙号”在马里亚纳海沟创造了下潜 7062 米的中国载人深潜纪录，成为我国载人深潜发展历程中的一个重要里程碑。

a）济南二机自动化冲压生产线㊁

b）“蛟龙号”深潜器㊂

图 3.40　国产生产线和深潜器

㊀ 资料来源：http://robot.ofweek.com/2015-08/ART-8321206-8420-28992788.html。

㊁ 图片来源：http://www.chuandong.com/news/news.aspx?id=9371。

㊂ 图片来源：http://www.comra.org/2014-12/26/content_7471757.htm。

仿生仿人机器人。我国在 2003 年召开了第 214 届“飞行和游动生物力学和仿生应用”和第 220 届“仿生学的科学意义与前沿”两届香山会议来推进仿生学和仿生机器人的发展[38]。在国家自然基金委和科技部“863 计划”支持下，全国各高校都开展了仿生机器人的研究工作。在多足机器人方面，上海交通大学、山东大学、国防科技大学、哈尔滨工业大学等高校均开发了仿生四足步行机器人，其中山东大学开发的液压驱动机器人“ SCalf-1”（见图 3.41a）实现了较为稳定的步态行走[38]。此外，燕山大学、北京航空航天大学、沈阳自动化所等也参与了仿生多足机器人的研制工作。在仿生机器人方面，哈尔滨工程大学开发了两栖仿生机械蟹，南京航空航天大学研制了仿壁虎爬行机器人（见图 3.41b）；沈阳自动化所研制的蛇形机器人（见图 3.41c）可实现蜿蜒运动、翻滚运动、伸缩运动和侧向运动，实现了水陆两栖[38]。北京航空航天大学和沈阳自动化所开展了水下仿生机器人及其协调控制、机器鱼等方面的研究工作[133]。仿人机器人方面研究在前文有详细介绍。

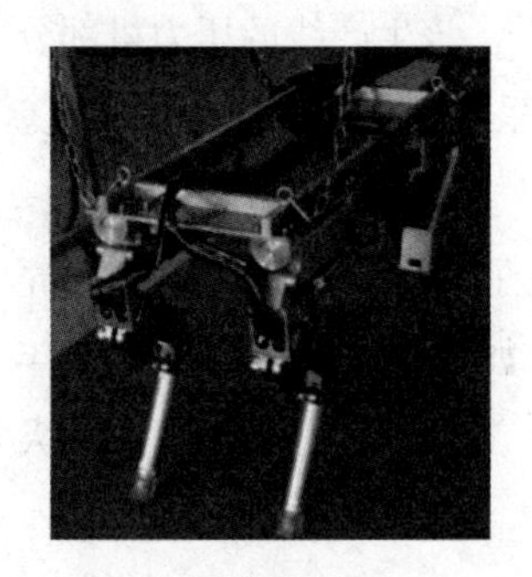

a）SCalf-1

b）仿壁虎机器人

c）蛇形机器人

图 3.41 国内仿生机器人研究

特种机器人。济南山川机器人公司研制出国内第一台 10kV 配电作业机器人样机及配套作业工具，并应用于天津供电局[133]。“9 · 11 事件”后，为适应安全和反恐需求，“863 计划”专门设置了反恐防暴机器人项目，同时开发了立体反恐体系，为北京 2008 年奥运会和 2010 年上海世博会的安保工作提供了技术支撑[133]。同时，清华大学研制了大型水电站的焊接机器人[198]，中科院开发出应用于核电站的反应堆水下异物打捞机器人[199]，沈阳自动化所与广州卫富机器人公司研制了“灵蜥”系列反恐排爆机器人[200]，以及其他各类特种机器人都被研制和应用，详见 4.4 节。

医疗机器人。在“十五”期间，机器人技术主题组织国内优势单位研究开发了微创检测机器人、微创外科手术机器人、外科手术机器人、康复辅助机器人、CT、核磁共振和超声设备等关键技术。海军总医院和北京航空航天大学机器人研究所联合攻关研发了机器人无框架定位手术系统，从 2001 年开始共实施手术 1000 余例。2003 年 8 月首次在北京通过异地遥控机器人为沈阳一位患者实施了脑内血肿排空手术 [133]。同时，在计算机辅助肝癌微波消融术、微创穿刺手术机器人关键技术、骨科辅助机器人等方面都取得了部分研究成果 [201]。2008 年 12 月国家自然基金委组织召开了第 36 期双清学术研讨会，重点讨论微创手术机器人及器械基础理论与关键技术，北京航空航天大学王田苗教授、清华大学陈恳教授、中南大学湘雅三院朱晒红教授、日本国立香川大学郭书祥教授、天津大学王树新教授等都做了相关学术报告，推动了机械工程、计算技术与临床医学等学科之间的交叉融合。国内医疗机器人具体情况详见 4.3.2 节。

国产机器人企业。2014 年，中国已成为全球第一大工业机器人市场，随之而来大量优秀的机器人企业涌现。沈阳新松、埃斯顿为代表的机器人引领我国机器人的高速发展。国内典型的工业机器人公司如表 3.2 所示㊀。此外，还有配天集团、广州启帆工业机器人有限公司、北京新时代科技股份有限公司、上海图灵智造机器人有限公司、博实自动化设备有限公司、青岛海尔机器人有限公司、智通机器人系统有限公司、海尔哈工大机器人技术有限公司等 [195]。2010 年后，许多传统机械制造企业和新兴 IT 企业也加入机器人的研发和生产中，开展各类特种、服务和智能机器人的研发和制造工作。

2015 年，国务院下发《中国制造 2025》战略规划，确定十大领域，其中“高档数控机床和机器人”居第二；随后发布的《机器人产业“十三五”发展规划》以及各地陆续出台的相关扶持政策，营造了机器人产业发展的良好环境。经过 40 年发展（尤其是近 10 年），机器人产业集聚初具规模，工业机器人产业在珠三角、长三角、中西部和环渤海地区纷纷部署建设产业园，重庆、深圳、上海、武汉、天津等地区都将工业机器人产业作为当地重点发展项目，2014 年我国国产机器人厂家已超过 800 家，工业机器人产业园已经激增至近 40 个（IFR），到“十三五”末，我国机器人产业集群产值有望突破千亿元 [202]。

表 3.2　国内典型工业机器人企业

公司名称	地点	主要产品
沈阳新松机器人自动化股份有限公司	沈阳	工业机器人、洁净（真空）机器人、移动机器人等
埃斯顿自动化公司	南京	Delta 和 Scara 工业机器人系列
安徽埃夫特智能装备有限公司	合肥	面向各领域的自动化装备产线
华中数控股份有限公司	武汉	自动化生产线及机器人控制器、伺服电机等核心基础零部件
广州数控设备有限公司	广州	工业机器人整机、减速器等部件
上海新时达机器人有限公司	上海	引进德国机器人技术

㊀ 资料来源：http://robot.ofweek.com/2018-05/ART-8321202-8470-30228696.html。

3.7 本章小结

内容总结

本章概述了自20世纪50年代至今的机器人应用和发展，并按照时间顺序以三代机器人为主线回溯了示教型工业机器人、感知型机器人和智能型机器人的发展历史，并介绍了各代发展中的典型机器人。大致上，20世纪50～70年代是工业机器人发展的辉煌期，70～90年代是感知型机器人发展的关键期，自20世纪90年代至未来一段时间是智能型机器人发展的时期。从1959年第一个工业机器人诞生至今，由示教型向智能型发展，但示教型工业机器人今天依然在发展，而感知型和智能型也从20世纪60年代就开始成为科学界追逐的研究热点。三代机器人从时间界限上看并不明显，只是研究和应用目标不同。机器人半个世纪的发展就是机器的进化史，第一代是“机器+人的动作”，第二代是“机器+人的感觉”，第三代是“机器+人的智慧”。而未来机器人也将向着“人”的属性靠近，具备人的更加复杂的功能，诸如感情、道德等。

无论从人类最初幻想还是科学家视角来看，制造机器人就是为了制造像“人”一样的机器。因此，具有人类感知能力和决策功能是机器人应该具备的基本能力。然而，在技术发展的过程中，最早应用于工程的机器人却是能够“听命”或“顺从”人类指令的工业机器人。工业机器人仅是人类意图的一种机器表达，笔者认为严格说还是机器，而不是机器人。当然机器人也并非是制造一种完全具有人的功能的机器，而是探索具有人类某一功能的机器。从这个层面理解，我们就能够很自然地接受感知型和智能型机器人的发展，它们都是人类体力、脑力或情感功能在人体之外的延伸。

本书仅按编年体方式记述机器人发展的事件，尚不能够全方位展示其发展路径。进入21世纪，研究热点转向服务型机器人，但很多技术也被移植到工业机器人中，使工业机器人应用更为成熟，领域更为宽泛。从国别看，按时间顺序记述现代机器人发展几乎可看作美国机器人发展的历程，尽管日本机器人产业占据重要地位，但技术最先进、应用领域最全面的机器人拥有者当属美国。而进入2010年后，世界机器人格局发生了急剧变化，中国逐步成为机器人工业的第一市场，其研究水平和应用程度都对全球机器人发展产生影响。

本章最后介绍了智能机器人（严格地说并不是智能机器人，而应该是机器人）所需要的关键技术及其所涉及的学科。试想，真正具有“智能”的机器人出现后，完全可退化成为具有某一特殊功能的工业机器人，或者代替控制系统去操控某些工业机器人（或工具）来完成既定任务。

问题思考

- 可以说美国是现代机器人诞生的摇篮，并且见证了第一、二、三代机器人发展的全部历程，至今世界上先进机器人依然为美国所有。试思考是什么动力推动了美国机器人研究和工程应用的不断创新？
- 请结合自己的认识，进一步阐述示教型、感知型和智能型三代机器人之间的主要特点和区别。举例说明你所见到或者听闻的三类机器人，并简单描述其功能。
- 机器人涉及机构学、计算机科学、神经科学、材料科学、生命科学、传感技术、通信技术、人工智能技术等多个学科，甚至在应用中还涉及管理科学、伦理学等，是典型的多学科交叉领域。请结合自己所学专业，谈谈你所在领域对机器人发展的影响和机器人在该领域的应用情况。
- 谈谈你对图灵测试的认识，同时也谈谈对人工智能的认识。

第4章

无处不在，我向人回归

历经半个世纪，机器人已经无处不在，它们的应用已不再局限于汽车装配和焊接车间、仓储物流及电子工业生产等工业制造领域中，如今更是化身为陪护父母的儿女、看护儿童的父母、酒店门口的迎宾、银行柜台的出纳、商场里的导购、球场的运动员、舞台上的演员，甚至是围棋高手、专业播音员、航天飞机的维修工等，出现在人类所能触及的各个领域。

在与其他学科、技术融合发展的机器进化过程中，机器人正在走进人类的日常生活，甚至成为人类的替身为人类工作。机器人的功能正在向着服务于人类的方向发展，同时也在应和着偃师造人和道罗斯父子制造机械人偶的初衷，也具备了更多的“人性”。与人类密切接触的机器人，正在回归人类对机器人幻想的初衷，向着“人性”回归。

本章将详细介绍各国的机器人发展战略，并按照行业领域阐述机器人的应用情况。工业机器人已经逐步趋于饱和，而服务机器人则成为新的增长点，并且深入到我们的日常生活中。机器人与人交互的功能越来越强大，与人的亲和力也越来越好。

4.1 全球机器人战略

美国是机器人的诞生地，但由于没有采取正确的策略，因此到 20 世纪 80 年代，美国丧失了大部分市场；尽管如此，其始终保持着技术的领先地位。日本由于重视产业政策，将机器人产业提高到国家产业战略层面，因此形成了完备的机器人产业集群；1987 年，日本就已成为全球最大的工业机器人生产国和出口国，四大机器人公司占 2 席地位，“机器人王国”的称号名副其实。2010 年，美国《商业周刊》杂志推出了全球最先进机器人排行榜 [203]，如表 4.1 所示。由表 4.1 的排名可见美国在先进机器人技术领域有着巨大的优势，而日本则占据着巨大的工业机器人产业优势。2008 年全球金融危机以来，机器人产业受到世界各国的普遍重视。各国针对本国相关产业的发展状况，均提出了机器人发展战略和规划，尤其进入 2010 年以后，机器人产业更是成为各国争夺高端制造业的焦点。

4.1.1 各国机器人战略

美国在 2013 年提出了“从互联网到机器人——美国机器人技术路线图”，日本在 2015 年提出了“机器人新战略”，韩国在 2012 年和 2014 年分别提出了“机器人未来战略”和“智能机器人基本计划”等两个战略计划，欧盟在 2014 年提出了“全球最大的民用机器人研发计划——SPACE”，德国于 2013 年提出了著名的“工业 4.0”实施建议，英国在 2014 年提出了“机器人和自主系统战略 2020（RAS2020）”，法国在 2013 年提出了“法国机器人发展计划”。我国在 2013 年就推出了《关于推进工业机器人产业发展的指导意见》，并于 2015 年在《中国制造 2025》中将机器人与高端数控机床产业和技术列为首位，2016 年又推出了《机器人产业发展规划（2016—2020 年）》，以推进形成较为完善的机器人产业体系。美国、日本、韩国、德国和中国等国家机器人发展战略情况对比如表 4.2 所示[204]。

表 4.1 2010 年全球先进机器人排行榜

排名	产品名	公司	国家
1	大狗（Bigdog）	美国波士顿动力（Boston Dynamics）公司	美国
2	比娜 A48	美国汉森机器人技术（Hanson Robotics）公司	美国
3	Chembot	美国 IRobot 公司、芝加哥大学	美国
4	好奇漫游者	美国国家航空航天局喷气推进实验室	美国
5	Dash	美国加州伯克利分校	美国
6	达·芬奇手术系统	美国直觉外科手术（Intuitive Surgical）公司	美国
7	EMIEW2	日本日立公司	日本
8	Robotic Fly	美国哈佛大学微型机器人实验室	美国
9	家用机器人 HERB	英特尔公司、卡内基梅隆大学	美国
10	HRP-4C	日本国立先进工业科学与技术研究所	美国

表 4.2 五国机器人产业发展战略类型对比

国别	战略定位	产业背景	主要措施	主要目标
美国	技术领先	产业“空心化”，“再工业化”，重构实体经济	重视工业机器人的技术发展，鼓励中小型企业	技术领先世界制造业第一
日本	全面领先	老龄化，劳动人口少，自然灾害频发，新兴国家追赶	推动机器人革命，获取大数据时代的全球化竞争优势	保持“机器人王国”的地位

（续）

国别	战略定位	产业背景	主要措施	主要目标
德国	综合领先	信息技术不强，制造业竞争优势削弱	以“工业4.0”和信息物理系统推动机器人产业的发展	保持制造业强国地位
韩国	产业追赶	国内需求旺盛，国产机器人实力弱	重点发展救灾、医疗、智能工业和家庭等四类机器人	进入机器人强国前三名
中国	全面追赶	发展空间大，自主能力差，严重依赖进口，低水平竞争	实现机器人关键零部件和高端产品的重大突破	完善机器人产业体系，成为世界制造强国

《2017年中国机器人产业发展报告》指出，“预计2017年全球机器人市场规模将达到232亿美元，2012～2017年的平均增长率接近17%，各类机器人市场结构如图4.1所示。其中，工业机器人147亿美元，约占市场总量的63%；服务机器人29亿美元，约占13%；特种机器人56亿美元，约占24%。”从2014年起，我国机器人市场就进入与日本类似的高速增长期。

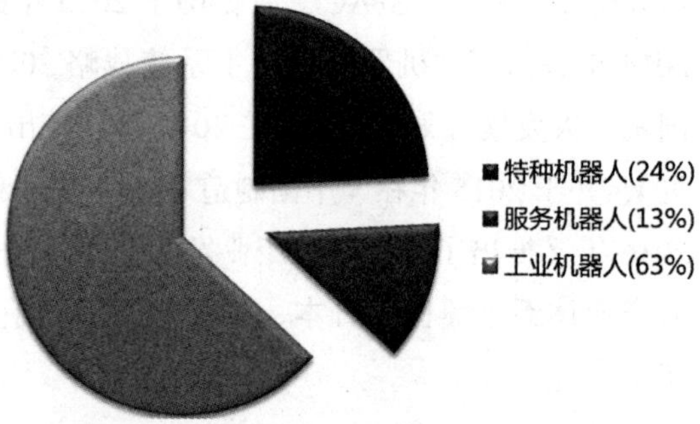

■特种机器人(24%)
■服务机器人(13%)
■工业机器人(63%)

图4.1　2017年全球机器人市场结构

4.1.2 中国机器人市场

2014年6月9日，习近平总书记在两院院士大会的报告中提到，“机器人是制造业皇冠顶端的明珠”，其研发、制造、应用是衡量一个国家科技创新和高端制造业水平的重要标志[205]。为贯彻落实习近平总书记在2014年两院院士大会上的讲话精神，积极推动创新驱动发展战略，由中国科学技术协会、工业和信息化部、北京市人民政府共同举办世界机器人大会（World Robot Conference，WRC），2015年至2018年四届大会打造了我国机器人产业盛会的品牌。历届大会都展出了各种先进的机器人，如图4.2所示。图4.2a为2015年WRC上展出的由哈工大开发的灵巧机械手，图4.2b为2016年WRC上展出的由海尔公司投资并控股的克路德机器人，图4.2c为2017年WRC上展出的北京钢铁侠双足机器人，图4.2d为2018年WRC上展出的由小笨智能推出的服务型机器人。世界机器人大会极大地促进了我国机器人产业的发展，拓展了机器人应用领域的深度和宽度。

2018年，国际数据公司（International Data Corporation，IDC）发布的《全球商用机器人支出指南》显示，中国是全球最大的机器人市场，预计到2021年将占全球总量的34%以上。中国机器人（含无人机）及相关服务的消费额持续高速增长，到2021年将达到 746 亿美元（约合 4720 亿元人民币），2017 年至 2021 年年复合增长率（CAGR）达到 31.9%。我国机器人产业和市场的高速增长，在未来数十年内将极大地改变世界机器人产业的发展和应用格局。

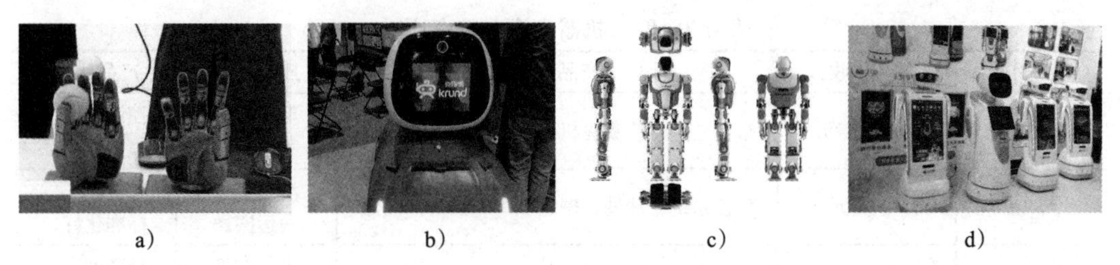

a)　b)　c)　d)

图 4.2　历届世界机器人大会展品

本章旨在介绍工业机器人、服务机器人和特种机器人的当前应用情况，重点阐述工业机器人的市场规模、典型应用场景及机器人产品的特点，以及服务机器人和特种机器人的应用现状及前景。

4.2　工业机器人

自 1961 年 Versatran 和 Unimate 被首次用于搬运作业，至今全球搬运机器人已超过 10 万台，应用最广的是 ABB 公司生产的 IRB4400，其适用于大型重物搬运。经过近 60 年的发展，形成了以瑞士 ABB、德国库卡（KUKA）、日本发那科（FANUC）、日本安川（Yaskawa）为首的四大工业机器人品牌家族，市场占有率合计超过 75%，欧系与日系并肩发展。四大品牌机器人公司的企业特点如表 4.3 所示。从 2014 年的收入来看，四大机器人企业合计收入超过 500 亿美元⊖。四大企业各具特点，均掌握了机器人本体和核心零部件的生产技术，日本的 FANUC 全球销量和业务第一，ABB 机器人整体性能较好，Yaskawa 价格便宜，KUKA 以汽车工业为主要市场，全球汽车工业用机器人市场占有率第一 [206]。

4.2.1　全球工业机器人市场

工业机器人已成为制造业自动化发展的重要标志，其核心部分主要体现在高精度 RV 减速机、高性能交直流伺服电机和驱动器、稳定的实时操作系统 [207] 几个方面。进入

⊖ 表 4.3 的数据来源：国际机器人联合会（IFR）。

2010 年后，工业机器人发展迅猛，应用领域不断拓展，已经覆盖了汽车制造业、造船行业、机电及采矿等，主要用于焊接（31%）、上料 / 下料（15%）、装配（22%）、物料搬运（13%）、喷涂（3%）、冲压（3%）、铸造（3%）及其他制造领域[208-209]。

表 4.3 四大机器人企业特点比较

公司	2014 年收入	产品范围	应用领域	产品优势
ABB	398 亿美元	搬运、焊接、喷涂机器人	电子电气 物流搬运	控制性好 整体性好
FANUC	59 亿美元	数控系统，清洗、搬运点焊、弧焊、喷涂	汽车电子 搬运搬送	质量轻 标准化好
Yaskawa	29 亿美元	伺服电机，点焊、弧焊、喷涂	电子电气 搬运搬送	高精度 高附加值
KUKA	23 亿美元	焊接、码垛、装配、洁净机器人	汽车工业	反应速度快 操作简单

据 IFR 统计显示，2016 年全球工业机器人销售额首次突破 132 亿美元，其中亚洲销售额 76 亿美元，欧洲销售额 26.4 亿美元，北美地区销售额 17.9 亿美元，2012 年到 2020 年机器人销售额预测如图 4.3a 所示。到 2020 年，全球工业机器人销售总额预计可达到 199 亿美元。由图可见，年平均增长率在 2014 年达到 24.2%，在 2018 年以后将以约 10% 的增长率增长。

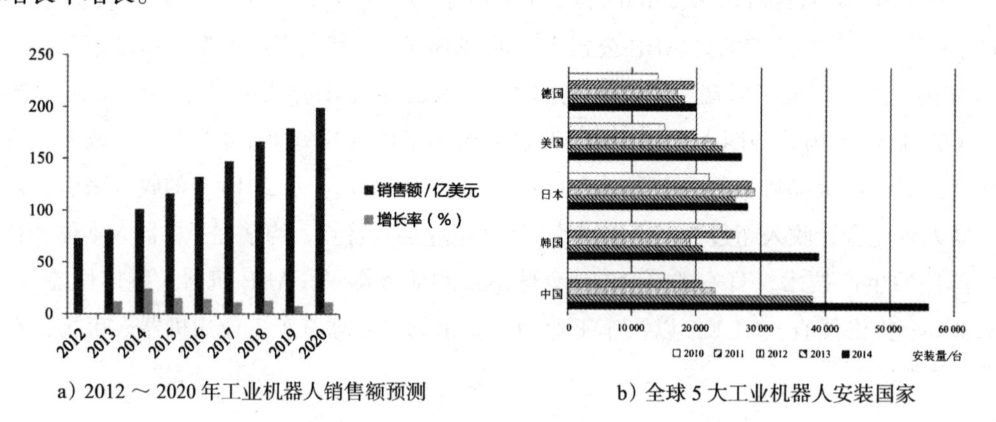

a）2012 ～ 2020 年工业机器人销售额预测　　b）全球 5 大工业机器人安装国家

图 4.3　全球工业机器人销量及使用情况（数据来源：IFR）

中国、韩国、日本、美国和德国等主要国家销售额总计占到了全球总销售额的 3/4，其在 2010 ～ 2014 年间每年使用装机量如图 4.3b 所示。这些国家对工业自动化改造的需求激活了工业机器人市场，也使全球工业机器人的使用密度大幅度提升。在全球制造业领域，工业机器人的使用密度已超过 70 台 / 万人。

1. 国外工业机器人市场

美国是工业机器人的诞生地，其机器人研发的历史最长。《机器人商业评论》公布的 2016 年度全球最具影响力 50 家机器人公司名单中，美国公司占有 24 席，几乎占据了半壁江山，包括 3D Robotics、Amazon、Google、ASI、Carbon Robotics、CANVAS Technology 等，均有着坚实的机器人应用基础与条件 [204]。

日本是“工业机器人王国”，其工业机器人产业链最齐全，产业规模与实力位居全球之首。例如，工业机器人整机方面的知名公司有发那科、安川、松下、川崎等公司。在减速器方面，纳博特斯克（Nabtesco）、哈默纳科（Harmonic）、住友（Sumitomo）等世界知名品牌占据着全球 70% 以上的市场 [210]。日本机器人企业在关节技术、高性能交流伺服电机、高精密减速器、控制器以及高性能驱动器等核心技术和关键零部件方面居世界领先地位，比如其高精密减速器、力传感器等的世界市场份额高达 90%。与之相比，我国的机器人核心零部件大部分依赖于从日本、德国等技术先进国家进口，其中精密减速器的 75% 从日本进口，而这些零部件占到了机器人整体生产成本的 70% 以上 [211]。

在工业机器人领域，德国拥有德国赛威（SEW）、弗兰德（FLENDER）等世界知名减速机公司，并拥有在汽车领域工业机器人全球市场排名第一的德国库卡（KUKA）公司，还有知名机器人集成企业徕斯（REIS）、杜尔（DURR）等，产业实力强 [204]。

韩国是由现代重工从日本发那科引进技术开始研发工业机器人的。韩国的国产工业机器人广泛应用于本国汽车和电子行业，工业机器人密度全球最高（2015 年为 531 台 / 万人，而世界平均水平为 69 台 / 万人），应用市场极其活跃 [204,210]。

2. 国内工业机器人市场

2013 年，我国工业机器人采购量达到 3.65 万台，首次超过日本成为全球最大的工业机器人市场，至 2017 年连续五年保持全球最大的机器人应用市场 [72]。据中国机器人产业联盟（CRIA）与 IFR 联合统计，2015 年，我国工业机器人市场销售继续增长，全年累计销售 68 459 台，同比增长 18%。其中，国产机器人销售 22 257 台，销售同比增长 31.3%，明显高于外资品牌机器人的销量增速。2016 年，我国机器人产业规模首次突破 50 亿美元，机器人出货量达 9 万台，近五年规模增速基本保持在 20% 以上，成为全球机器人产业规模稳定增长的重要力量 [212]。国内从事工业机器人及核心零部件研发、生产及集成服务的知名公司包括新松机器人、新时达、博实股份、汇川技术、秦川机床、广州瑞松等。

我国国产工业机器人以中低端产品为主，主要是搬运和上下料机器人，大多为三轴和四轴机器人；应用于汽车制造、焊接等高端行业领域的六轴或以上工业机器人市场则主要由日本和欧美企业所占据，我国国产六轴工业机器人占全国工业机器人新装机量不足10%[204]。总体上说，我国工业机器人核心零部件主要依靠进口，基础零部件关键技术亟待提高；市场混乱，低层次重复竞争严重。

工业机器人技术正朝着模块化、协同化、网络化、一体化方向发展。美国、欧洲以及日本等国都强调了新型人机合作的重要性，实现机器人融入人的生产工作环境，与人协调配合，使机器人更具智能性、柔顺性、安全性和交互便捷性。

工业机器人迅猛发展，应用领域不断拓展，除了传统的汽车制造业、造船业和采矿业领域，其也应用在服务业中。前面述及的AGV小车，已经从工厂车间拓展应用到物流、码头等行业。本节重点阐述工业机器人在制造业中的应用，综述焊接（喷漆）机器人、搬运机器人、装配机器人、打磨抛光机器人等在各类制造业中的应用情况。

4.2.2 搬运机器人

早期的Verstran和Unimate都是搬运机器人，其大大提高了生产自动化程度和生产效率。搬运机器人在快速高效的物流线中发挥着举足轻重的作用。

1. 串联关节式搬运机器人

用于搬运的串联机器人，一般分为六轴和四轴两类。六轴机器人适用于重物搬运，特别是重型夹具、重型零部件起吊、车身转动等。而四轴机器人则关节数少，运动轨迹接近直线，速度上优势大，因此其适合于高速包装、码垛等工序。ABB公司⊖的IRB 660（见图4.4a）采用四轴设计，承载重量为180kg（高版本可达250kg），工作范围达到3150mm，重复定位精度为0.05mm，落地重量为1650kg，其到达距离较大，可同时负责4条进料输送带、2个货盘料垛、1个滑托板料垛和4条堆垛出料线。IRB 7600六轴机器人（见图4.4b）有效载荷在150～500kg（无手腕时，最大载重可达650kg），最大工作范围为2550～3500mm，重复定位精度为0.08～0.09mm，其适合用于各行业的重载场合，尤其适合用于恶劣生产环境。其大转矩、大惯性、刚性结构和良好的加速性能获得了市场的好评。

川崎重工的MX系列为垂直多关节型六轴机器人，集成了紧凑的外形设计和高手腕力矩的优点。其中MX700N机器人（见图4.5a）最大负载为700kg，水平伸展距离2540mm，垂直伸展距离2839mm，重复定位精度为±0.5mm，最大线速度2000mm/s，

⊖ 机器人资料来源：http://www.abbrobotgbs.com/a/chanpinzhongxin/p1/sizhoujiqiren/2018/0131/145.html。

第 5 轴（手腕）的转矩为 5488N · m。MX700N 下半部转动半径及影响范围都比较小，因此适合在狭窄的空间内一次搬运多个工件以及要以托盘为单位处理的作业。

a）ABB IRB 660

b）ABB IRB 7600

图 4.4 ABB 生产的四轴和六轴机器人

a）川崎 MX700N

b）KUKA KR1000Titan

图 4.5 川崎重工和德国 KUKA 的搬运机器人

图 4.5b 为 KUKA 公司的 KR1000Titan[⊖]重载型机器人，它被载入吉尼斯世界纪录——世界上最强壮的机器人[72]。其水平方向最大工作半径为 3200mm，垂直方向最大工作高度为 5000mm，工作空间可达 $78m^3$，能承受的最大静态力矩为 60 000N · m。KR1000Titan 是专门为重型和大件应用领域开发和设计的，是铸造行业、建筑材料工业及汽车制造工业的宠儿。KR300PA、KR470PA 和 KR700PA 系列是 KUKA 公司推出的堆垛机器人，能够适应客户所需承载能力介于 40 ～ 1300kg 之间的任意堆垛方案。

⊖ Titan 的英文意思为巨人，顾名思义 KR1000Titan 是庞然大物。

2. Delta 并联机器人

伴随自动化生产线的发展，快速抓放性工业机器人的作用日益突出。1985 年，瑞士公司购买了 Clavel 教授提出的空间三自由度 Delta 并联机构（见图 4.6a）的版权，并将其应用到饼干、巧克力等食品产业的分拣、包装工序中[213]。Delta 机器人的特点是采用双动平台结构，实现三维空间内高速、高精度拾放作业，适用于分拣、上下料、装箱和装配作业，在食品、电子行业具有广泛的应用。其中，如图 4.6b 所示由 ADEPT 公司生产的 Quattro 是 Delta 机构的变体，具有四个驱动轴、四个自由度、一个转动自由度、三个方向的平动，实现了与原型相同的运动，此机械手相对以前研发的机械手而言，速度更快，能耗更低，是工业机械手的一个新突破。国内外生产的 Delta 机器人还包括瑞士 ABB 的 IRB 360、FANUC 的 M-1iA/2iA/3iA 型机械手、国内新松 Delta 机械手及阿童木 Delta 机械手等。

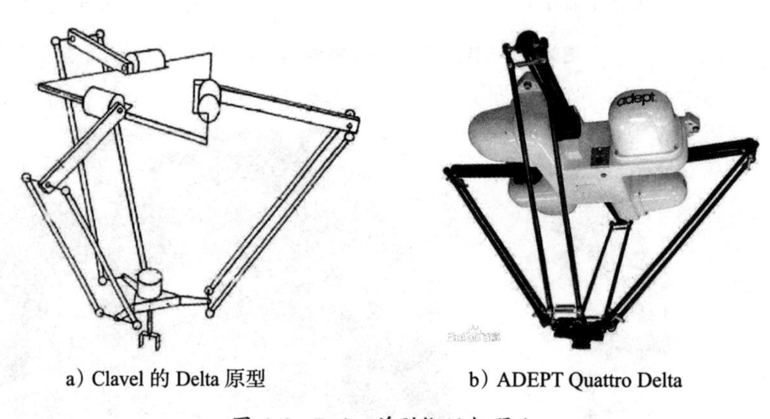

a）Clavel 的 Delta 原型　　b）ADEPT Quattro Delta

图 4.6　Delta 并联搬运机器人

3. AGV 搬运小车

AGV 替代传统人工搬运方式，成为柔性生产线 / 装配线、仓储物流自动化系统的关键环节。AGV 的特点包括自动化程度高、充电自动化、成本控制、灵活性好、可长距离传输[213-214]。许多铸造生产线均采用叉式 AGV 运送物料，中联重科研发下线的 TB20V1 系列 AGV 搬运叉车（见图 4.7a）采用磁条自动导航，可安装在汽车制造仓库里完成上下料工作[215]。一种将工业机械手运动灵活、稳定可靠的特点与 AGV 地面移动灵活、智能程度高的特点结合起来的新型智能搬运机器人[216]（见图 4.7b）可在一定程度上拓展机械手的操作空间，提升 AGV 在仓储自动化领域的应用水平。

工业机器人具有人类难以实现的精密操作和高效率，可承担大重量、大体积、高频率的搬运作业，可适应高危、恶劣的工作环境，因此在搬运、码垛、上下料、装箱、包装和分拣工序中，机器人代替人工是必然趋势。

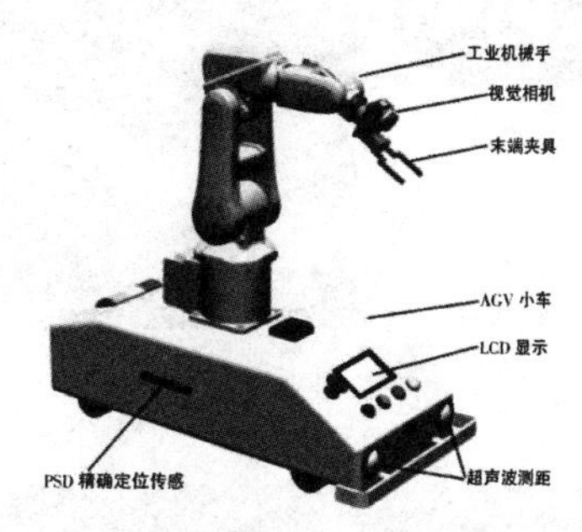

a）中联重科 TB20V1 系列 AGV

b）结合 AGV 的工业机械手

图 4.7　AGV 应用实例

单机器人搬运效率无法满足某些自动化要求较高的场合，因此多机器人协同并行工作，能够更快地执行任务，搬运成本更低。随着传感器技术、计算机视觉、人工智能算法等相关技术的发展，多机器人协同搬运会越来越成熟[217]。

4.2.3　焊接机器人

1. 船舶焊接机器人

船舶制造中有大量焊接工作仍然需要人工作业。以焊接机器人替代人工作业是未来船舶制造的发展方向。由于船体构件体积庞大，因此船舶制造一般需要使用移动焊接机器人。

韩国政府非常重视机器人在造船业中的使用，并成立了海洋机器人研究中心以推进机器人在造船业的应用。韩国大宇造船海洋工程有限公司采用了一种称为 DANDY 的多轴固定焊接机器人对单壳船体进行焊接作业[218]，如图 4.8 所示。DANDY 机器人通过高架天车移动进入工位，但是 DANDY 不能用于双壳船体焊接中，因为高架天车不能进入封闭空间。日本日立造船厂开发了一种 NC 喷漆机器人，可以进入双壳船体内部作业，其由一个自驱动车（self-driving carriage）、拓展托盘（expansible placer）和一个六轴机械手组成，托盘可以将机械手移动到合适的位置，安装在托盘和机械手之间的自驱动车可在平面内移动，但托盘在横向限制了机械手操作，同时机械手太大不能进入 600mm × 800mm 的进人孔。韩国东义大学开发了一款名为 RRX 3 的移动机器人，该机器人可进入封闭空间，进行焊接作业[218]，如图 4.9 所示。

图 4.8 韩国固定焊接机器人 DANDY

图 4.9 RRX 3 机器人

韩国的另一种基于 PDA 示教的船舶移动焊接机器人 Rail Runner 可用于焊接双壳船体 [219]，如图 4.10a 所示。船体结构是一个仅有一个过人孔的封闭结构，烟、有毒气体和高温导致焊接工作环境非常恶劣，需要采用机器人进行焊接。Rail Runner 可在船体结构内部移动，并基于无线通信与机器人通信，以 PDA 实现对机器人示教，如图 4.10b 所示。其优点体现在可进入封闭空间自动工作，避免操作者进入恶劣的工作环境中。

a）自动焊接中

b）PDA 示教

图 4.10 Rail Runner 船舶焊接机器人

船体焊接作业正在从劳动密集型走向自动化，已经成为机器人应用的重要领域。船体焊接现场大规模使用机器人的情况如图 4.11a 所示。图中船体焊接生产线非常复杂，包括若干个六轴机械手、高架天车、各种管线及控制器，可满足船体焊接工艺的复杂要求。

与国外相比，我国船用焊接机器人发展滞后。中国船舶重工集团于 2010 年研制出了国内首套自主研发的船舶分段多功能焊接机器人——杰瑞（JARI），如图 4.11b 所示⊖，其解决了船舶焊接作用空间大、船舶焊缝规则一致性较差、船舶焊接工艺要求复杂等问题[220]。经过五年的改进和发展，JARI 可广泛应用于弧焊、点焊、装配、涂装、搬运、码垛等生产加工领域。但是目前国内造船业机器人依然以引进为主。新时代造船公司的船舶生产线于 2016 年首次引进了 4 套焊接机器人，南通中远川崎船舶工程有限公司、上海江南船舶管业有限公司、中船澄西船舶（广州）有限公司也都引进了焊接生产线，以提高生产效率、降低成本。

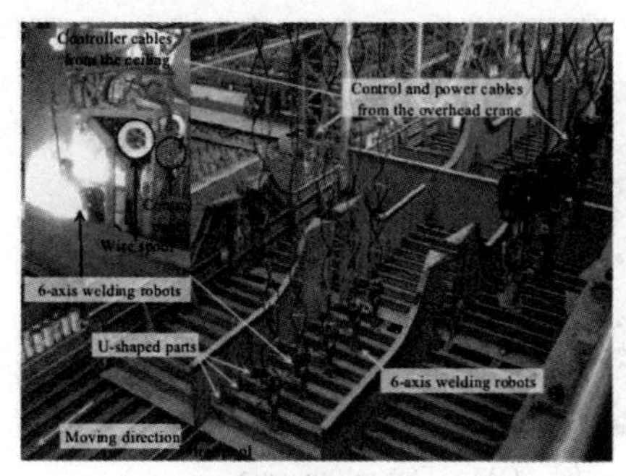

a）船体焊接机器人作业[72]

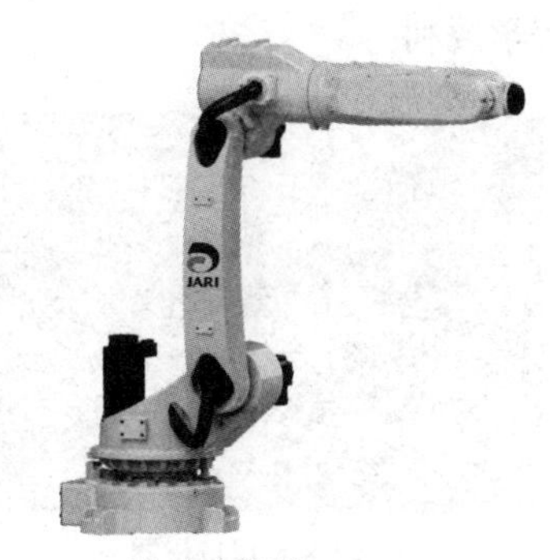

b）自主研发 JARI

图 4.11 船体焊接机器人

2. 白车身焊接机器人

汽车领域以焊装机器人需求最为旺盛。白车身的生产需要在 55 ～ 75 个工位上大批量、快节奏地焊接工序，焊点多达 4000 ～ 5000 个[220]，涉及工艺包括电弧焊、气焊、氩弧焊、点焊、凸焊、缝焊、滚凸焊、CO_2 气体保护焊、钎焊、摩擦焊、电子束焊和激光焊等多种焊接工艺[221]。

对于汽车领域的工业机器人，除了四大家族之外，还有意大利菲亚特克莱斯勒旗下的 COMAU（柯马）、日本的 NACHI（那智不二越）、日本的川崎重工、韩国的现代重工。韩国罗普伺达、阿尔帕也为现代汽车提供机器人，日本有些厂家（如丰田旗下的电装）也有能力自制工业机器人。

KUKA 的业务范围涵盖汽车制造工程的设计与规划、冲压成型模具、冲压自动化连

⊖ 图片来源：http://www.gg-robot.com/asdisp2-65b095fb-54516-.html。

线、机器人柔性包边、白车身焊接线、机器人焊接单元、分总成总装机、汽车总装等各环节。据统计，KUKA 的机器人及焊接设备，在宝马、戴姆勒、奔驰、大众、福特等大型汽车公司机器人的占有率达到了 98% 以上㊀，占据了全球市场的最大份额。图 4.12a 所示的是 KUKA 焊接机器人应用在东风汽车股份有限公司轻型商用车分公司一焊装车间的场景。每 4 台 KUKA 机器人为一小组，从底板到车身再到顶盖，从一块块铁板到一个个成型的轻卡驾驶室外壳，整条焊装生产线上的所有工序，由 22 台焊接机器人独立完成。

意大利 COMAU 公司在多车型混装焊接生产线方面处于领先地位，在白车身领域全球第二。COMAU 研制的主焊接线合装平台可同时生产 4 种以上不同的车型，具有高度柔性化[222]。图 4.12b 所示的 OpenRobogate 的柔性化焊接产线能完成 1 至 6 个车型的任意混流，可实现 60JPH㊁生产，在狭长工位上用 12 个机器人进行焊接，为手工焊接提供人机工程学便利。

a）KUKA 焊接机器人

b）COMAU OpenRobogate

图 4.12　白车身焊接机器人应用

我国在白车身焊接机器人方面与国外的差距较大，各大汽车制造商焊装车间机器人被国外产品垄断，具体情况如表 4.4㊂所示。

表 4.4　国内汽车商焊接机器人供应情况

机器人厂家	中国汽车制造商	特点
ABB	比亚迪（西安）、江淮汽车、吉利汽车集团、大连东风日产、广汽本田、天津长城、长安福特、铁西宝马	• 价格最高 • 关键零件从日本采购 • 软件系统最优
KUKA	北京长安汽车、上海大众（宁波、仪征、南京）、一汽大众（佛山、成都）、北京奔驰、比亚迪腾势电动车、奔驰福州	• 操作简单 • 培训时间短 • 可靠性略低于日系

㊀ 文献来源：http://info.plas.hc360.com/2016/08/251350575303.shtml。

㊁ JPH，汽车领域专门术语，可理解为每小时产量。

㊂ 表格资料来源：http://robot.ofweek.com/2017-08/ART-8321202-8300-30162303_2.html。

（续）

机器人厂家	中国汽车制造商	特点
FANUC	东风御风襄阳、武汉神龙汽车、东风柳州汽车、上海通用（东岳、北盛）、上汽大通、上汽汇众、东风日产、东风本田	• 精度最高 • 过载能力比较差
COMAU	广汽乘用车、杭州广汽、仪征上汽、嘉定上汽、上海通用、沈阳通用、华晨汽车、华泰鄂尔多斯、长春一汽、广汽菲亚特克莱斯勒、芜湖奇瑞、重庆长安、南京汽车	• 性价比最高
川崎	杭州福特、一汽丰田、广汽丰田	• 专为福特、丰田打造 • 通用性略差

4.2.4 装配机器人

装配在整个产品生产周期中分别占总生产时间和总成本的 50% 和 30% 以上，装配机器人可有效提高生产效率，降低产品成本。装配机器人是柔性自动化装配系统的核心设备，由机器人操作机、控制器、末端执行器和传感系统组成。常用的装配机器人主要有可编程通用装配操作手（Programmable Universal Manipulator for Assembly，PUMA）和平面双关节型（SCARA）机器人两种类型。

1. FANUC 装配机器人

FANUC 公司研发的 R-2000iB 六轴工业机器人，机械结构简单且紧凑，控制器 R-30iA 实现了智能化和网络化，可达半径为 2660mm，重复定位精度为 ± 0.2mm，机器人重 1240kg，广泛应用于各种装配场合，图 4.13a 中所示的是 R-2000iB 用于零件搬运和装配中的场景⊖。马丁路德公司采用两台 R-2000iB 组成装配工作台（如图 4.13b 所示），实现了连杆、曲轴、活塞、缸体、缸盖的自动化传输和装配，并借助机器视觉实现零件精确定位，利用力控软件模拟人体触觉，避免工件划伤，极大地提高了产线智能化。2017 年，FANUC 与罗克韦尔自动化在工博会展示了“超越 4.0 FANUC 定制化柔性化装配生产线”，采用工业自动化控制网络领域最前沿的网络和控制技术，图 4.14 为装配线展览现场。

装配机器人也被用于汽车装配领域，如图 4.15a 所示，同时被用于电视机、洗衣机、电冰箱、空调、计算机等各种电器制造领域，图 4.15b 为格力推出的空调装配机器人。机器人甚至还可应用于弹药装配过程，采用两台六自由度防爆机器人作为装配机器人，可以协调完成小型弹药产品的装配，实现弹药装配过程的精密化、自动化和智能化[223]。

⊖ 相关视频见 http://haokan.baidu.com/v?pd=wisenatural&vid=15416028145598893853。

a）R-2000iB 进行零件装配

b）R-2000iB 摩托车装配线

图 4.13 FANUC R-2000iB

a）装配生产线

b）FANUC 机器人

图 4.14 FANUC 定制化、柔性化装配生产线

a）汽车装配机器人

b）格力空调装配机器人

图 4.15 电器行业装配机器人

2. 双臂协调机器人

单臂机器人多适合应用于刚性工件的操作，为了适应装配任务的复杂性、智能性和柔顺性，双臂机器人应运而生[224]。众多学者致力于双臂机器人的运动轨迹规划、双臂协调控制、双臂动力学性能的研究。

2014 年 9 月，ABB 发布了世界首台真正实现人机协作的双臂机器人 YuMi，如图

4.16a 所示。此款双臂机器人具有人性化视觉与触觉功能的设计，能够完美地实现人机协作工作。YuMi 还具有高灵敏度的特点，其双臂极其灵活，臂展能够达到 1.6m，每个手臂均有 7 个轴，可以举起 0.45kg 以内的小物件，因此其适用于各种精密度要求较高的工作，可完成 3C 部件及其他小件的包装、测试等。

Rethink Robotics 推出的双臂协作机器人 Baxter 采用顺应式手臂并具有力度探测功能，能够适应变化的环境，可"感知"异常现象并引导部件就位。Baxter 的解决方案已经非常成熟，其适用于生产线上料、机器操控、包装和材料处理等多种任务[⊖]。

此外，川田工业也推出了配备高速立体视觉摄像头的 Nextage 双臂机器人，可精确定位到 30μm，会使用电动螺丝刀和冲压机等工具，因此其适用于食品、医疗、化妆品及化学产品领域的搬运和装配工序。安川电机的 SCDA5F 双臂机器人可完成生物医药行业的药液加样、涂布、检测等工作。意大利 COMAU 公司推出了双臂拟人机器人 Amico，可自动调节抓取力；川崎的 duAro 轻便灵活，视觉灵敏。Amico 和 duAro 均适用于电子行业的装配、物流处理和拾取作业。NACHI 的双臂协作机器人 MZ04E 能组装智能手机。中空手腕的巧妙电缆排线通过中空结构的手腕，可智能地对机械手电缆进行配线。

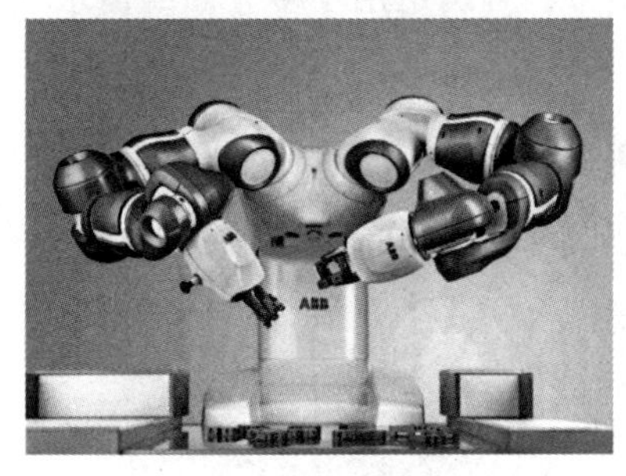

a) ABB YuMi

b) Baxter

图 4.16　ABB 和 Rethink Robotics 双臂机器人

国内新松双臂机器人（见图 4.17a），基于可动仿生双眼视觉系统实现了深度信息和三维重构，可柔性化地实现快速、安全、灵活、精准、高效的旋拧、定位等全套装配工序。

千人计划专家甘中学团队也开发了双臂灵巧机器人，如图 4.17b 所示。该机器人为 18 轴双臂机器人，由两个高精度七自由度手臂和一个四自由度的自主移动平台组成。每个机械手臂重复定位精度可高达到 0.03mm，双臂协同定位精度可达 0.1mm，最大臂展能够达到 850mm。自主移动平台具有 4 个自由度和麦克拉姆轮，可以进行任意方向的移动，其可用在工业生产、航天航空等领域。山思跃立科技有限公司和北京大学智能机械系统

⊖ YuMi 和 Baxter 资料来源：http://www.gg-robot.com/asdisp2-65b095fb-59923-.html。

联合实验室开发的 WEE 双臂协调机器人，通过力控制模式，可完成复杂的接触操作。

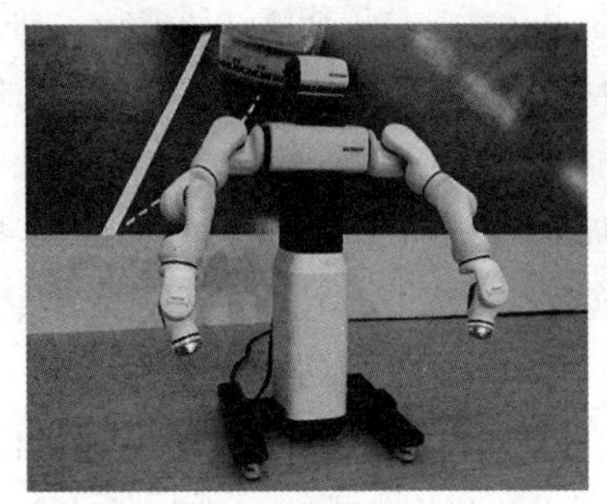

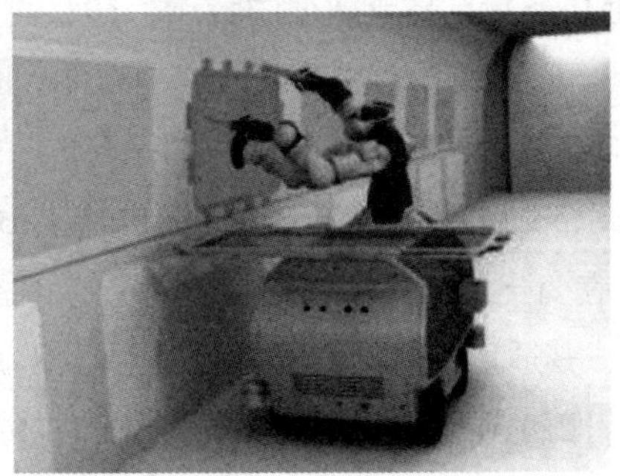

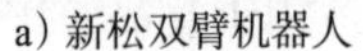

a）新松双臂机器人　　b）甘中学团队机器人

图 4.17　国内双臂机器人

并联机器人在高精度拾放作业方面，不仅可用于搬运，也可用于装配领域。ABB 公司的 IRB 360 并联装配机器人具有速度快、柔性强、跟踪能力好等特点，可广泛应用于装配、拾料和包装等工序。IRB360 系列现包括负载为 1kg、3kg、6kg 和 8kg 以及横向活动范围为 800mm、1130mm 和 1600mm 等多个型号，可满足用户多方面的需求。北京同仁堂引入了 IRB 360 进行自动化分拣包装，如图 4.18 所示[⊖]。

a）分拣过程　　b）检测过程

图 4.18　北京同仁堂引进 IRB 360 并联机器人

3. SCARA 装配机器人

选择顺应性装配机器手臂（Selective Compliance Assembly Robot Arm，SCARA）自 1978 年由牧野洋设计出来之后，就广泛应用于垂直方向的装配任务中[225]。SCARA 系统在 *X*、*Y* 轴方向上具有顺从性，在 *Z* 轴方向具有良好的刚度，特别适合于装配工作。

⊖ 资料来源：http://www.abb-robots.gbsrobot.com/news/index.php?itemid=20720。

爱普生（Epson）公司生产的 SCARA 机械手在齿轮生产上采用新的精密铸造方法，并独创了控制技术，使其成为全球工业用市场占有率最高的制造商 [226]。Epson 推出的 LS 系列 SCARA 机器人及其配套控制器，手臂可达 400mm，重复定位精度达到 ±0.01mm；G 系列 SCARA 机器人臂长更高达 1000mm，速度可达 11 500/s，额定负载可达 10kg，广泛应用于半导体制造和电子工业的装配作业中。2013 年，爱普生推出了 H8 系列 SCARA 机器人，臂长分别为 450mm、550mm 和 650mm，相比 G 系列操作速度快 40%，体重减轻 8kg，其机型体积小、灵活性好㊀，如图 4.19a 所示。而 2018 年爱普生创新大会上展出的 T6 紧凑型 SCARA 机器人（如图 4.19b 所示）因其控制器内置的方式及 I/O 布线的优化，具有结构紧凑、节省空间、安装方便等优势㊁。爱普生以“省、小、精技术”为基础，致力于帮助用户提高工业机器人应用水平，以高速度、高精度、低振动、小型化的产品特性与智能传感技术相结合，妥善处理生产操作及各项流程中的工艺要求，不断巩固和拓展 SCARA 机器人的应用领域和市场占有地位。

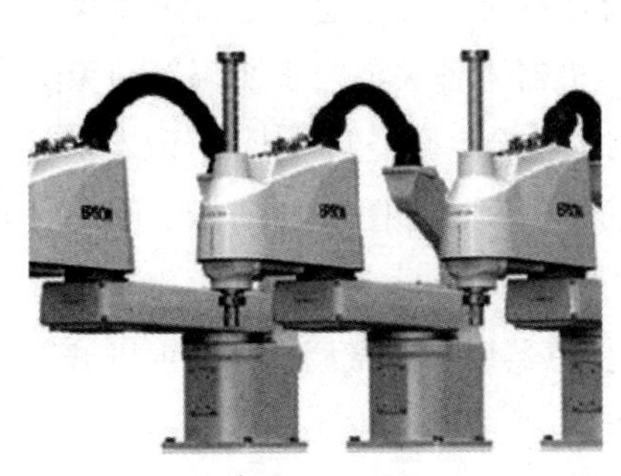

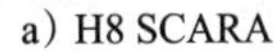
a）H8 SCARA

b）T6 SCARA

图 4.19　Epson SCARA 机器人

此外，ABB、FANUC、Yasakawa、三菱、东芝、KUKA 等机器人公司都有类似的 SCARA 产品。与其他结构的机器人相比，SCARA 的优点在于高速和高精度，可有效提高装配效率和精度。

图 4.20 中所示的是一种可实现装配和拆卸的机器人系统，由一个轮式机器人配置工业机械手，实现零部件的装配与拆卸 [227]。该机器人系统采用同步混合式 Petri 网络（Synchronised Hybrid Petri Nets，SHPN）对自动装配过程进行建模，并在 Labview 平台上开发了相应的控制系统。装拆机器人系统在电子工业、半导体制造方面有着广泛的需求。

㊀ 资料来源：http://www.eepw.com.cn/article/203066.htm。

㊁ 资料来源：http://robot.ofweek.com/2018-03/ART-8321202-8460-30215726.htmlhttp://robot.ofweek.com/2018-03/ART-8321202-8460-30215726.html。

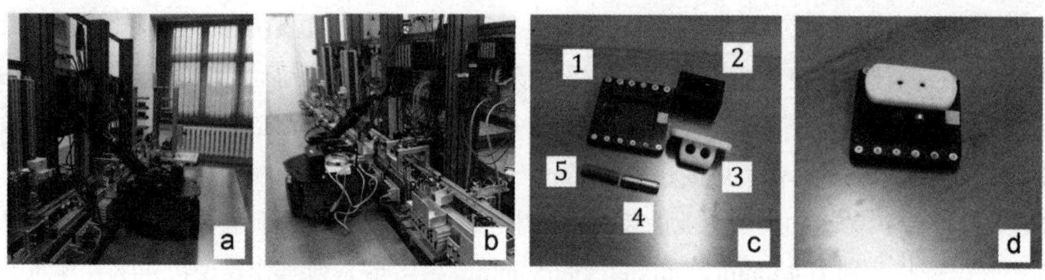

由轮式机器人和5自由度机械手组成，完成五个零部件的组装与拆卸

图 4.20 装配 / 拆卸机器人系统

4. 宏 – 微结合装配机器人

工业装配中某些复杂装配过程存在微装配操作，不但零件夹持困难，而且存在机械手与狭小空间之间矛盾、机器视觉光源遮挡和多机械手动作协调等问题[228]。对于视觉 / 力觉混合伺服控制，当装配机器人末端执行器夹持主动装配件接近甚至接触目标位置的被动装配件时，需要不断调整腕部力传感器信息和视觉定位信息，通过末端执行器精确调整主、被动装配件之间的相对位姿。完全依靠机器人各关节宏观协调运动无法满足这种精确装配要求，需要采用主、被动混合柔顺或主动宏 – 微控制[225]。所谓宏 – 微装配机器人就是在一个大的机械手的末端附加一个小的机械手，如图 4.21 所示。图 4.21 中宏 – 微轴孔装配机器人由六轴串联关节式机械手（宏观操作）和并联微平台（微观操作）构成执行系统，其末端执行器上安装了六维力 / 力矩传感器以用于微调节，宏观机械手通过视觉定位系统反馈信息来实现操作[225]。

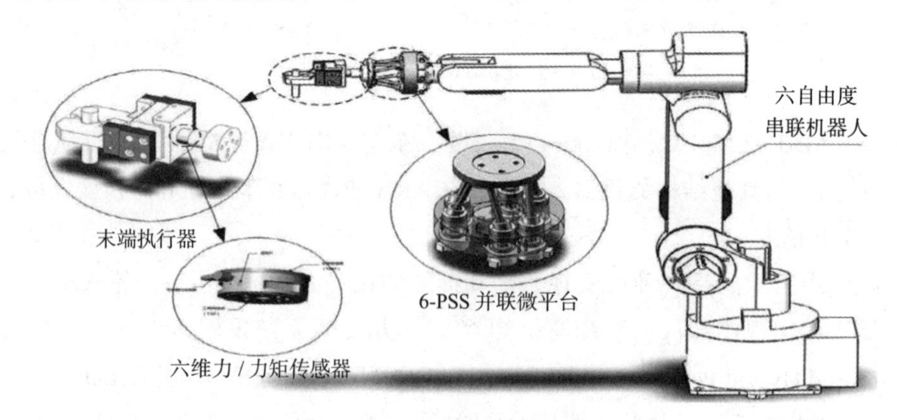

图 4.21 宏 – 微轴孔装配机器人

针对薄环、臂筒组件、薄壁管和细长管等异形零部件（见图 4.22a），一种六机械手微装配机器人系统被设计以实现装配任务[228]，如图 4.22b 所示。每个机械手都由大行程粗

精度的宏动位移模块、小行程高精度的微动模块和末端异型零件夹持器组成，共设计了 5 种异形零件夹持器，整个机器人系统拥有 3 个显微成像镜头，相互垂直布置，构成了多目立体视觉系统，可实现 30mm × 30mm × 30mm 大操作空间内 2μm 精度的在线检测，可实现 ± 9μm 的装配精度。

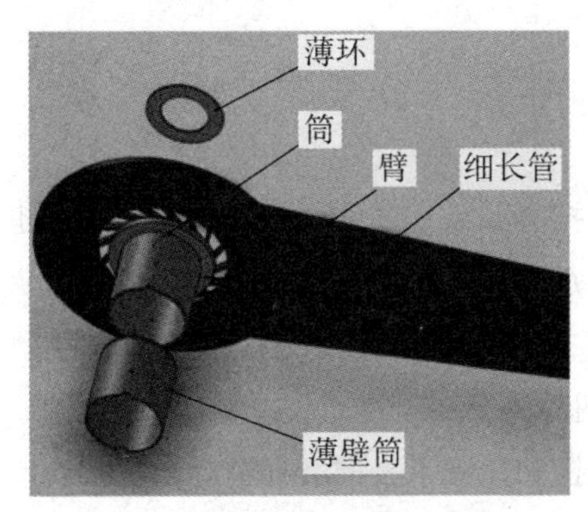

a）异形装配对象

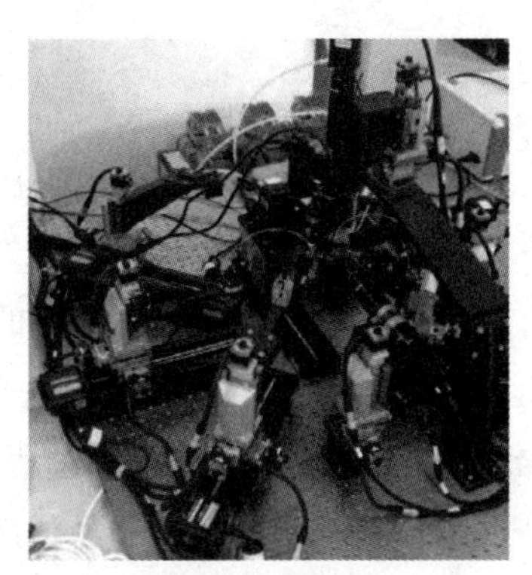

b）宏 – 微装配系统

图 4.22　六机械手宏微装配系统

另一类面向生物医学工程的微操作机器人系统也成为国内外研究的热点。微装配动作复杂、精度要求高，对操作手位置与姿态的调整、末端执行器以及微观世界的感知都提出了高要求 [229]。针对尺度在 300 ～ 600μm 的形状、材质不同的微目标装配操作，陈海鹏等开发了一种微装配机器人系统，该系统由三手协调的微操作手、立体显微视觉系统、微夹钳及控制系统构成 [229]。图 4.23 为系统的微夹钳和装配过程显微图像。微夹钳采用压电陶瓷，适用于操作柱形或锥形的微目标，可根据受力状况来判断是否与目标接触，基于显微镜自动对焦技术，实现了微观图像的反馈，实现了不同形状和形态目标的抓取和释放动作，微零件最小装配精度可达 30μm。

a）压电陶瓷微夹钳

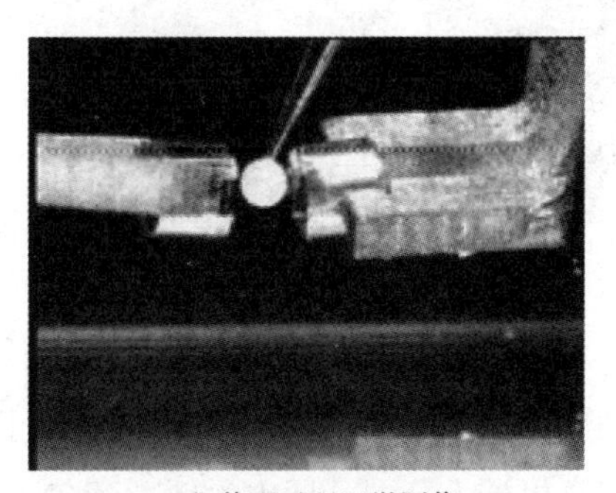

b）装配过程显微图像

图 4.23　微装配机器人实例

在半导体制造工业中，诸多操作都需要高精度的精密操作，因此宏－微结合的机器人系统可有效结合宏动的高效率和微动的高精度，在各类精密装配任务中发挥重要作用。而随着生物医学工程的发展，面向微观操作的机器人将越来越多地参与到微创外科手术、生物工程等领域的研究和应用中。

4.2.5 打磨抛光机器人

机械零部件不断向复杂化、多样化发展，打磨抛光工艺的“机器换人”需求也随之增大。在打磨抛光加工过程中，机器人的工作方式有两种[72]。一种方式是机器人夹持被加工件贴近砂轮、砂带等工具，进行抛光打磨，如图 4.24 所示。图 4.24a 中的工具为砂带，图 4.24b 中的工具为砂轮。磨削过程中，机器人可控制砂带（或砂轮）的速度、张紧力等参数，并采用视觉定位系统和力传感系统探测抛光工具的磨损情况，实现自动调整抛光位置。此种方式可有效保持产品表面质量的一致性，提高加工效率，其主要可用于复杂曲面的抛光作业，实现工件的表面打磨、棱角去毛刺和焊缝打磨等加工工序。

另一种方式则是机器人夹持打磨抛光加工工具贴近工件进行加工，如图 4.25 所示。此种方式由机械手夹持抛光工具，利用机械手的灵活性，实现型腔内部或复杂曲面内部的打磨和抛光。因而需要研发可安装在机械手上的专用抛光工具，同时还可采用智能算法使机器人深度学习抛光工艺，以提升加工质量。

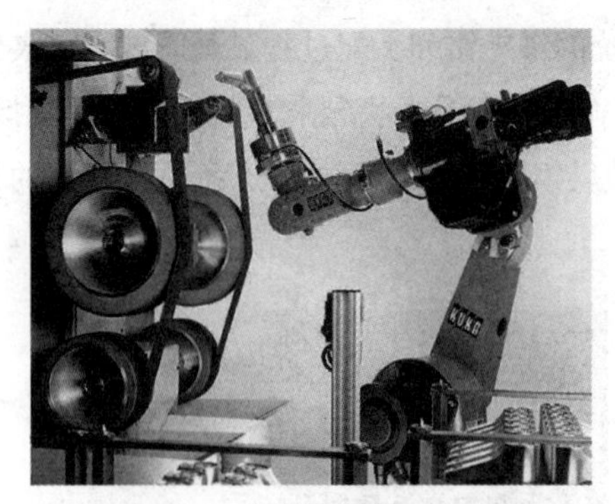

a）靠近砂带

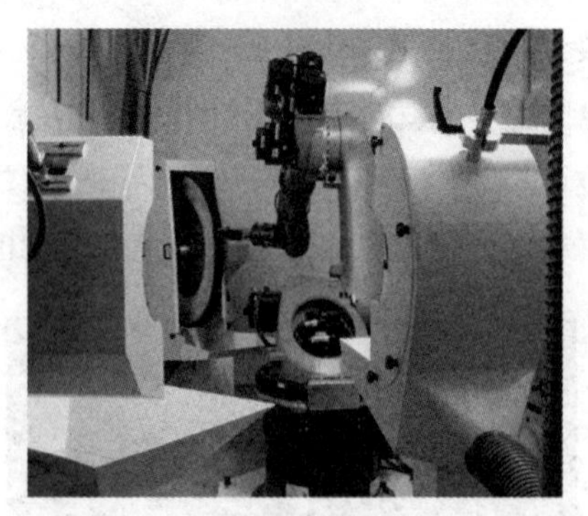

b）靠近砂轮

图 4.24 机器人夹持工件的方式

可供应抛光机器人的机器人制造商包括瑞士 ABB、意大利 Evolut、德国 KUKA 以及日本多家机器人公司，国内无锡斯帝尔（Stial）也提供了柔性抛光打磨机器人工作站。2017 年 12 月 5 日，KUKA 与 3M 公司、FerRobotics 公司，于 3M 上海研发中心举办了联合打磨站揭幕仪式，并发布了全新的自动化研磨机器人，其将 3M 公司在研磨领域的先进科技与制造经验，与德国 KUKA 机器人有限公司、奥地利 FerRobotics 公司的智能自动化技术相结合。

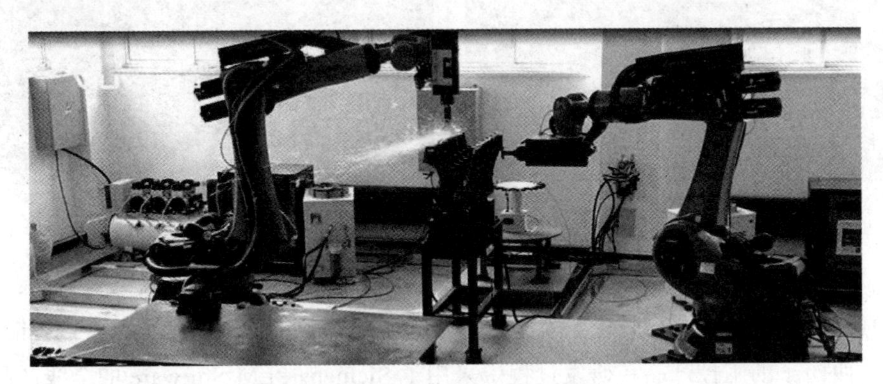

图 4.25　机器人夹持工具的方式

4.2.6　智能化产线

随着“德国工业 4.0”“中国制造 2025”等面向制造业战略的实施，智能工厂的概念正在逐步清晰。工业机器人逐步取代人的过程将人工操作变成自动化操作，更进一步地，多个甚至群体工业机器人共同协调可完成某个产品全部上下料、零部件传输、焊接、加工及打磨抛光等一系列工序，即智能工厂不可缺少的部分——智能化产线。

美的集团在南沙初步构建了智能工厂㊀，工厂包括两条自动化产线，一条是空调内机组装线，另一条是空调外机组装线，如图 4.26a 所示。全厂有 5000 多个传感器，将生产各个环节的实时信息及时反馈到中央控制室，管理人员通过移动终端即可进行操控，如图 4.26b 所示。

不得不说，美的所提出的“智能工厂”概念还具有局限性，实际上就是由工业机器人群体协调组成的智能化产线。两条自动化生产线共有 100 多台机器人和机械臂，完成安放压缩机、拧螺丝、焊接、检测和空调装箱等工序，但生产线旁还有一些工人在作业，因为机器人、机械臂无法完成的精细动作仍需人工来完成。在生产线之间的绿色走道上，有一条窄细的黑色磁性轨道，响着音乐的 AGV 物流小车不时会沿轨道将配件自动传送到需要的工位上。管理人员通过全厂布局的 4G 网络，利用手机、平板电脑等移动终端向物流小车发出配送指令。车间里配备液晶显示看板，能够及时监控生产、高空物流、地面

㊀ 资料来源：http://robot.ofweek.com/2016-01/ART-8321202-8460-29057627.html。

物流等情况。

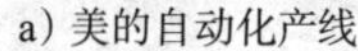

a）美的自动化产线　　b）智能工厂控制室

图 4.26　美的智能工厂

而真正的智能工厂，其概念更为宽泛，西门子成都数字化工厂则更具备“智能工厂”的含义。西门子的工控产品在研发过程中采用了 Siemens PLM Software 的全线产品，包括 Teamcenter、Tecnomatix、NX 等，实现了产品设计数字化、产品仿真、制造过程仿真和产品全生命周期管理⊖。在西门子成都工厂，产品的基础数据存储在 PLM 系统当中，元器件的数据一旦更新，就会自动映射到 ERP 系统当中，更新材料的采购价格，并通过 MES 更新制造过程中的原材料信息。如果某些原材料对应的生产工艺有变化，则也会通过系统之间的无缝集成自动更新。而智能化生产线仅是数字化工厂的一个部分，它通过 MES 与其他过程进行沟通，图 4.27 为西门子成都数字化工厂的柔性产线。

由自动化向数字化，再向智能化发展的过程，是以工业机器人实现自动化加工为前提的。工业机器人除了向专业化、精密化方向发展，也必将向智能化和网络化方向发展，并最终融入智能工厂，成为其不可或缺的一部分。

a）电子组装生产线　　b）柔性混流装配线

图 4.27　西门子成都数字化工厂智能化产线

⊖ 资料来源：http://www.sohu.com/a/146448378_488176。

4.3　服务机器人

据 IFR 统计，2013 年全球专业服务机器人和个人 / 家用服务机器人的销量分别达到了 2.1 万台和 400 万台，市值分别为 35.7 亿美元和 17 亿美元，分别同比增长 4% 和 28%。随着相互学习与共享知识云机器人技术获得重大突破，小型家庭用辅助机器人大幅度降低生产成本，并将在 2020 年之前形成至少累计 416 亿美元的新兴市场；另一方面，虽然残障辅助机器起步缓慢，但可预测其在未来 20 年会得到高速增长。

我国已经成为世界上老年人口数最多的国家。据国家统计局 2017 年公布数据可知，我国 60 周岁及以上人口已达 24 090 万人，占总人口数的 17.3%，其中 65 周岁及以上人口为 15 831 万人，占总人口数的 11.4%，2008 ～ 2017 年 65 周岁及以上人口趋势如图 4.28 所示。当一个国家或地区 65 周岁以上老年人口占人口总数的 7% 时，即意味着这个国家或地区的人口处于老龄化。由以上数据可知，我国老年人口比例严重超标。可以预计的是，由于老年人陪伴、护理、辅助家务、娱乐等需求亟待解决，因此家庭服务、公共服务、医疗康复和医疗手术等类型机器人的需求将会迅速增加。

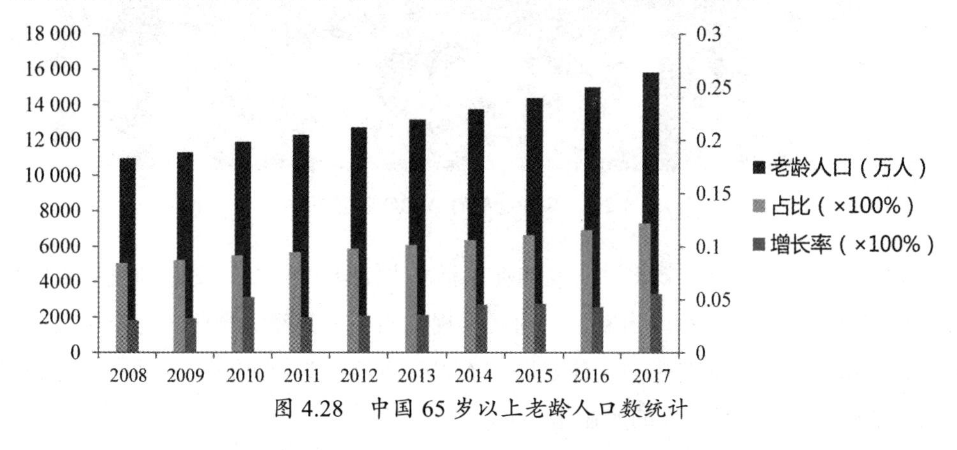

图 4.28　中国 65 岁以上老龄人口数统计

我国服务机器人应用规模增长迅速：2016 年市场规模达到 10.3 亿美元；2017 年达到 13.2 亿美元，其中，家用服务机器人、医疗服务机器人和公共服务机器人市场规模分别为 5.3 亿美元、4.1 亿美元和 3.8 亿美元。据 IFR 估算，到 2020 年，我国服务机器人市场规模有望突破 29 亿美元。

4.3.1　家用服务机器人

家用服务机器人是为人类服务的特种机器人，按照用途可分为家务用途机器人、教育娱乐机器人和安全与看护机器人[230]。家务用途机器人包括如家务助手机器人、烹饪机器人、清洁机器人等；教育娱乐机器人包括如宠物机器人、拟人化伙伴式机器人、儿童教育娱乐机器人等；安全与看护机器人包括如安保机器人、监控机器人、帮助老年人和残疾人独立生活的家庭看护机器人等。

家用服务机器人商业化起步于 1999 年索尼（SONY）公司推出的 AIBO 宠物机器狗，其可以行走、坐立、躺下和乞讨等，图 4.29 展示了不同造型的 AIBO 机器狗。自 1999 年面世，至 2006 年退出市场，2017 年 11 月索尼公司发布了搭载人工智能的新型 AIBO，其可以主动靠近主人并发出有个性的叫声。AIBO 的出现使家用服务机器人逐渐成为研发热点。

图 4.29　不同造型的 AIBO 机器狗

日本在 20 世纪 80 年代就将“研发能在生活中与人类进行友好交互的机器人”作为具有重要社会意义的课题写入国家层面的发展规划当中。其经济产业省为家用服务机器人科技发展做了详尽的战略规划，计划以仿人娱乐机器人为突破口，采用模块化和标准化道路，推进家用服务机器人的产业化。

自 1999 年，索尼公司推出机器宠物狗开始，仿生、拟人一直是日本家用服务机器人的一大特色。2007 年，东京早稻田大学与 20 多个公司合作，花费十几年研制成功仿人机器人“ Twendy-One”，如图 4.30 所示。Twendy-One 高 1.5m、重 111kg，极其灵巧，能实现从烤箱取面包、端盘子等操作。如图 4.31a 所示的是日本东京大学和丰田汽车公司联合开发的家务帮手机器人 AR（Assistant Robot）。AR 接近人类体型，高 1.55m，体重 130kg，依靠车轮移动，会使用洗衣机、送餐、拖地，可帮助承担家务。2014 年，日本软银集团和法国 Aldebaran Robotics 联合推出了全球首款配备情感识别功能的机器人 Pepper，如图 4.31b 所示。Pepper 配备了语音识别技术以及基于表情和声调的情绪识别技术，并可以通过灵活的肢体语言与人进行交流。

图 4.30　Twendy-One 为早稻田大学藤井裕久准备早餐

a）东京大学的 AR

b）软银的 Pepper

图 4.31　AR 和 Pepper 机器人

美国发展家用服务机器人来解决老龄化、医保等社会问题，专用化和产业化是美国家用服务机器人的特色[231]。2002 年，IRobot 公司推出了家用清洁机器人 Roomba，如图 4.32a 所示。Roomba 平衡了价格与成本，广受消费者喜欢，至 2014 年其系列产品销售量超过 1000 万台。Wowwee 公司推出了一款安保机器人 ROVIO，如图 4.32b 所示，它可通过摄像机观看周围环境并互动。同时，美国致力于建立家用服务机器人的统一标准，以推动家用服务机器人的产业化进程。

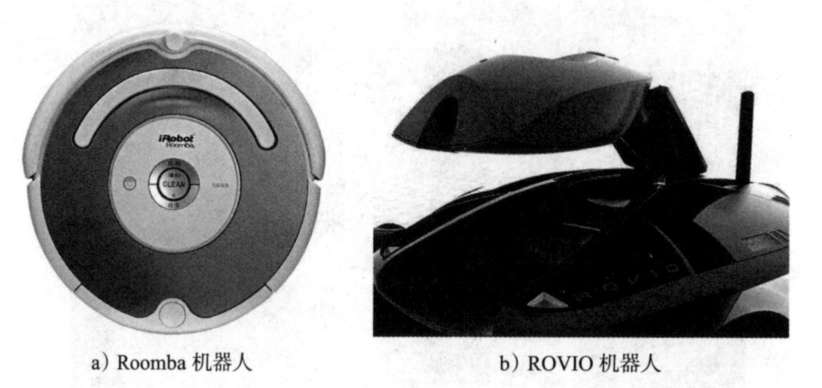

a）Roomba 机器人　　b）ROVIO 机器人

图 4.32　美国推出的实用型家用机器人

韩国将智慧型服务机器人产业定位为 21 世纪推动国家经济快速增长的十大引擎产业之一，2009 年韩国知识经济部发布了《服务型机器人产业发展战略》。韩国机器人发展特色是将服务机器人与网络相结合。2004 年，韩国 SK 电信推出了安保机器人 Mostitech，如图 4.33a 所示。该机器人能在房间里走动，如检测到失火、煤气泄露或有不速之客进入家中等紧急情况，会拍下照片并将信息发送给主人，主人可通过手机或互联网命令机器人对可疑的情况进行调查。如图 4.33b 所示的是韩国 Yujin Robotics 公司推出的 iRobi 机器人。家长通过网络连接 iRobi，借助机器人上的摄像头监看孩子们的活动，也可以通过显示屏与孩子进行交流。另外，iRobi 还会念书和唱歌，是教育孩子的新媒介。

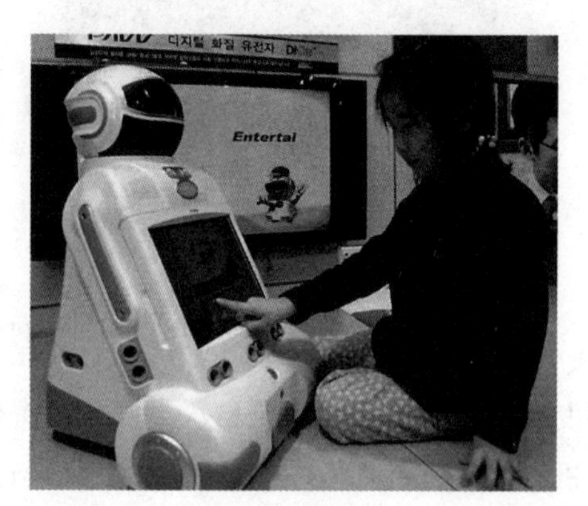

a）Mostitech 机器人　　b）iRobi 机器人

图 4.33　韩国推出的家用服务机器人

与日美等国家相比，我国家用服务机器人起步较晚，并于 2012 年出台了《服务机器人科技发展“十二五”专项规划》。目前服务机器人的消费市场主要分布在经济较为发达的环渤海及长三角、珠三角地区，中部地区和西部地区较少。国内服务机器人产品主要包括扫地机器人、送餐机器人、迎宾机器人、教育机器人和安防机器人等。2013 年科沃斯推出了“地宝”系列智能扫地机器人，如图 4.34a 所示。“地宝”的功能与 IRobot 的 Roomba 功能比较接近，但价格更低廉。同时，科沃斯还推出了“窗宝”系列智能擦窗机器人，如图 4.34b 所示。结合地宝和 UNIBOT 管家机器人，科沃斯还推出了“亲宝”系列，集扫地、安防、教育、娱乐于一体。科沃斯系列产品出口全球三十多个国家和地区。巨大的潜在市场也吸引了小米和百度等国内 IT 巨头在家用服务机器人上发力。小米推出了米家扫地机器人，如图 4.35a 所示；百度推出了小度机器人，并在江苏卫视《最强大脑》亮相（如图 4.35b 所示），它能够自然流畅地与用户进行信息、服务和情感交流，可完成教育、娱乐和情感交流等方面的家庭服务。

a）地宝 DD35

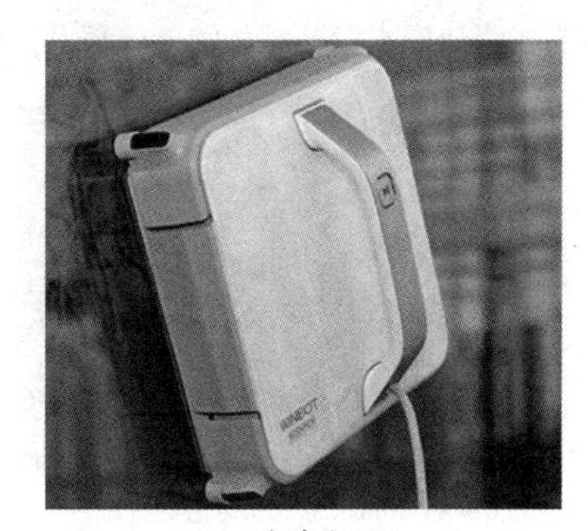

b）窗宝 850

图 4.34　科沃斯推出的扫地和擦玻璃机器人

a）米家扫地机器人

b）小度机器人在最强大脑

图 4.35　小米和百度推出的家庭服务机器人

扫地和擦玻璃这类清洁型机器人不仅可应用于个人家庭，在提高工作效率的基础上更可应用于大型商场。日益增长的光伏发电领域也亟须清洁机器人参与，以用于提高光伏发电的效率，降低发电成本。2013 年，日本的 Mirakikai 公司开发出了一种不需要水就能处理电池板表面灰尘与颗粒清理工作的机器人，如图 4.36a 所示。这款机器人重约 10.9kg，设备对角线长度约 0.56m。该机器人的清洁方法即是采用旋转电刷，每次充电之后可连续工作 2 小时。2014 年，以色列 Kerura Sun 公司展出了 Ecoppia E4 机器人，如图 4.36b 所示。Ecoppia E4 机器人拥有独立的供能系统，被装载在太阳能电池板一旁的移动框架上，能在太阳能板上来回运动。随着我国成为世界上最大的光伏发电国家，对清洁效率更高、智能程度更高的光伏机器人的需求也越来越强烈，如中电博顺在 2017 年推出了高效智能的光伏面板清洁机器人，如图 4.37 所示，并提出了相应的清洁方案。该款机器人安装在电池板一端，沿预制轨道滑行，清洁效率更高。同时，国内诸多光伏发电企业，如中电投集团、中广核集团、国投电力及青海大学、合肥科技大学等也投入研发力量对光伏清洁中水量控制、清洁效率及大规模应用等难点进行攻关。

a）Mirakikai 光伏清洁机器人

b）Ecoppia E4 机器人

图 4.36　光伏面板表面清洁机器人

图 4.37　中电博顺推出的光伏面板清洁机器人系统

根据前瞻产业研究院发布的《服务机器人行业发展前景与投资战略规划分析报告》统计，2016 年全球个人 / 家用服务机器人的销量约为 680 万台，较 2015 年增长 25.93%。2011 ～ 2016 年，全球个人 / 家庭服务机器人年均复合增长率达 20.69%，主要以家政服务（扫地、擦玻璃等）为主，销量份额约 70%，远高于其他类型服务机器人。家用服务机器人的发展趋势趋向于多元化，教育娱乐、公共安全、信息服务、智能家居等将是未来的产业化热点[232]。

4.3.2　医疗服务机器人市场

医疗服务机器人技术是集医学、生物力学、机械学、材料学、计算机图形学、计算机视觉、机器人学等诸多学科为一体的新型交叉领域[233]。根据应用场合，医疗服务机器人分为手术机器人、康复机器人、救援机器人、护理机器人和转运机器人等。其中，救援、护理和转运等均为辅助医疗过程，一般通过改造工业机器人（尤其是移动机器人），来完成医疗过程中（或特殊救援环境中）药品、人员及食物的搬运工作。外科手术和治疗型康复机器人越来越多地应用于临床中，成为研究和应用的热点。

美国市场研究咨询机构 Transparency Market Research 公司的最新报告认为，全球医疗机器人市场在 2010 年就已达到了 40.93 亿美元，2012 ～ 2018 年的复合年均增长率将高达 12.6%。尽管北美市场在 2013 年的全球市场中仍然一枝独大（占比 48.0%），但亚太地区 2014 ～ 2020 年的 CAGR㊀被定为 15%，显著高于其他地区，被认为是增长最快的市场。2016 年，手术机器人的市场销售金额达到 40 亿美元，预计 2021 年将达到 200 亿美元。

根据研究机构 GCiS 在 2016 年的调查报告可知，2016 年中国医疗机器人市场价值为 7.91 亿元人民币，比 2015 年增长了 34.4%。到 2021 年医疗机器人的价值预计至少会增长到 22%。从外科手术到康复护理，机器人将全方位改造中国医疗护理产业。

4.3.3　外科手术机器人

外科手术机器人最早报道于 1985 年，Kwoh 等利用 Puma 200 工业机器人完成了脑部重物活组织穿刺针的导向定位[234]；1989 年英国皇家学院机器人研究中心利用改进的六自由度 Puma 机器人实施了前列腺手术[235]。

专用外科机器人出现于 20 世纪 80 年代后期，1987 年美国 ISS 公司推出了 NeuroMate 机器人系统，并于 1999 年获得美国 FDA 认证[236]。1988 年加利福尼亚大学的 Davis 和 MB

㊀ CAGR，Compound Annual Growth Rate，表示复合年均增长率。

公司合作改进了 SCARA 机器人，开发出了第一台骨科手术机器人。1991 年，ISS 公司推出了第一个商用化的骨科手术机器人 RoboDoc，并于 1992 年完成了第一例全髋置换手术。1994 年，第一个商业化外科手术机器人是由美国 Computer Motion 公司研制的伊索机器人（AESOP），并于 1997 年在比利时布鲁塞尔 St Pierrre 医院完成了第一例腹腔镜手术——胆囊切除术。1998 年，Computer Motion 公司推出了 Zeus（宙斯）系统，Intuitive Surgical 公司研制出了 da Vinci（达・芬奇）系统，endoVia 公司研制出了 Laprotek 系统，均获得了成功。进入 21 世纪，外科手术机器人呈现小型化、模块化的趋势。1999 年，Dario 等利用微型机器人改进常规结肠镜检查术[237]；2001 年，Mazor 公司开发出了脊柱外科机器人 SpineAssit，高度不足 70mm，质量小于 200g，并获得了 FDA 认证[238]。同时各类穿刺微创手术机器人也得到了深入研究[239]。

与传统腹腔镜微创手术相比，微创外科手术机器人具有图像稳定、操作灵活、运动分辨率高等优点，并且能在狭小的腹腔空间内进行精细的手术操作，极大地拓展了外科医生的手术能力，并能为医生提供舒适的手术环境，利用网络资源实现全球医疗资源共享。因此，机器人微创外科手术成为未来外科手术的主要发展趋势[240-241]。目前，已经商业化并被 FDA 批准应用于临床的外科手术机器人主要有伊索、达・芬奇和宙斯，而 da Vinci 和 Zeus 已成为应用最为广泛的两大远程医疗机器人系统。

1. 达・芬奇微创外科手术机器人

达・芬奇微创外科手术机器人于 2000 年被 FDA 批准应用于临床外科的机器人系统，它由美国直觉外科（Intuitive Surgical）公司制造，适合用于普腹外科、泌尿外科、心血管外科、胸心外科、妇科、五官科、小儿外科等，由外科医生远程操作，拥有三维成像、触觉反馈和远距离操控等功能。该机器人高 1.8m、重 500kg，由医师卧式操作控制台、立式机械手术臂、轮式标准仪器柜等三大部分组成，如图 4.38 所示，图中未展示轮式标准仪器柜。目前应用于临床的是第二代达・芬奇手术机器人（da Vinci S，2005）和第三代达・芬奇手术机器人（da Vinci Si，2008）。第一代达・芬奇手术机器人（da Vinci Standard，2000）已被淘汰。2014 年推出了第四代达・芬奇手术机器人系统。

达・芬奇机器人系统的核心技术包括[242]：① 3DHD 高清手术视觉系统，可为医生提供 6 ～ 10 倍的三维高清手术视野和逼真的手术现场沉浸感；② EndoWrist 仿真机械手，具有 7 个自由度，包括臂关节上下、前后、左右运动与机械手的左右、旋转、开合、末端关节弯曲共 7 种动作，可满足抓持、钳夹、缝合等各项手术操作要求，也可满足胸心外科、普腹外科、泌尿外科、妇产科等各种手术的操作需求；③ Intuitive 直觉运动控制技术，实现眼－手协调、手－机械手端实时同步，并可消除主刀医生生理颤抖，使远程操作更加稳定精细。

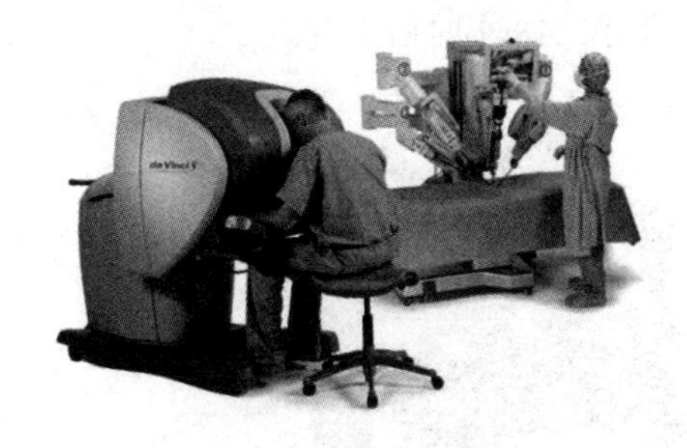

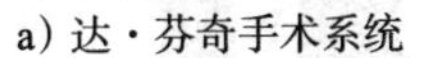

a）达·芬奇手术系统

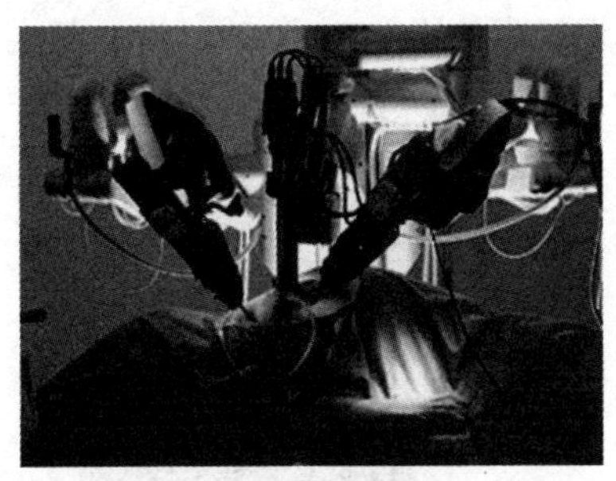

b）腹腔手术过程中

图 4.38　达·芬奇微创外科手术机器人系统

截至 2013 年，达·芬奇机器人系统装机总数为 2710 台。其中，美国 1957 台（占 72.2%）、欧洲 430 台（占 15.9%）、亚洲 220 台（其中，中国香港 8 台）（占 8.1%）、其他地区 103 台（占 3.8%）。2011 年，全球各国完成达·芬奇机器人手术共计为 36 万例，2012 年为 45 万例，年手术量同比增长 25%[243]。截至 2016 年 6 月 30 日，达·芬奇系统全球累计安装 3745 台，其中美国有 2474 台，美国之外地区有 1271 台；全球完成达·芬奇手术 300 万例，其中 2015 年全球共 65.2 万例，全球范围内增长幅度大约为 16%[⊖]。

2007 年 1 月 25 日我国解放军总医院心血管外科高长青首次运用达·芬奇机器人系统为一名女患者完成了心脏病手术。2008 年解放军总医院引进了第一台 da Vinci S 机器人外科手术系统。2010 年 1 月中国微创机器人心脏外科培训中心正式成立，以解放军总医院、第二炮兵总医院、上海复旦大学附属中山医院为代表，在心胸外科、肝胆胰腺等领域应用达·芬奇机器人系统实施微创外科手术。到 2013 年该培训中心共实施 500 例达·芬奇心脏手术。截至 2012 年年底，中国大陆（港澳台除外）配备达·芬奇手术机器人的医院有 14 家，共安装达·芬奇机器人外科手术系统 15 台。这些医院在 2011 年完成了各类达·芬奇机器人手术 808 例，2012 年完成了 1546 例，年手术量同比增长 91.3%。截至 2012 年年底，国内历年累计完成达·芬奇机器人手术 3551 例，涵盖普外科、泌尿外科、心血管外科、胸外科、妇产科、五官科等各学科多种手术方式[243]。

2. 宙斯机器人手术系统

宙斯机器人手术系统由美籍华裔王友仑于 1998 年在美国摩星有限公司研发成功，并在 2001 年实施了一次横跨大西洋的机器人辅助远程手术。2001 年 9 月 7 日，法国医师

⊖ 资料来源：https://www.sohu.com/a/138519903_162818。

MD. Jacques Marescax 在纽约西奈山医院，通过大西洋海底光缆远程操纵在法国东部斯特拉斯堡大学医院的 Zeus 机器人（如图 4.39 所示）的 3 条机械臂，为一位 68 岁的法国妇女做胆囊切除术，用时 54 分钟，术后病人情况良好，48 小时后出院。

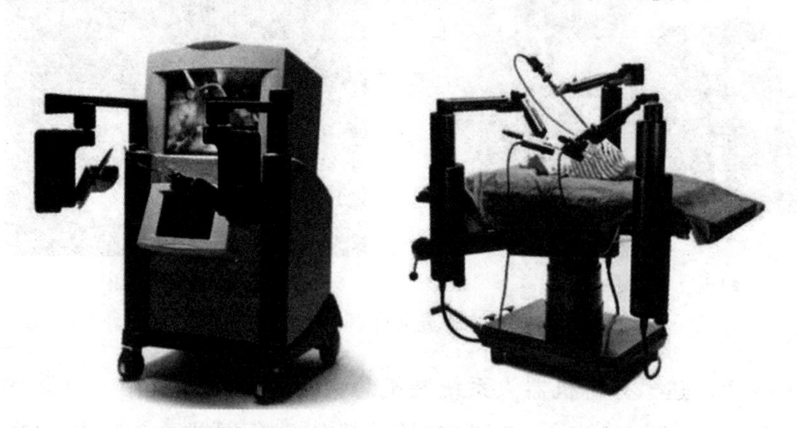

图 4.39　宙斯机器人辅助医疗系统

宙斯机器人系统主要包括伊索（Aesop）声控内窥镜定位器、赫米斯（Hermes）声控中心、宙斯（Zeus）机器人手术系统（左右机械臂、术者操作控制台、视讯控制台）和苏格拉底（Socrates）远程合作系统等部分[242]。宙斯机器人监控手术画面能够放大 15 ～ 20 倍，可以模拟医师的手部动作，实现抛掷、推动、紧握等动作，使医生可从 5 ～ 8cm 的小切口进入病人体内进行微创手术。

2004 年 4 月，我国深圳市人民医院引进了宙斯机器人手术系统，并完成了国内第一例宙斯辅助胆囊切除术[244]和宙斯辅助心脏搭桥术，截至 2006 年 12 月，利用宙斯系统完成的手术达 89 例。

4.3.4　国产医疗机器人

“黎元”机器人系统是在“863 计划”支持下由北京航空航天大学、海军总医院和清华大学合作，于 2001 年研发成功的面向神经外科立体定向手术的机器人辅助系统。它由 BH600 医疗机器人、手术规划仿真系统和双目视觉定位系统组成，是国内第一个具有自主控制、视觉定位和远程交互功能的神经外科机器人系统。2003 年 9 月 10 日“黎元”机器人系统实现了国际上首例神经外科立体定向远程手术（如图 4.40 所示），当天上午 10:00 由海军总医院神经外科中心主任田增民教授在北京操控沈阳的“黎元”机器人，为病人完成了脑部手术。截至 2004 年 7 月 5 日，“黎元”机器人共完成了 40 例临床手术。

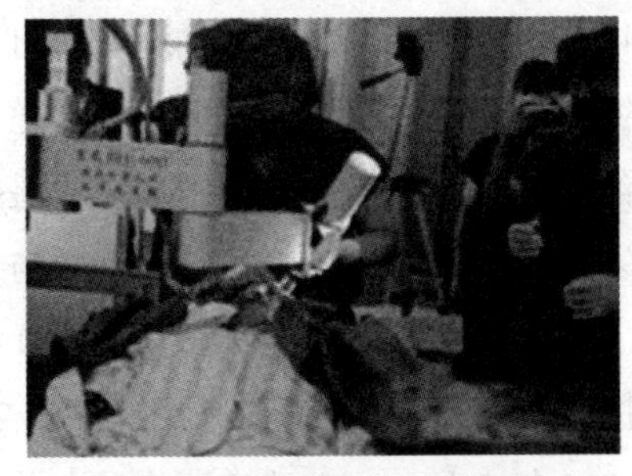

a)“黎元”手术机器人现场 -1

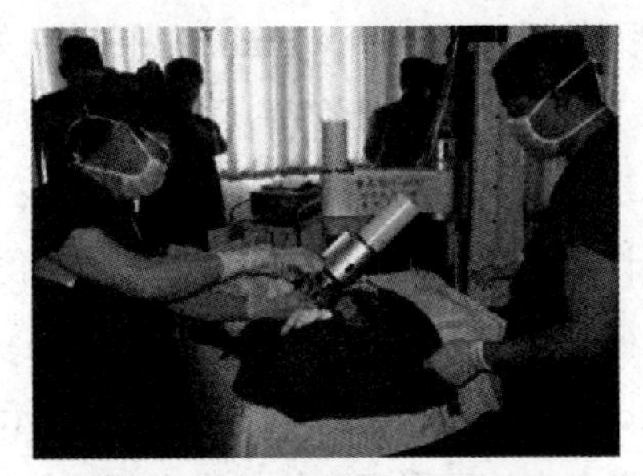

b)“黎元”手术机器人现场 -2

图 4.40　“黎元”手术机器人现场㊀

2006 年 3 月，北京积水潭医院与北京航空航天大学（简称北航）合作开发了小型模块化骨科机器人系统（如图 4.41a 所示），并成功实施了北京和延安两地间的“髓内钉远端锁定异地遥控操作手术”。同时北航也开发了脊柱磨削导航及机器人系统（如图 4.41b 所示）。脊柱磨削导航及机器人系统与“黎元”系统均由北航王田苗教授团队研制开发。北京天智航医疗科技股份有限公司成功研制出了国内第一台拥有完全自主知识产权的骨科机器人产品，并于 2010 年获得了 CFDA 认证，成为国内唯一、全球第五家获得医疗机器人注册许可证的公司。自 2010 年以来，天智航的骨科机器人已经应用于我国的十多家医院，完成了大约 200 台手术。该公司的第三代骨科手术机器人“天玑”是国际上唯一能够开展创伤骨科、脊柱外科手术的骨科机器人系统，实时追踪可达到亚微米级精度。

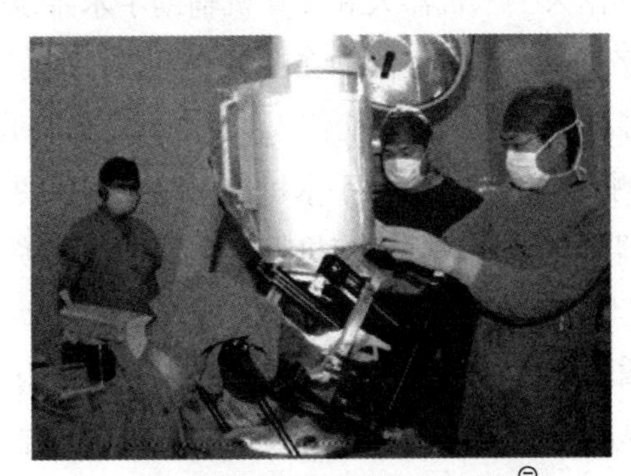

a）小型模块化骨科机器人系统㊁

b）脊柱磨削导航及机器人系统㊂

图 4.41　北京航空航天大学开发的医疗服务机器人

2010 年，由天津大学、南开大学和天津医科大学联合研制的国内首台微创外科手

㊀ 图片来源：https://i04picsos.sogoucdn.com/5386e4f99e65141c。

㊁ 图片来源：https://i04picsos.sogoucdn.com/c32ae49469578816。

㊂ 图片来源：https://i03picsos.sogoucdn.com/4f4cce84cbe91ac0。

术机器人妙手 A（MicroHand A）问世，如图 4.42a 所示。该系统首次设计了四自由度小型手术工具，可适应微创手术需求，完成复杂的缝合打结操作；采用多自由度丝传动技术，实现主、从操作手本体轻量化设计；基于异构空间映射模型，实现主、从遥操作控制；设计机器人系统与人体软组织变形仿真环境，实现主、从操作虚拟力反馈与手术规划。王树新团队自 2005 年研发出妙手系统以来，经过 10 年的升级换代，到 2014 年更新到 MicroHand S 版本系统（如图 4.42b 所示），由中南大学湘雅三院率先采用，并于 2014 年为 3 位患者实施了胃穿孔修补术和阑尾切割术。2015 年 2 月，山东威高医疗装备集团与天津大学共建“微创手术机器人联合研究中心”，妙手机器人走出实验室，计划实施量产。

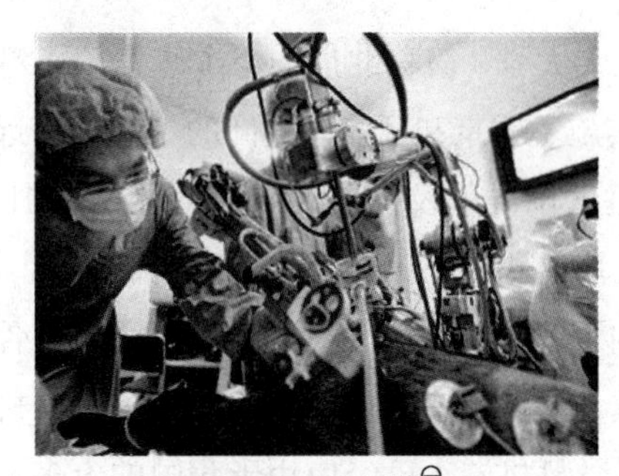
a）MicroHand A 系统[㊀]

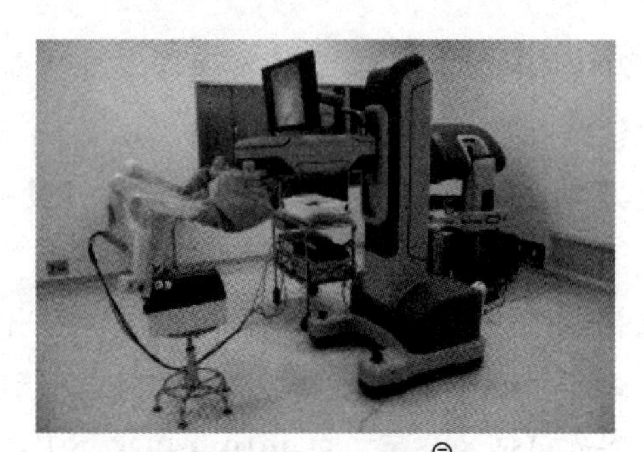
b）MicroHand S 系统[㊁]

图 4.42 天津大学开发的妙手机器人

在 2018 年的世界医疗机器人大会上，作为手术机器人和计算机辅助手术系统领域的奠基人，约翰·霍普金斯大学教授、“医疗机器人之父”泰勒在会上表示，目前医疗机器人研究面临的一大挑战就是人机交互问题，也就是如何才能使人类与机器之间的沟通理解变得像人与人那样顺畅自如[㊂]。可以预测，人工智能将为手术机器人与人提供更加方便的沟通方式，那么，“人工智能 + 工业机器人”必将成为医疗机器人发展的主流模式，充分发挥人工智能的人机交互优势和工业机器人的精准操作优势。国内外工业机器人企业也在向医疗机器人进军，如 KUKA 公司致力于医疗机器人并开发了超声图像下脊椎穿刺机器人，如图 4.43a 所示。国内新松机器人旗下的松康机器人开发出了各类医疗辅助机器人[㊃]，还与华志微创合作，将利用新松机器人著名的七轴柔性协作机器人（如图 4.43b 所

㊀ 图片来源：http://www.biodiscover.com/news/politics/92461.html。

㊁ 图片来源：https://timgsa.baidu.com/timg?image&quality=80&size=b9999_10000&sec=1559562973164&di=efedcf697d8b13632cf0cb7f77bad9cf&imgtype=0&src=http%3A%2F%2Fy3.ifengimg.com%2Fcmpp%2F2014%2F04%2F08%2F10%2F90232bbb-f69a-4d2b-ac3b-c7be8ff5858a.jpg。

㊂ 资料来源：https://robot.ofweek.com/2017-04/ART-8321203-8420-30125009_3.html。

㊃ 资料来源：http://siasun.com/index.php?m=content&c=index&a=lists&catid=261。

示）在脑立体定向手术领域展开全面、深入的合作㊀。

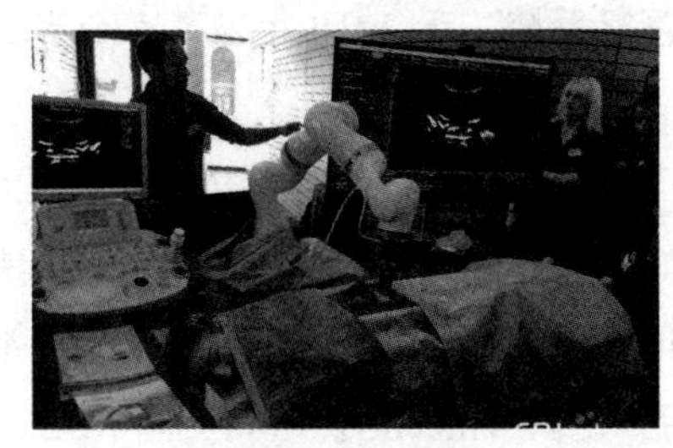

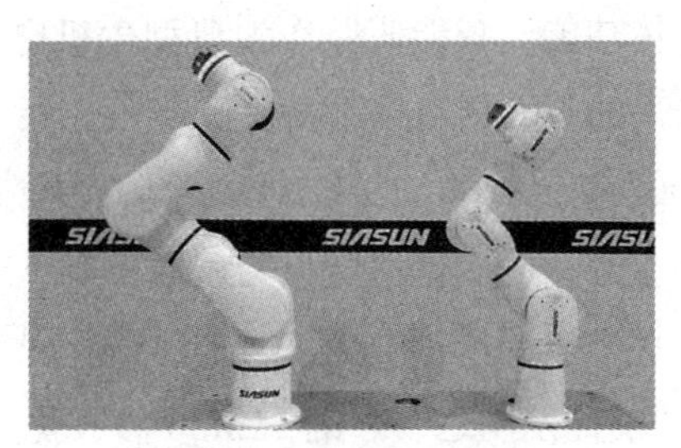

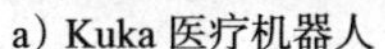

a）Kuka 医疗机器人　　　　b）新松七轴机器人

图 4.43　国内外工业型医疗机器人

4.3.5　康复机器人

康复工程（rehabilitation engineering）是生物医学工程的重要分支，主要研究如何运用工程技术手段提高残障人士的生活质量。康复机器人可分为辅助型和治疗型两种 [233]。根据 Technavio 报告显示 [245]，2015 年全球康复机器人销售额为 5.77 亿美元，预计到 2020 年，市场规模可达 17.3 亿美元，年均增长率可达 24%，如图 4.44 所示。

早期的康复机器人以单自由度为主，运动模式单一，价格便宜，被广泛应用。以 1987 年成功研制的 Handy1 康复机器人为代表，康复机器人的主要产品包括美国的 NUSTEP 康复器、德国的 THERA-Vital 智能康复训练器、以色列的 APT 系列智能康复训练器和意大利的 Fisiotek 下肢被动运动训练器等。

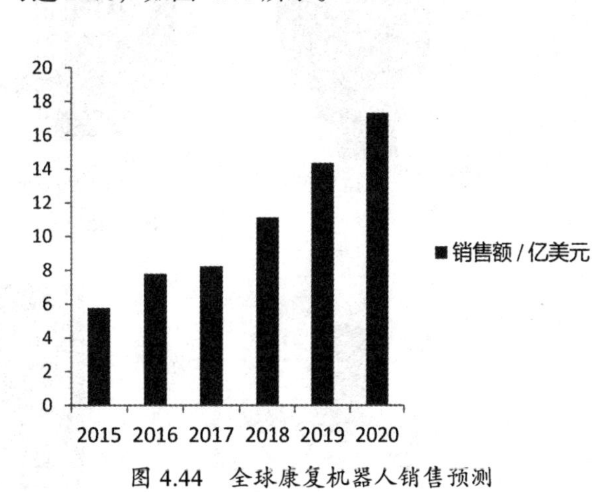

图 4.44　全球康复机器人销售预测

1. 智能假肢

随着信息技术、传感技术和控制科学技术的发展，康复机器人将先进机器人技术与临床康复医学相结合，发挥机器人擅长执行重复性繁重劳动的优势，可实现精准化、自动化、智能化的康复训练 [246]。从康复训练目标上进行分类，康复机器人可分为：①针对功能障碍患者，引入肢体 – 机器人互动功能，恢复运动功能；②利用肌电信号与肢体动

㊀ 资料来源：https://www.prnasia.com/story/211542-1.shtml。

作联系，为截肢患者恢复肢体功能；③针对老年人或特殊需求（如士兵负重等），改善或提升人体功能。智能假肢作为典型生机电一体化康复系统，于 2010 年被《 Life Science 》列为未来的十大创新技术之一。

2007 年，英国 Touch Bionics 公司研制成功了世界上首个基于生机电信号控制的各手指可独立运动的多自由度灵巧假肢产品 i-Limb，如图 4.45a 所示㊀。该假肢仿生手具有 11 个活动关节，每个手指由一个电机驱动 [247]。i-Limb 在 2008 年被《时代周刊》推举为全球 50 项最佳发明之一。继 i-Limb 假肢仿生手之后，德国 Vincent 公司和英国 RSL Steeper 公司分别于 2010 年和 2012 年推出了 Vincent 假肢仿生手 [248] 和 Bebionic 假肢仿生手 [249] 两款产品，分别如图 4.45b 和图 4.45c 所示。

而康复机器人的应用特点就是机器人与人的交互，因此需要传感、感知及运动等信息与患者大脑进行互适应控制 [250]，如图 4.46a 所示。

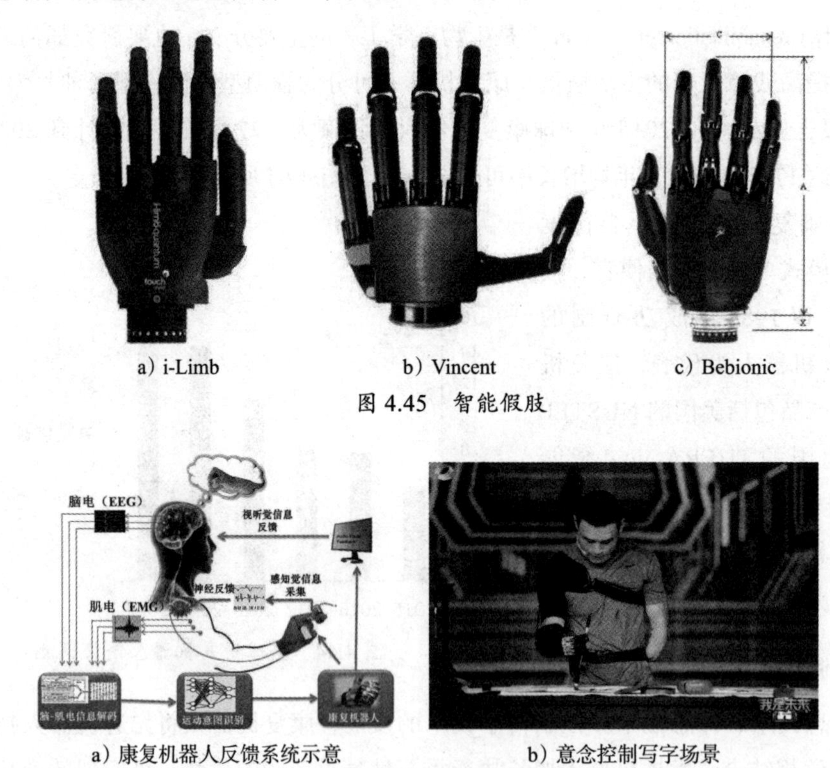

a）i-Limb　b）Vincent　c）Bebionic

图 4.45　智能假肢

a）康复机器人反馈系统示意　b）意念控制写字场景

图 4.46　脑机互适应控制

通过感觉信息神经反馈，患者的主观运动意识可以与客观获得感觉信息相结合，从

㊀ 图片来源：http://www.touchbionics.com/products/active-prostheses/i-limb-quantum。

而实现运动训练、肢体康复或假肢功能重现等功能。现有康复机器人的感知信息一般由肌电信号、力信号、脑电信号等组成。湖南卫视《我是未来》中展示的用意念控制假肢写毛笔字，就是假肢康复的一个应用，如图 4.46b 所示。

2. 外骨骼机器人

外骨骼机器人（exoskeleton robot）作为一款辅助人体康复的设备近年来得到了广泛的研究和应用。在民用领域，外骨骼机器人可帮助老人正常行动；在医疗领域，它可以辅助残疾人正常生活，减轻医护人员压力；在军事领域，可训练士兵体能，提高战场作战和救援效率。20 世纪 60 年代，美国通用电气公司最早研制出可佩戴的单兵装备 Hardiman（如图 4.47a 所示），但未取得理想成果。这个思路与 Marvel 动画中的钢铁侠（如图 4.47b 所示）类似，可提升士兵个人作战能力。

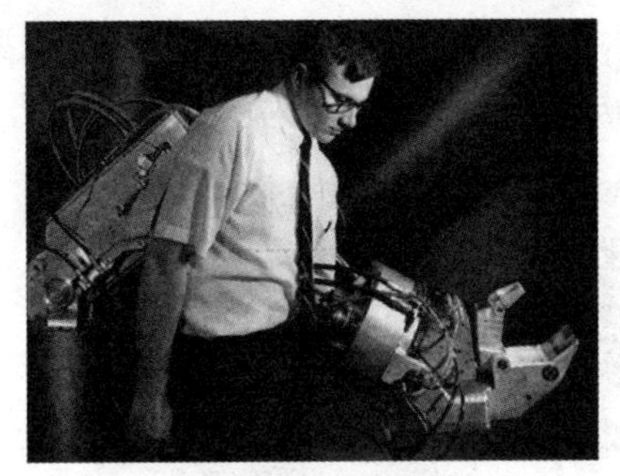

a）Hardiman 外骨骼机器人

b）钢铁侠

图 4.47　早期外骨骼机器人探索

2004 年加州伯克利分校人机工程实验室研发出 BLEEX（Berkeley Lower Extremity Exoskeleton）下肢外骨骼机器人，如图 4.48 所示。BLEEX 有两个动力拟人腿，单腿有 7DOF（髋关节 3DOF、膝关节 1DOF、踝关节 3DOF）；连杆采用轻质钛合金材料，混合液动 – 电动能量供给单元，能源可维持 20h 持续工作，直线液压驱动（小巧 / 轻质 / 大力），自重 45kg，最大负载 37kg，最大负载步行速度 0.9m/s，无负载步行速度 1.3m/s[251]。洛克希德 · 马丁公司联合加州伯克利分

图 4.48　伯克利研制的 BLEEX 外骨骼机器人

校推出了命名为HULC（Human Universal Load Carrier）的外骨骼机器人，重约32kg，其更加符合人体运动特点，可满足士兵对灵活性和稳定支撑性的需求。

2005年，Sarcos公司开始为美军研制XOS型动力外骨骼；2007年雷神公司收购Sarcos，并于2010年在美国犹他州盐湖城推出了XOS 2后勤型外骨骼机器人，见图4.49a。XOS 2是全身外骨骼系统，采用高压液压系统驱动，力量强度可放大17倍，最高负重可达到90kg，可击穿76.2mm厚的木板。穿戴者能灵活运动，进行如俯卧撑、爬楼梯和踢足球等复杂运动。系统的缺点就是自带电池仅支撑40min[252]。2011年，法国某防务公司与法国武器装备总署公布了名为“大力神”（HERCULE）的外骨骼机器人（如图4.49b所示），可增强普通人的负重能力，提升持久作战能力，不仅适用于军用，也适应于民用和医疗领域。2013年6月，哈佛大学设计出了一款名为Soft Exosuit（护甲）的外骨骼装备，如图4.50所示。Soft Exosuit机器衣主要包裹在士兵的腰部和大腿周围，机器衣的主要材料是纺织物，大量的微处理器、传感器以及随身电源都将植入外骨骼机器衣中。机器衣配置了微型电动机，可智能地为身体（比如大腿或小腿）扩大肌肉力量，总质量仅为7.5kg。

a）XOS 2后勤型

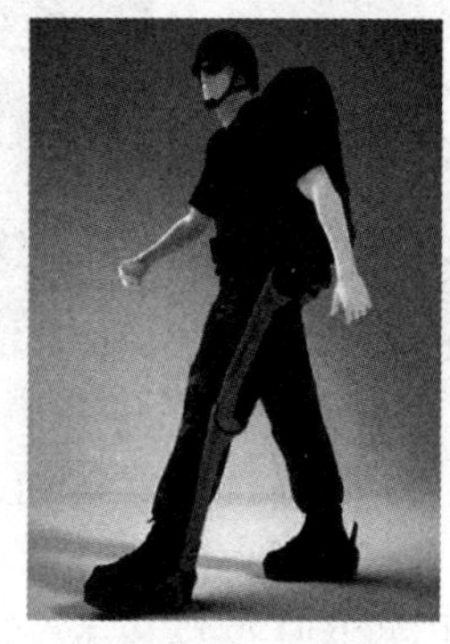

b）法国“大力神”

图4.49 两款军用的外骨骼机器人

a）Exosuit整体面貌

b）Exosuit柔性下肢

图4.50 哈佛大学研制的Exosuit外骨骼机器人

2002 年，日本筑波大学 Cybernics 实验室研发出 HAL（Hybird Assistive Limb），旨在辅助体弱或运动不便的人群正常运动；或者增强劳动者的体力，提高劳动者的工作效率。HAL-5（如图 4.51 所示）由山海嘉之教授创立的 Cyberdyne 公司在 2005 年亮相世博会，2012 年得到 130 多家医疗机构的使用，2013 年成为首个获得安全认证的外骨骼机器人。HAL-5 将驱动装置、测量装置、动力装置等全部集成在背包中，紧凑方便。HAL-5 全身型外骨骼系统高 1.6m，重约 23kg，全身 26 个自由度，每条腿 8 个自由度，电池可连续工作 160min。HAL 通过捕获激发人体运动的神经电信号（肌电信号）来识别人的运动意图，基于运动意图实现自主控制。到 2013 年，已有 160 套 HAL 在医疗机构应用于康复训练测试。

a）普通人使用型

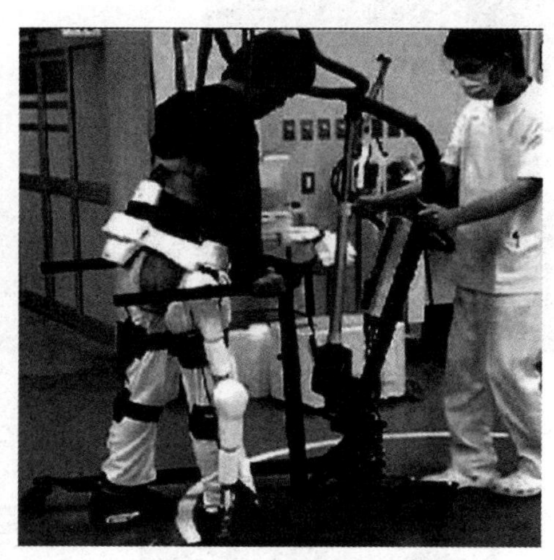
b）残疾人使用型

图 4.51　HAL 外骨骼机器人

国内外骨骼机器人研究始于 2004 年，海军航空学院于 2006 年推出了国内第一个外骨骼机器人，之后又推出了第二代，第二代机器人通过足底压力传感器收集步态信息，通过微处理器控制驱动电机输出动力，实现穿戴者负重行走。中科院早在 2004 年就开始进行外骨骼机器人的研制，2014 年中科院常州先进制造技术研究所开发了 EXOP-1 外骨骼机器人（如图 4.52a 所示），经改进升级到 EXOP-2（如图 4.52b 所示），由航空铝打造，可帮助下肢残障人士正常生活，也可提升普通人上肢托举力量。在 2015 年的全国第九届残运会上，圣火传递志愿者林寒穿着由电子科技大学开发的外骨骼机器人进行了圣火传递。图 4.53 为林寒测试和穿戴外骨骼机器人的场景。该款外骨骼机器人由液压驱动下肢，高约 1m，重约 19kg，可帮助截瘫患者实现正常行走的愿望。2017 年 3 月 17 日，上海傅立叶智能科技有限公司公布了自主研发的 Fourier X1 外骨骼机器人，这是国内首款投入商业化运作的外骨骼机器人，可帮助下半身瘫痪的患者实现坐、站、行走和上下楼梯等基本功能，如图 4.54 所示。

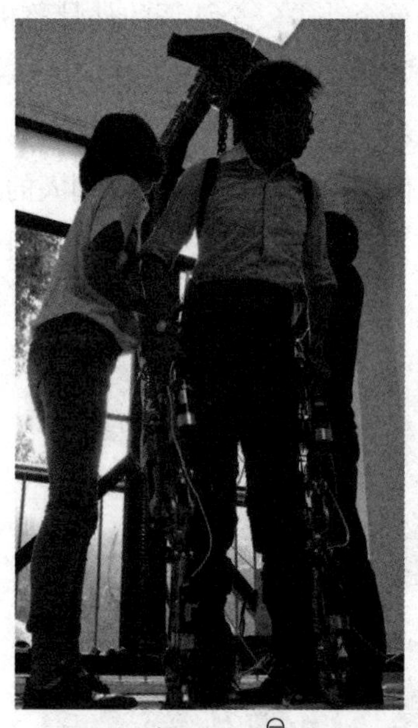

a）EXOP-1[1]

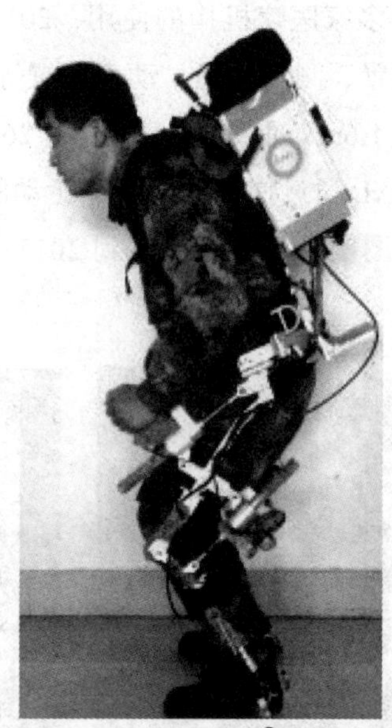

b）EXOP-2[2]

图 4.52　中科院常州所研究的 EXOP 系列

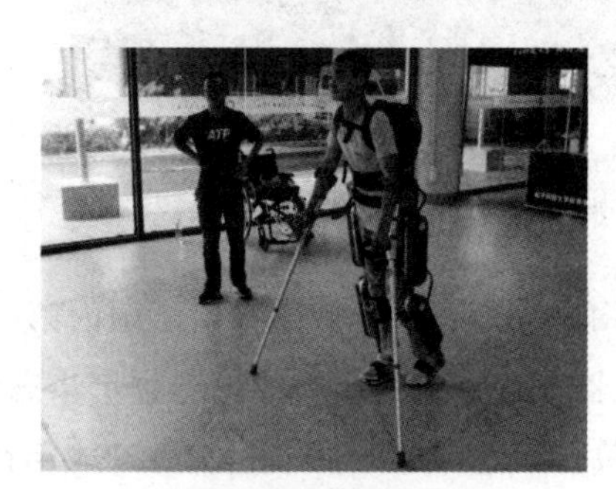

a）林寒穿戴外骨骼机器人

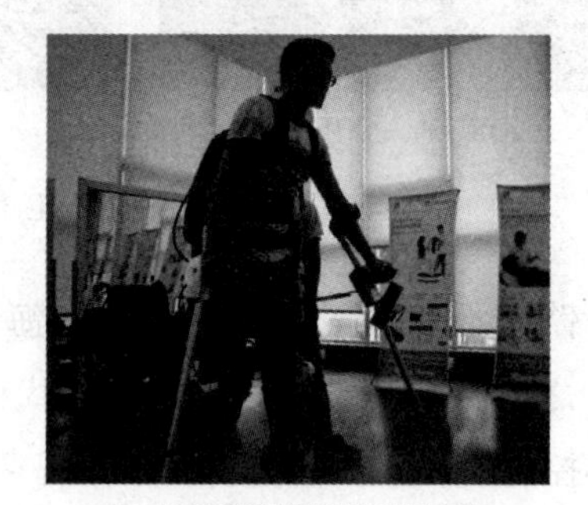

b）林寒穿戴测试版外骨骼

图 4.53　电子科技大学开发的外骨骼机器人[3]

国内近年来开发的外骨骼机器人还包括华东理工大学研发的下肢 ELEBOT 系统、浙

[1] 图片来源：http://pic.sogou.com/d?query=EXOP-1%BB%FA%C6%F7%C8%CB&mode=1&did=5#did4。

[2] 图片来源：http://pic.sogou.com/d?query=EXOP-2+%BB%FA%C6%F7%C8%CB&mode=1&did=24#did23。

[3] 图片来源：http://sc.people.com.cn/n/2015/0911/c345509-26340638-2.html。

江大学研发的下肢液压和气动外骨骼、哈尔滨工业大学研发的下肢外骨骼机器人、国防科技大学研发的液压驱动上肢外骨骼机器人、中科院深圳先进技术研究院研发的康复用外骨骼机器人等。

a）佩戴外骨骼机器人⊖

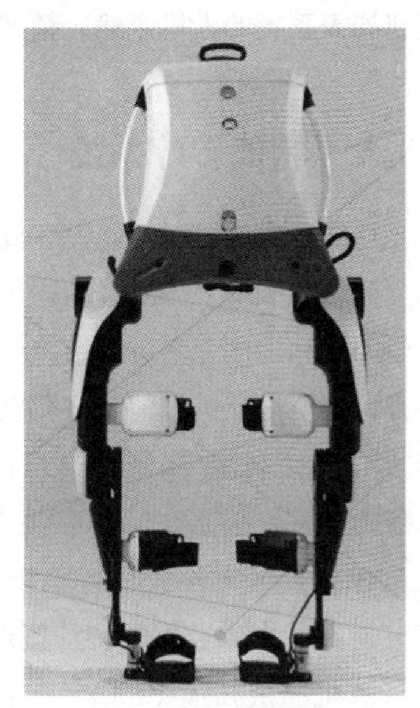

b）外骨骼机器人外观

图 4.54　傅里叶智能科技推出的 Fourier X1

医疗康复机器人涉及人类生命健康和生活质量的特殊领域，被各国列为战略新兴产业。美国将康复机器人列为重点发展的机器人领域，并指出医疗康复机器人涉及从手术室到家居、从年轻人到老年人、从体弱 / 体残者到体健者、从常规手术到脱离人干涉的康复训练等各个方面，以应对精准 / 微创手术、功能补偿与康复、老年服务等医疗健康的新需求。今天医疗机器人为医疗体系带来的变革，正如 20 世纪 80 年代机器人技术对工业领域的影响。医疗康复机器人是应对人口老龄化、医疗资源紧缺的必然发展方向，其必将成为新世纪拉动国民经济增长的重要引擎之一 [250]。

根据图 4.28 的数据分析，我国老龄化问题日益凸显，对医疗康复机器人的需求极其旺盛。我国在外科手术机器人及康复 / 辅助机器人技术领域已经取得了一些突破和进展，但这些机器人系统离临床应用还有一定的差距，系统安全性和可靠性仍需进一步改善与提高。与工业机器人类似，我国需要围绕医疗手术和康复机器人突破一批核心关键技术，加快新型感知觉传感、电机、减速器等关键核心部件的国产化过程。研究方面则需要加

⊖　图片来源：http://science.china.com.cn/2017-09/14/content_40013434.htm

强机器人机构学、动力学、环境适应技术的研究；同时深入开展在脑 / 肌电信号运动意图识别、多自由度灵巧 / 柔性操作、基于多模态信息的人机交互系统、感知觉神经反馈、非结构环境认知与导航规划、故障自诊断与自修复等关键技术方面的研究工作，为智能医疗康复机器人系统的人机自然、精准交互提供共性支撑技术。

4.3.6 人工智能诊疗系统

人工智能技术能够对大规模开放式医疗数据的语义进行分析、挖掘和理解，以实现对医学语义网络和知识中心的自动构建。人工智能诊疗系统通过对海量的医学文献、病例数据、医学图像和诊疗方案进行快速检索和分析，分析数据之间的隐含关系，能够准确提取病理特征，定位病灶，可辅助开展疾病预防与诊断和药物研发等工作，从而推动医疗技术的进步[253]。人工智能与医疗融合可在一定程度上解决优质医生资源分配不均、误诊漏诊率高和医疗成本过高等问题，尤其是放射科、病理科等医生资源紧缺的问题[254]。

人工智能技术对疾病进行临床诊断的研究当前主要围绕两个方面。一是基于大数据技术开展医学影像数据的特征提取和辅助诊断技术，基于人工智能的医学影像研究围绕电子计算机断层扫描（CT）、核磁共振（MRI）、X 射线、超声波、内窥镜和病理切片等多种类型的医学图像分析展开，对包括肺、乳腺、皮肤、脑部疾病和眼底病变等疾病展开研究[253]。二是对海量数据进行分析，利用深度学习方法进行推理、分析、对比和归纳，对患者的病情进行诊断或提出治疗方案。而癌症作为人类致死率最高的疾病之一，智能诊断癌症可看作恶性肿瘤存在与否的分类过程，人工智能在这方面具有很大的优势。

肺癌是导致男性和女性致死的主要病症之一（据美国癌症协会统计，2014 年新发 224 210 例，其中 159 260 例致死），早期癌细胞检测是提高病人生存率的最有效途径[255]。但早期小于 3mm 的癌细胞由于与胸腔、血管粘连，边界不清晰导致其诊断和分类准确率不高，而且人工诊断也难以应付增长的疾病属性。基于特征提取的基因算法可降阶高维肺癌数据，实现肺癌精确诊断[256]。基因算法采用布谷鸟搜索优化（cuckoo search optimization）和支持向量机分类法，可精确检测不同位置、不同形状和尺寸的肿瘤结节，从而将早期肺癌诊断准确率提高到 98.51%[255]。

乳腺癌是全球女性发病率最高的癌症。截至 2008 年，我国总计 169 452 例新发浸润性乳腺癌，44 908 例死于乳腺癌，分别占到全世界的 12.2% 和 9.6%㊀；截至 2006 年，根

㊀ 资料来源：http://oncol.dxy.cn/article/83474。

据美国国家癌症研究所（American National Cancer Institute）提供的数据可知，全美新发乳腺癌约 214 640 例，超过 41 000 例死于乳腺癌[257]。早在 2007 年，基于支持向量机（Support Vector Machine，SVM）的乳腺癌智能分类系统就已开发出来，其分类准确度达到 96.91%[257]。其后，基于支持向量机、决策树（decision tree）、标记自组织映射（labeled self-organizing map）和贝叶斯分类法（bayesian classifier）等方法均用于乳腺癌的分类，各自最好的结果分别可达到 97.2%、94.3%、96.7%、96.4%[258]。一种基于粗糙集和集成分类的混合智能系统，对乳腺癌诊断的准确率可达到 99.41%[258]。

随着移动互联技术的发展，人工智能诊疗系统呈现出“人工智能 + 移动互联网 + 医疗”的模式，采用手机作为移动终端，利用云计算和存储技术为病患提供诊疗服务成为大众医疗的一种新模式，其系统框架如图 4.55 所示[259]。基于移动云计算的智能肿瘤诊断系统（intelligent diagnosis system based on mobile cloud computing）主要包括智能移动终端（intelligent mobile terminal）和云服务器（center server cloud）。智能终端基于 Android 系统，负责搜集和上传数据，注册后连接云服务器。云服务器负责进行数据处理，病理诊断并提供咨询[259]。移动互联网的加入使得患者的受益面进一步扩大，尤其是居住在偏远地区的病患，可以借助移动终端进行实时精确诊疗，做到癌症的早期检测和筛查，从而提高生存概率。

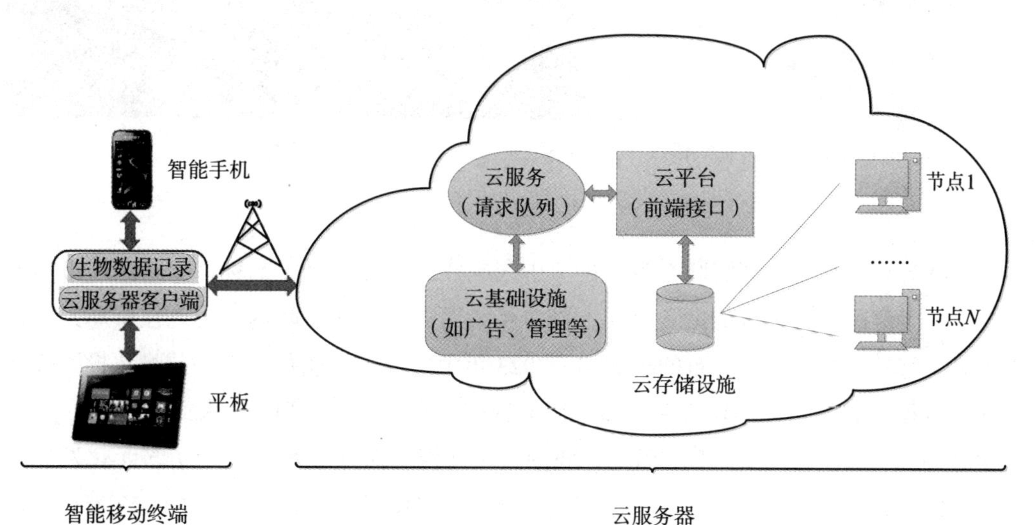

图 4.55　“人工智能 + 移动互联网 + 医疗”诊断模式框架图

人工智能不仅在肿瘤诊断中可以发挥作用，而且还可以用在如炎症性肠病的诊疗中，其通过建立精确模型，深入了解肠道以及肠道和大脑之间的复杂关联，从而治疗自身免疫系统疾病㊀。医疗人工智能技术正在以惊人的速度发展着，同时它也带来了商业应用的空间发展。IBM Watson（沃森）在打败人类选手之后，自2016年开始以肿瘤为中心，在慢病管理、精准医疗、体外检测等九大医疗领域中实现了突破，在糖尿病监测、医学影像、胃癌辅助治疗、白内障手术及新药物研发等领域都有所建树。2016年8月，IBM与杭州认知网络科技有限公司共同宣布，在中国已有21家医院计划使用纪念斯隆-凯特琳癌症中心（Memorial Sloan Kettering Cancer Center）训练的IBM Watson肿瘤解决方案（IBM Watson for Oncology，其操作流程如图4.56a所示），以助力中国医生获得个性化癌症治疗方案。Watson可以为肺癌、乳腺癌、直肠癌、结肠癌、胃癌和宫颈癌6种癌症提供咨询服务，2017年扩展到8～12个癌种。在医生完成癌症类型、病人年龄、性别、体重、疾病特征和治疗情况等信息输入后，沃森能够在几秒钟内反馈多条治疗建议，这完全依赖于其强大的数据储备和学习能力㊁。英国Baby Health通过人工智能来为用户提供远程医疗问诊服务。

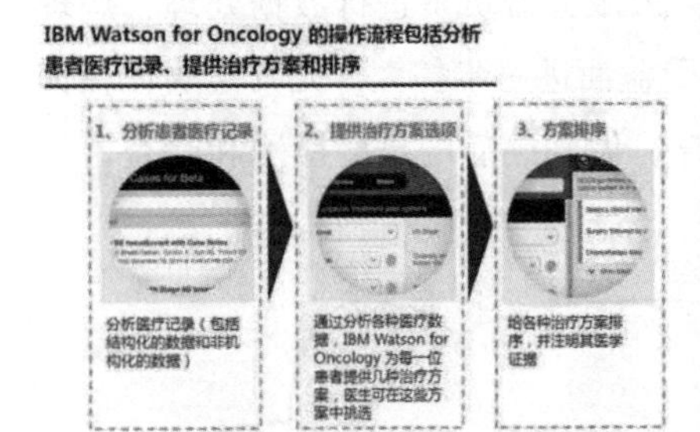

a）IBM Watson 肿瘤解决方案

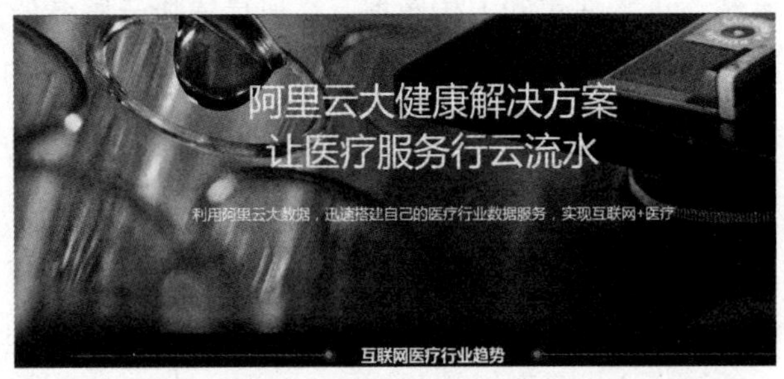

b）阿里云宣传网页

图4.56　医疗人工智能

据财新健康点与飞利浦联合发布的《中国医疗人工智能报告》称，中国医疗市场上涌现出了大量医疗人工智能创业公司，同时传统医疗企业和互联网平台也在布局人工智能战略。前瞻产业研究院发布的《2018—2023年中国人工智能行业市场前瞻与投资战略规划分析报告》显示，2016年我国医疗人工智能的市场规模就已经达到了96.61亿元，2018年有望达到200亿元[260]。因此，我国人工智能在医疗领域展现出了多元化发展态势，2016年由此称为“人工智能+医疗”在国内形成投资风口的元年，共有27家企业在2016年进行融资㊂。

㊀ 资料来源：https://www.huxiu.com/article/259558.html?h_s=f4。

㊁ 资料来源：https://36kr.com/p/5063485.html。

㊂ 资料来源：http://www.sohu.com/a/240312598_648361。

2017 年 10 月，企鹅医生宣布其北京自营诊所正式落地。这家诊所是腾讯与医联合资成立的互联网医疗平台，涵盖内科、外科、康复医学科、心理咨询科、体检等全科目。2017 年 11 月 15 日，腾讯进入首批国家新一代人工智能开放创新平台名单，通过建立联盟或成立联合实验室的形式与医院达成合作。阿里巴巴在医疗人工智能方面，于 2017 年 3 月推出了阿里的首款 AI 医疗产品——ET 医疗大脑，图 4.56b 中所示的即为阿里云大健康宣传网页。而百度则借助自身优势，推出百度大脑，通过海量医疗数据、专业文献的采集与分析，辅助医生完成问诊[㊀]。

2018 年 9 月 19 日至 23 日，在“第二十一届全国临床肿瘤学大会暨 2018 年 CSCO 年会”上，以“海心智能肿瘤诊疗系统”为代表的人工智能领域备受关注。与会期间，海心系统收到了来自医生们的 854 份挑战智能病例，仅需 1 秒钟即可向医生们回复规范的智能方案；现场抽取的 10 份病历中，智能系统给予的治疗方案都得到了专家们的一致认可，10 个智能方案无论是在与我国 CSCO 肿瘤诊疗指南的符合度，还是与专家们的经验符合度上都是高分。这款“ CSCO - 海心智能肿瘤智能系统”已在多家大型医院进行大量临床验证，包括浙江大学附属第一医院、浙江大学附属第二医院、浙江省肿瘤医院、解放军北京 307 医院、上海市肺科医院、上海市东方医院、江苏省人民医院、青岛人民医院等多家医院都参与了临床验证的数据录入和系统修正[㊁]。

在人工智能的推动下，一个新的专有名词——智慧医疗（Wise Information Technology of 120，WIT120）诞生了。WIT120 通过打造健康档案区域医疗信息平台，利用最先进的物联网技术，实现患者与医务人员、医疗机构、医疗设备之间的互动，逐步达到信息化。智慧医疗由三部分组成，分别为智慧医院系统、区域卫生系统，以及家庭健康系统[㊂]。智慧医疗为解决医疗资源不均衡、公共医疗不完善、看病难、看病贵、医患关系紧张等民生问题提供了一条可行路径。

4.3.7　公共服务机器人

随着应用场景的拓展，机器人正逐步应用于银行、图书馆、商场、餐厅、博物馆、旅游景点甚至是政府办公部门等不同场景中，取代了接待、导购、导游、送餐等较程式化的服务人员，为人们提供专业化服务。与家用服务机器人不同的是，公共服务机器人

㊀ 资料来源：http://mini.eastday.com/mobile/171012135634679.html#。

㊁ 资料来源：http://fj.qq.com/a/20180923/005386.htm。

㊂ 资料来源：百度百科——智慧医疗。

在特定场合下工作，更能凸显它的专业性。

交通银行在 2015 年开始使用智能客服机器人娇娇（如图 4.57a 所示），已成功在上海、江苏、广东、重庆等近 30 个省市的营业网点正式“上岗”。娇娇能够熟练、准确地向客户指引、介绍银行的各类业务。“娇娇”整合了包括语音识别（ASR）、语音合成（TTS）和自然语言理解（NLU）技术甚至图像、人脸和声纹等多项人工智能技术，是一款真正的“能听会说、能思考、会判断”的智慧型服务机器人。2017 年的机器人大会上，参展商推出了一款“小笨”银行机器人，如图 4.57b 所示。小笨机器人可以识别人类的语音，与用户进行交互，只需要不到一秒的时间，就能将用户的业务进行分类，打印出对应的等位小票。小笨还可以通过人脸识别技术，来了解用户的过往理财记录并为其推荐理财产品[⊖]。

a）娇娇

b）小笨

图 4.57　两款银行机器人

在政府服务方面，2016 年 11 月，海淀区政务大厅智能机器人“小海”上岗当服务员，为公众提供更便捷的智能化服务，避免了群众难以找到窗口的问题，缩短了群众业务办理的排队等候时间，提高了政务大厅的办事效率[⊜]。“小海”由北京中科汇联科技股份有限公司推出。2017 年，“小海”机器人再次服务于珠海政务服务中心，如图 4.58a 所示。“小海”集成了传感器、语音识别、语音合成、机器学习、导航与定位及视觉技术，不仅能通过其内置的知识库回答办事群众的问题，还能在与公众的沟通中进行学习，不断丰富自己的知识库[⊜]。在 2017 年的机器人大会上，参展商还推出了图书馆机器人 YOBY，如图 4.58b 所示。YOBY 相当于图书馆的图书管理员，可以准确地识别人脸和语音、书籍以及

⊖ 资料来源：https://www.sohu.com/a/169458162_306873。

⊜ 资料来源：http://www.bjhd.gov.cn/xinwendongtai/haidianyaowen/201611/t20161110_1317452.htm。

⊜ 资料来源：http://www.sohu.com/a/160399546_99919020。

获取周围的空间信息，其可以快速、准确地帮助消费者找到想看的书，节省消费者找书的时间。同时，参展商展出的还有导诊机器人，如图 4.58c 所示[1]。除此之外，大型商场的导购和保安、博物馆里的导游、旅游景点的景观解说员，政府政务大厅里的各种专业服务等，均可由公共服务机器人来取代。

在 2018 年 11 月 7 日召开的第五届世界互联网大会开幕时，搜狗公司 CEO 王小川、新华社副社长刘思扬、搜狗公司智能语音事业部总经理王砚峰和著名主持人邱浩联合带来了一场跨界产品发布会：搜狗与新华社合作开发、全球第一个“AI 合成主播”正式亮相[2]。搜狗人工智能的核心技术称为“搜狗分身”技术，可以让机器以逼真自然的形象呈现给用户。真人主播面对镜头录制一段新闻播报视频，凭借这段视频，“AI 合成主播”就能将他的声音、唇形、表情、动作等特征进行提取，然后再通过语音合成、唇形合成、表情合成及深度学习等技术将“机器人”克隆出来，并具备与真实主播一样的播报能力。该技术通过人脸关键点检测、人脸特征提取、人脸重构、唇语识别、情感迁移等多项前沿技术，并结合语音、图像等多模态信息进行联合建模训练，从而生成与真人无异的 AI 分身模型。首次上岗的“AI 合成主播”与真人主播邱浩的相似度高达 99%[3]。除了主持界、新闻界之外，“搜狗分身”技术未来还将在娱乐、医疗、健康、教育、法律等多个领域提供更加个性化的内容，以显著提高社会生产和服务效率。

a）政务机器人

b）图书馆机器人

c）导诊机器人

图 4.58　三款公共服务机器人

公共服务机器人的应用范围最为广泛，其市场潜力巨大。2017 年，我国家用服务机器人、医疗机器人和公共服务机器人市场规模分别为 19.5 亿元、15 亿元和 14 亿元，其中公共服务机器人在服务机器人领域的市场规模比重占 28.8%。经过多年的发展，我国形成了较为完整的公共服务机器人产品线，代表企业有科沃斯机器人股份有限公司、北京

[1] 资料来源：https://www.sohu.com/a/169458162_306873。

[2] 资料来源：http://tech.qq.com/a/20181107/013284.htm。

[3] 资料来源：http://wemedia.ifeng.com/87766639/wemedia.shtml。

康力优蓝机器人科技有限公司、深圳市优必选科技有限公司、天津智汇未来科技有限公司、中智科创机器人有限公司，他们的产品各有特点，具体见表4.5[⊖]。

表 4.5 国内公共服务机器人企业特点

公司名称	产品	应用场景	功能
科沃斯机器人股份有限公司	公共服务机器人旺宝	银行大厅、政务办公大厅、电信营业厅、电力行业、大型超市、金融证券、教育等	公共服务咨询、精确营销、安防
北京康力优蓝机器人科技有限公司	商用服务机器人优友	机场、酒店、商场、银行、博物馆、政务大厅、4S店	自然语音交互、人脸识别、仿生动作模拟、自主避障行走、智能控制中枢
深圳市优必选科技有限公司	智能云平台商用服务机器人	交通出行、政务大厅、购物中心、银行、星级酒店、展览馆、4S店、医院	人机互动、自助排号、信息查询、安全警示
天津智汇未来科技有限公司	商务服务机器人、导航机器人	政府、企业、展会、房地产、购物中心、银行、酒店、展览馆、电影院等	人机互动、吸睛引流、导航指引、查询讲解、排号分流、人脸识别、身份识别
中智科创科技有限公司	安保服务机器人	银行、商业中心、社区、展馆、政务中心等	音视频对讲、室内无线导航、人机交互、人脸识别

这类公共服务机器人的特点主要包括：①一般以拟人的可移动机器人为本体；②具有较好的语音识别和视觉交互能力；③需要经过严格的专业服务培训，通常以深度学习与专业服务数据库相结合，让机器人拥有较强的专业服务水平。公共服务类机器人涉及的相关技术包括互联网云计算技术、语音识别技术、图像/视频交互技术、人脸识别、GPS定位技术、智能控制技术和机器人运动机构及控制技术，如图4.59所示。同时，公共服务机器人还需要适应场合拥有较好的外观，让公众心生亲近，愿意与机器人交流。上面列举的机器人都采用了可爱的面孔、喜人的姿态，这些绝非偶然。而这类机器人通过前期程序设定和专业技能训练，通常可以适应不同场景下的不同角色。

日本在公共服务机器人方面起步较早，而且与家用服务机器人一样，强调拟人和智能。2017年，日本索尼互动娱乐发行了一款仿真美女机器人AP700，如图4.60所示，其面部细节和肢体动作高度仿真人类。日本开发的人工智能美女机器人除了拥有美丽的外表之外，还可以与人正常交流，包括面部表情和自然语言的交流。中国科技大学也开发了一款美女机器人“佳佳”，如图4.61所示，“佳佳”的皮肤使用了高级仿生材料，说话时会张嘴，还会点头、转动眼珠等，初步具备了人机对话理解、面部微表情、口型、躯体动作搭配、大范围动态环境自主定位导航和云服务等功能。

⊖ 资料来源：https://blog.csdn.net/lanzhichen/article/details/81744856。

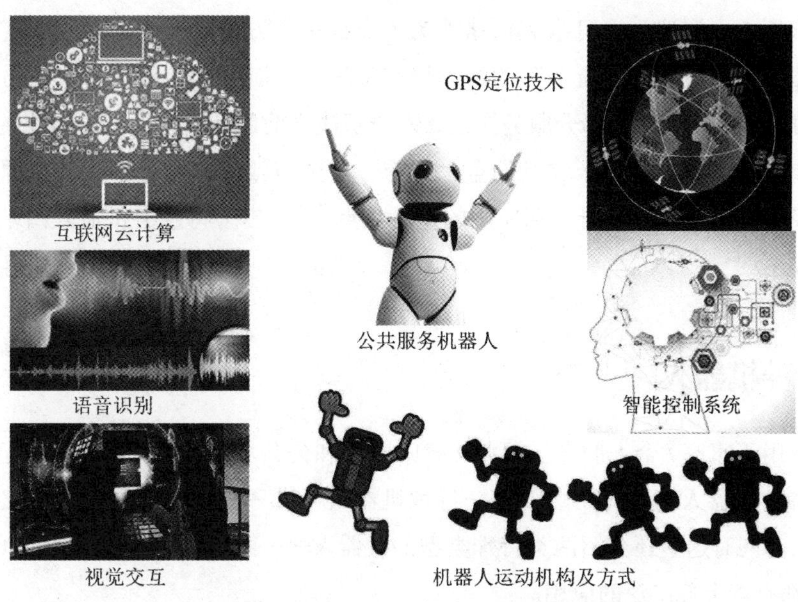

图 4.59　公共服务类机器人涉及的相关技术

图 4.60　日本 AP700 模特机器人㊀

图 4.61　中科大美女机器人“佳佳”㊁

这类高度仿真的机器人使人类更容易产生亲近感，可以更好地服务于各种公共场合。高仿机器人可以通过深度学习各行业的专业性知识，走上相应的岗位，为人类提供服务，

㊀ 图片来源：http://www.973.com/zs13395。
㊁ 图片来源：http://mt.sohu.com/20160418/n444629225.shtml。

它们既能节约人力资源，也可毫无情绪地为人类提供全方位、专业化的服务。公共服务类机器人体现了“机器人 + 行业”的跨领域交叉思维。面对老龄化严重、人力资源不足等问题，用机器人代替人类部分服务岗位，对于解决当前的社会问题有着重要的意义。

同时，围绕国家公共安全领域的重大需求，安全与救灾、反恐排爆、能源维护及军民两用的服务类机器人也是研究和应用的重要热点 [261]。本书将这类机器人归结到特种机器人加以叙述。

4.4 特种机器人

本书将用于家庭 / 个人服务、医疗 / 健康服务和公共场所服务之外的服务型机器人，均划分为特种机器人。从应用场景上，特种机器人可进一步细分为安全与救灾机器人和军用机器人。同时这里还介绍两类特殊类型的机器人——微型机器人和无人机（无人驾驶车），它们都有着十分广泛的应用。

4.4.1 救援机器人

世界范围内频频发生各种自然灾害、人为灾难，严重威胁着人类的生命财产安全，利用机器人进入灾难现场抢救伤员和人民财产，对人民生命安全和财产安全都有着重要的意义。救援机器人主要包括面向自然灾害等的救灾机器人、反恐排爆机器人、危险搬运与维护检修机器人、能源维护服务机器人等。能源维护包括核电站监测、缺陷修复、拆装、救援等遥控机器人，电力巡线检测与检修机器人，电站安全监控机器人等。其特点是机器人要进入人或者搜救犬无法到达的地方去开展搜救工作，常用的运动控制方式包括履带式运动系统、仿生蛇形系统、仿生蜘蛛系统及可重构变形机器人系统等 [262]。

1993 年，一台名为但丁（Dante）的八脚机器人试图探索南极洲的爱里伯斯火山，这一具有里程碑意义的行动由研究人员在美国远程操控，开辟了机器人探索危险环境的新纪元。1995 年，日本神户、大阪大地震及美国俄克拉荷马州阿尔弗德联邦大楼爆炸案揭开了救援机器人技术研究的序幕。救援机器人在“9 · 11 事件”中的成功应用，迎来了救援机器人研究的热潮。在“9 · 11”救援行动中，共有来自麻省理工学院的 iRobot、Inuktun 公司和 Foster-Miller 公司 8 种机器人参与救援 [263]，如图 4.62 所示。在图 4.62 中 [264-265]，Micro VGTV、Micro Traces 和 Mini Traces 来自 Inuktun 公司，均是体积小、质量轻的类型；Talon、SOLEM 和 Urbot 来自 Foster Miller 公司，与 Inuktun 公司不同的是，这三款机器人体积较大、承载能力强，SOLEM 可用于在废墟堆中作业；Packbot 具有自我调整能力，ATRV 体型高大，是唯一一款采用轮式运动的机器人，这两款机器人均来自 iRobot 公司。

a)“9·11”中救援机器人 1　　b)“9·11”中救援机器人 2

图 4.62　“9·11 事件”中使用的 8 种救援机器人

此后，美国多个研究机构、高校和企业都开展了搜救机器人的研究，包括南佛罗里达大学救援机器人研究中心、明尼苏达大学、加利福尼亚理工大学、美国航空航天局等。研究内容涉及地形和环境适应能力、生命体征和环境特征探测能力、可重构变形能力等，这些都大大提高了机器人的救援能力。

日本作为多地震、多核能国家，在救援机器人研发方面做得较为全面。东京工业大学广濑研究室将仿生机械应用于救援机器人设计。Kamegawa 等提出了由多节履带车连接而成能够进入狭窄空间的变形机器人，该机器人具有较好的越障能力和地面适应能力。日本千叶工业大学开发的小型机器人 Quince（见图 4.63a ⊖），在福岛核泄漏事故后，作为日本生产的唯一救援机器人进入核辐射区开展检测和拍照工作。在救援蛇形机器人方面，东京工业大学的 Hirose 教授于 1972 年研制了第一台蛇形机器人 ACM（Active Cord Mechanism），并一直致力于仿生机器人及其救援应用方面的研究。正如前文所述，世界先进机器人技术依然掌控在美国手中，而日本只是工业机器人的王国。2011 年，地震和海啸引发福岛核电站泄漏事件再次提醒了日本，尽管日本工厂里的机器人无处不在，却无法应对这场灾难，而只能借助美国 iRobot 公司的特种机器人 [266]。福岛事件严重刺激了日本机器人企业，据共同社 2017 年 6 月报道，为应对福岛核辐射后期检测和维护，日本东北大学开发了一款新型蛇形机器人，如图 4.63b 所示。这款机器人可通过喷射空气抬高配备摄像头的前端部分，穿越灾区中比较高的障碍物在废墟中开展搜索工作。

⊖ 图片来源：机器人网。

a）Quince 机器人

b）日本新型蛇形机器人

图 4.63　日本开发的救援机器人

我国的救援机器人起步较晚。“863 计划”提出了“危险、恶劣环境作业机器人”方向的课题。在“863 计划”的资助下，国内多个高校和研究所开展了危险作业和极限作业机器人的研究。中国科学院沈阳自动化研究所开发的用于非结构环境中探测和灾难救援的蛇形机器人（见图 4.64a），可根据地面状况采用蜿蜒、伸缩、侧移和翻滚等多种步姿实现三维运动[267-268]。

a）蛇形机器人⊖

b）履带式可变形机器人⊜

图 4.64　沈阳自动化研究所的两款救援机器人

在蛇形机器人的基础上，沈阳自动化研究所还研制了一种可重构和自动变形的、可用于废墟搜索与辅助救援的履带式机器人，如图 4.64b 所示。履带式可变形机器人可通过多种形态和步态来适应环境和任务的需要。该款机器人在 2013 年 4 月四川雅安市芦山地震救援行动中，实现了 20 余处废墟环境排查，圆满完成了芦山地震救援任务[269]。

在“863 计划”的支持下，中国矿业大学葛世荣团队于 2004 年开始研发煤矿救灾机器人，并于 2006 年开发成功 CUMT-I，如图 4.65a 所示。CUMT-I 具有遥控移动、视频传输、危险气体探测及物品移动等能力。经过深入研究，葛世荣团队与常州科研试制中心

⊖ 图片来源：http://rsjyc.sia.cn/news/user/read2.php?id=239。

⊜ 图片来源：http://www.sia.cn/xwzx/zhxw/201305/t20130524_3846243.html。

合作开发了 CUMT-V，并于 2016 年 8 月 3 日在大同煤矿集团塔山煤矿进行了井下救援试验，如图 4.65b 所示。试用的机器人包括 2 台煤矿救援机器人和 1 台煤矿灭火机器人[270]。哈尔滨工业大学、中国科技大学、太原理工大学、山东省科学院自动化研究所等都研制了煤矿救灾机器人装备[271]。

a）CUMT-I

b）CUMT-V 救灾试验现场

图 4.65　中国矿业大学的煤矿救援机器人[270]

国内部分企业也开展了救援机器人的研究工作。新沂八达重工推出了“双动力智能型双臂手系列化救援机器人”，如图 4.66a 所示。该款机器人由浙江大学、北京航空航天大学等七个单位联合攻关研制而成。在灾难救援过程中，救援人员通过遥控操作，可以实现救援机器人双臂手的协调配合，可完成坍塌物破碎、切割、抓取、剥离，探测生命和图像传输等功能。双臂手机器人在 2013 年雅安地震中完成了精细化分解、剥离残垣断壁的工作。

哈工大机器人集团也推出了紧急救援机器人，如图 4.66b 所示。它可代替人进入火灾、爆炸、浓烟等危险区域，救援人员通过远程操作救援机器人可实现灾害现场的监测工作。另外，国内许多研究院所在海滩救援机器人、自主救援机器人、消防机器人、森林火灾机器人、能源维护机器人、地面移动特种作业机器人等方面也做了大量工作。

a）双臂手机器人⊖

b）城市消防机器人

图 4.66　国内工业界开发的救援机器人

⊖ 图片来源：https://i04picsos.sogoucdn.com/aca27a4525528a44。

4.4.2 军用机器人

军用机器人是一种用于完成以往由人员承担的军事任务的自主式、半自主式或人工遥控的机械电子装置，是未来信息化战场的基本智能单元[272-273]。《21 世纪战争技术》认为：20 世纪地面作战的核心武器是坦克，21 世纪则很可能是军用机器人。美国《未来学家》预测，到 2020 年战场上的机器人数量将超过士兵的数量。机器人走上战争舞台，将带来军事科学的真正革命[273]。

从作战领域细分，军用机器人包括地面军用机器人、空中军用机器人、水下军用机器人和空间军用机器人、军民两用服务机器人（如大型高速全地域越野移动机器人平台、大型变结构海空航行器平台、核生化防护与作业机器人平台）等。在前文的医疗服务机器人介绍中，无论是医疗还是康复机器人均有一部分是为部队医疗或士兵康复（或体能提升）来服务的，前文已述及的内容这里不再重复。

1. 地面军用机器人

美国军用机器人的开发与应用涵盖了陆、海、空、天等各兵种，是世界上唯一具有综合开发、试验和实战应用能力的国家[273]。美国在 2007 年 12 月 18 日发布了《无人（驾驶）系统路线图》(Unmanned Systems Roadmap)，包括无人机系统、无人地面系统、无人水下系统，用以承担更多“枯燥的、脏的和危险的”军事任务；2013 年又发布了《无人系统综合路线图（2013—2038）》，着重强调了无人系统在战争中的应用能力。为此，美国国家标准研究院（NIST）和西南研究所联合建立了机器人标准试验场，如图 4.67 所示的就是用于测试地面机器人作战系统性能的试验场。至 2010 年 9 月，美军地面无人系统已用于超过 125 000 次作战任务，包括可疑物体识别、道路清理、临时爆炸物清理等。其中包括在研的班组任务支援系统（SMSS），如图 4.68a 所示。SMSS 系列具备语音控制、自主控制和路径规划等功能，并进行了实战测试[274]。由 iRobot 公司开发的 Packrobot 机器人如图 4.68b 所示[274]。Packrobot 目前共有三种型号，包括侦察型、探险型和处理爆炸型，可装载模块式轻型携载装置套具内，具有爬楼梯、防水等功能。2002 年夏季，Packrobot 首次投入战场，iRobot 公司披露截至 2006 年部署在战场的 Packrobot 超过 50 台，仅有 1 台在战斗中丢失[272]。另外，美军应用于战场的军用机器人还包括 SWORDS 系列、QinetiQ 公司推出的“龙行者”地面机器人、“魔爪”机器人及 MAARS 地面侦察车等。从应用方面看，美军主流陆战军用机器人均是依靠轮式系统进行运动。为适应山地环境，美军开发了两种足式运动的机器人，即 Petman 和 Bigdog，如图 4.69 所示。这两款机器人均由波士顿动力公司生产，Petman 外形魁梧，身高 1.83m，体重 83kg，金属骨架，由 30 个液压装置控制四肢，可模仿人体双足行走，行进速度 8km/h，可用于危险的化学战。Bigdog 可携重 200kg 物资，能以 12km/h 的速度模仿骡马在山区行走，可配合山地士兵行动。美军的 Talon 战斗机器人如图 4.70a 所示。Talon 安装了 5.56mm 口径 M249 轻机枪或者 7.62mm 口径 M240 机枪，引导系统包括 4 个摄像头和 1 个夜视仪，由操作员从指挥所实施控制。Talon 的俄制类似产品是 MRK-27-BT 机器人，由鲍曼莫斯科技术大学应用机器人设计所研制，MRK-27-BT 机器人配备了 2 部熊蜂火焰枪、1 部 7.62mm 口径佩彻涅格人机枪和 6 部发烟榴弹。引导系统包括 2 部摄像机，可在 200m 范围内进行有线控制，或 500m 内实施无线电操控。

图 4.67　美国军用地面机器人标准试验场

a）SMSS 系统

b）Packrobot

图 4.68　美军投入阿富汗战场的机器人

a）Petman 两足机器人

b）Bigdog 四足机器人

图 4.69　美军开发的两款足式军用机器人

a）Talon 战斗机器人

b）MRK-27-BT 战斗机器人

图 4.70 美俄两款战斗机器人

俄罗斯在军用机器人领域拥有雄厚的技术储备。2013 年，俄罗斯国防部成立了机器人技术科研实验中心，专门负责领导军用机器人的研发生产，并在捷格加廖夫兵工厂建立了一座军用机器人研发实验室，研制出了多种新型军用机器人。2014 年，俄罗斯国防部又制定并通过了研发机器人系统及应用于军事领域的规划，提出 2017 ～ 2018 年开始列装机器人。2014 年 11 月 16 日，俄军工综合体董事会成员奥列格・马尔奇亚诺夫表示，全部 5 个战略导弹发射基地已完成机器人安保系统的部署，这些机器人系统配备有光学、电子和雷达系统，不但能够保护战略导弹设施，还可探测、侦察、摧毁固定和移动目标，并为基地安保部队提供火力支援。2015 年，俄军事工业委员会机器人集团初步制定了机器人相关标准，包括机动、导航及人机互动等基本战斗技能。俄军已宣布将在每个军区和舰队中组建独立的军用机器人连，到 2025 年机器人装备将占据整个武器和军事技术装备的 30% 以上。

欧洲各国也积极开展军用机器人方面的研究和应用工作。英国研制的手推车（wheelbarrow）遥控车，可用于清理爆炸物；该车已生产 500 多辆，装备 40 个国家。其中“红火”（Redfire）的变型车曾在战争中用于扫雷。法国 AID 公司研制的一种 RM200 型轮式机器人车辆，可用电缆控制，车重 250kg，用于清理炸弹。德国有 14 家公司和大学研究机构从事军事机器人研究，其中道尼尔・埃尔特罗公司设计了一种遥控探雷车 SMG。

2. 空中军用机器人

空中机器人——无人机也是各国研发的重点。美国早在 1994 年就成功试飞了 RQ-1“捕食者”无人机。一套完整的“捕食者”系统包括 4 架无人机、一个地面控制站和一套卫星通信链路以及 55 名操作维修人员。RQ-1 包括两种型号：一种是 RQ-1A 型，主要用于侦察监视；另一种是 RQ-1B（也称 MQ-9）型，其上加装了对地攻击导弹。美国诺斯普罗・格鲁曼公司研制的 RQ-4A“全球鹰”，是美国空军乃至全世界最先进的无人机，如

图 4.71b 所示。“全球鹰”可携带光电、红外传感器系统以及合成孔径雷达等多种传感器。2001 年 11 月，美国首次将“全球鹰”用于战场，执行了 50 次作战任务，累计飞行 1000 小时，提供了 15 000 多张目标情报、监视和侦察图像。2013 年 7 月 10 日，美国海军飞行验证了一架 X-47B 无人作战飞机，以拦阻着陆方式成功降落在“乔治・布什”号航空母舰上，如图 4.71a 所示。X-47B 是历史上第一架无须人工干预，完全由电脑操纵的隐形无人机 [272]。

a）美国 X-47B

b）美国“全球鹰”

图 4.71　美国两款无人战斗机

在无人机方面，欧美及俄罗斯也不落后。由法国领导，瑞典、意大利、西班牙、瑞士和希腊参与研制的无人战斗机“神经元”（见图 4.72a）以其超强的隐身性能、高智能化、作战方式多样等特点，成为“战斗机的新纪元”。“神经元”无人机借鉴了美国 B-2 隐形轰炸机的设计，采用无尾布局和翼身融合设计，长约 10m，翼展约为 12m，最大起飞重量 7t，有效载荷超过 1t。俄罗斯米格公司在 2007 年推出了一款重型隐形无人机的模型，代号为“鳐鱼”（见图 4.72b）；公布资料中其翼展为 11.5m，全长 10.25m，机高 2.7m，最大低空飞行速度为 800km/h，最大武器载荷 2t，综合指标大致与美军 X-47 系列相当。2013 年，米格公司宣布在“鳐鱼”的基础上研制新型无人驾驶作战飞机。

a）欧洲“神经元”

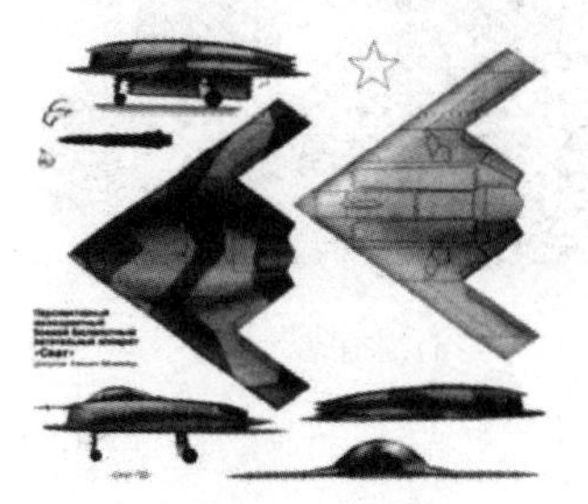

b）俄罗斯“鳐鱼”

图 4.72　两款无人战斗机

3. 空间军用机器人

在空间机器人方面，自 1960 年遥控机器人研究起步开始，苏联在机器人方面积累了丰富的经验。拉沃奇金设计局研制的“月球探测车 -1”（见图 4.73a）就是苏联机器人领域的最高成就之一。

a）月球探测车 -1

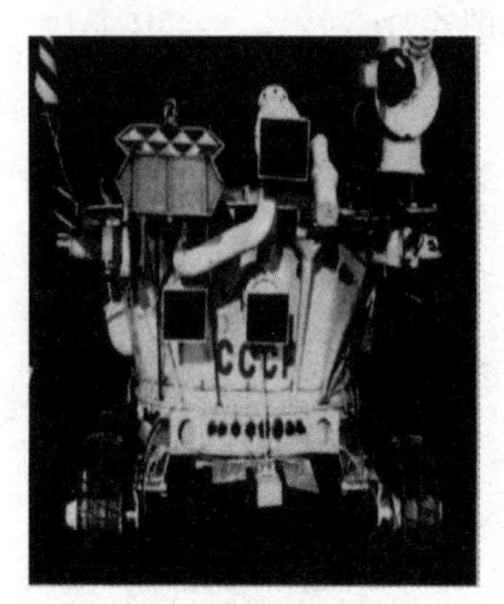

b）月球探测车 -2

图 4.73　苏联研制的月球探测车

1997 年，“旅居者”探测器（Sojourner Rover，如图 4.74a 所示）开始用于火星科研任务，其最高行走时速为 0.03 千米，它探索了自己着陆点附近的区域，并在三个月中拍摄了 550 张照片。美国国家宇航局（NASA）将机器人、遥控机器人和自动系统的研究作为重要策略，协同探测宇宙空间，其中包括行星地下探测机器人、维护导航点设施机器人（其维护示意图如图 4.74b 所示）、执行探索任务机器人和宇航员远程操作机器人等。

a）旅居者

b）空间网点维护机器人

图 4.74　美国空间机器人应用

世界上第一个成功应用于飞行器的空间机器人系统是加拿大 MD Robotic 公司于 1981 年研制的 SRMS，如图 4.75a 所示 [275]。该机械臂总长为 15.2m，由一个肩关节、肘关节和腕关节组成，主要功能为维修失效卫星，协助投放卫星进入正确轨道等。在此基础上，MD Robotic 公司又开发了应用空间站的遥控机械臂系统 MSS，如图 4.75b 所示。随后，美国开发了 FTS、Skyworker、Robonaut、Ranger 和轨道快车等系统，欧洲各国也推出了 ROTEX、ESS、ROKVISS 和 TECSAS 等项目，日本空间机器人项目包括 MFD 项目和 ETS-VII 项目，都不同程度地实现了空间站或飞行器的服务工作。中国在“八五”期间开发了一套“舱外自由移动机器人系统”EMR，如图 4.75c 所示，能够执行拧螺丝、插拔插头及抓拿漂浮物等精细操作，承担照看和维护科学实验等工作[275]。

a）SRMS

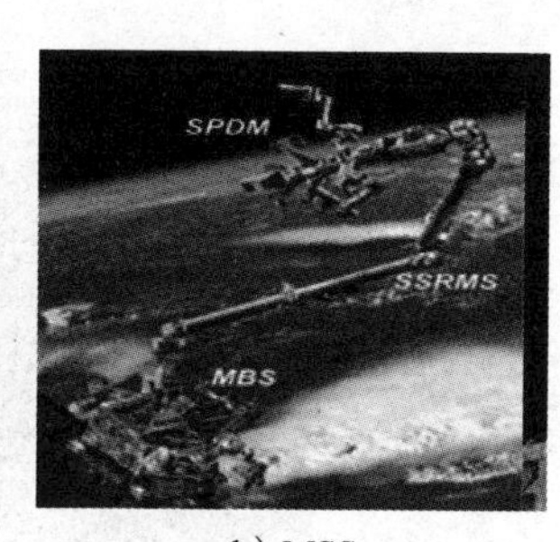

b）MSS

c）中国 EMR 系统

图 4.75　早期空间机器人

智能程度最高的自主型空间机器人来自 NASA 与通用汽车公司、海洋工程离岸油田机器人公司联合研制的人形机器人助手 Robonaut2 号（R2），如图 4.76a 所示。R2 是全球首位机器人宇航员，它的外皮材料具有屏蔽功能。从 2011 年起，R2 被放置于国际空间站上，协助宇航员完成清扫和日常维护等工作。2013 年 8 月 4 日，日本将首个会说话的 Kirobo 机器人送上太空，其可用日语同宇航员进行交流，如图 4.76b 所示。Kirobo 的语音处理技术来自丰田汽车公司，头部装有摄像机，具有面部识别功能。

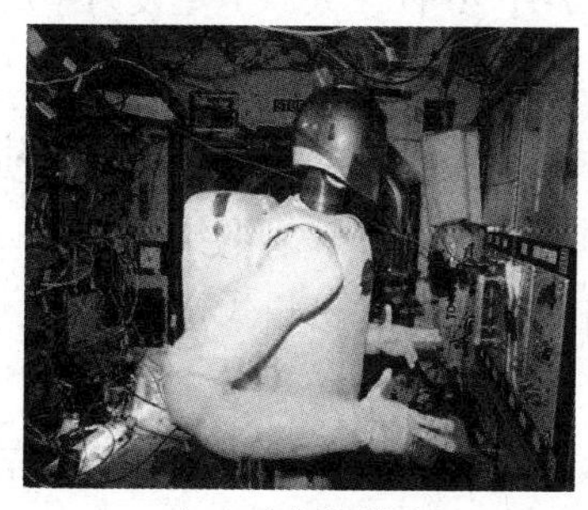
a）R2 空间机器人

b）Kirobo 空间机器人

图 4.76　NASA 和日本开发的机器人宇航员

在中国人民解放军总装备部、国家国防科技工业局以及国家“863 计划”的支持下，国内一些高校和研究所从 20 世纪 80 年代起就开展了移动机器人、智能车辆等轻型无人系统的研究。国内技术水平较高的科研院所将开发重点放在无人平台自主控制方面。“十一五”期间通过“轻武器智能作战平台技术”，实现了轻武器智能作战平台的遥控傲操、打击等功能，有一定的地形穿越能力，但速度较慢。2010 年，世博会投入使用了反恐机器人，如图 4.77a 所示，它具有一定的地形适应能力，能翻越障碍和爬楼梯。“十二五”期间开展了无人作战平台研究。2015 年 10 月，某型号单兵地面机器人（如图 4.77b 所示），正式亮相边防一线。此款机器人在远程操控、硬件集成等方面都有新突破，智能化程度更高。

a）反恐机器人

b）单兵地面机器人㊀

图 4.77　中国开发的两款军用机器人

我国空间机器人的研究主要集中在空间站的建立与宇宙飞船两个方面。“天空一号”的发射标志着中国已经掌握了空间交会对接技术及建立空间实验室的技术。2013 年 6 月 13 日，“神舟十号”飞船与“天空一号”顺利完成了自动交会对接，为空间站的建造储备技术奠定了基础。2015 年发射成功的“天宫二号”标志着我国正式的空间实验室大系统已经建成。在空间探索方面，我国起步较晚。2013 年 7 月 20 日，太原卫星发射中心用长征四号运载火箭，以“一箭三星”的方式，成功地将“创新三号”“试验七号”和“实践十五号”顺利送入预定轨道。2013 年 12 月 2 日，西昌发射升空的“嫦娥三号”着陆器和“玉兔号”月球车是我国首次开展的月面软着陆巡视探测行动，如图 4.78 所示。“玉兔号”的主要工作模式分为行走、探测和通信三类，采用摇臂悬架构型、轮式行走装置、独立驱动、立体视觉识别周围环境。

军用机器人作为未来战争的核心力量，已成为各国必争的战略制高点，发展军用机

㊀ 图片来源：https://timgsa.baidu.com/timg?image&quality=80&size=b9999_10000&sec=1560155388&di=49c8978e5100032a51f40fc535c9c4e0&imgtype=jpg&er=1&src=http%3A%2F%2Fimg4.cache.netease.com%2Fnews%2F2015%2F12%2F15%2F2015121515252142f52_550.jpg。

器人不仅能够体现国家的高科技实力和水平，而且还可以提升国家的整体技术水平，巩固国防和维护国家安全。智能控制和动力是制约我国机器人军事应用的主要瓶颈。与国产工业和服务机器人一样，我国军用机器人缺乏统一标准，部分关键部件严重依赖进口。

图 4.78　嫦娥三号㊀（左）和玉兔号㊁（右）

军用机器人的发展呈现以下趋势：①随着智能化水平的提高，军用机器人向侦查 / 打击 / 评估一体化的趋势发展；②军用机器人集群化发展，向海、陆、空、天多领域多维度协调作战发展；③与信息技术深度融合，加快军队网络化进程；④隐形化。

4.4.3　水下机器人

海洋占地球表面积的 71%，富含大量矿藏资源，随着陆地资源地过剧消耗，有效探索和开发海洋资源已成为人类生存发展的必然选择，因此，各国纷纷发展水下机器人以应对海洋开发的需求。深海水下机器人（Unmanned Underwater Vehicle，UUV）在海洋科学研究、海洋工程作业，以及国防军事领域应用广泛，其水下工作深度一般在 4500m 及以上，大致可分为自主水下机器人（Autonomous Underwater Vehicle，AUV）、有缆遥控水下机器人（Remotely Operated Vehicle，ROV）和自主 / 遥控水下机器人（Autonomous & Remotely Operated Vehicle，ARV）三类，其主要区别在于能源供给和数据传输不同。AUV 自带能源，无线传输数据，作业时间短，数据实时性差；ROV 依靠电缆提供动力和传输数据，作业范围受限；ARV 结合了前两者的优点，自带能源，由光缆实时传递数据，可实现水下大范围精确调查和局部区域的定点作业，成为当今水下机器人的研究热点 [276-277]。

AUV 可以搭载大量海洋地理科学的传感器，包括地球地理学仪器、地球化学仪器、海底图像工具和海洋地理仪器等。AUV 所搭载的传感器将决定水下机器人的下潜

㊀ 图片来源：https://www.guancha.cn/TMT/2013_12_23_194707.shtml。

㊁ 图片来源：http://www.sohu.com/a/108820198_348738。

深度、速度和耐受力。SSS 和 SBP 等高能传感器由于能耗高而将降低机器人耐受力，而高分辨率海底图像设备则需要机器人缓慢靠近海床，MBES（Marine Biomedicine and Environmental Sciences，海洋生物环境科学）调查速度则更快一些。进行海底地理科学研究时，AUV 的典型速度在 1.5 ～ 2.0m/s[278]。

1. 国外深海水下机器人

随着计算技术和人工智能的发展，水下机器人技术日臻成熟，美国、日本、加拿大、法国、德国、挪威等国家都在国内成立了水下机器人研究所或者在高校成立了水下机器人实验室，如美国伍兹霍尔海洋研究所、美国海军研究生院、麻省理工学院、英国海洋技术中心、日本东京大学和法国海洋研究所等[277,279]。

美国 ARV 研制目前处于世界前列，由伍兹霍尔海洋研究所（Woods Hole Oceanographic Institution，WHIO）于 2008 年研制成功的“海神涅柔斯”号 HROV 如图 4.79a 和图 4.79b 所示，是目前世界上唯一可进行深海探测的 ARV。涅柔斯 HROV 自带电源，既可以采用 AUV 模式（图 4.79a）进行海底调查，也可通过光缆与水面支持母船进行实时通信，以 ROV（图 4.79b）模式进行定点作业，现场短时间内可实现模式切换[277]。“海神涅柔斯”号主要用于地球、生命等科学探索，2009 年其成功下潜至马里亚纳海沟 10 902m 水深处，2014 年 5 月 10 日，“海神涅柔斯”号在探索新西兰的克马德克海沟时在水下 9900m 处失踪[277]。

a）涅柔斯 AUV

b）涅柔斯 ROV

c）Nereid UI

图 4.79　涅柔斯 HROV 和 Nereid UI

自 2011 年，WHOI 在“海神涅柔斯”号研究的基础上开始研制新的混合型水下机器人 Nereid UI，如图 4.79c 所示。其最大工作水深达 2000m，可携带 20km 的光纤微缆，并搭载多种传感器，可实现大范围的冰下观测和取样工作[277]。

由美国海军海洋局、海军研究所和伍兹霍尔海洋研究所协作研发的 REMUS 6000 智能水下机器人（如图 4.80a 所示[279]），是世界上智能水平最高的水下机器人。其最大工作水深达 6000m，可连续运行 22h，由挪威 Kongsberg 公司成功商业化后被多个国家采购。2010 年，REMUS600 成功应用于搜索法航 447 的发动机残骸[280]。而 Kongsberg 公司自主研发的 Hugin（如图 4.80b 所示），最大下潜深度可达 4500m，并可搭载多种传感器，适用于海洋勘探、海底地形绘制及海洋监视等工作 [279]。

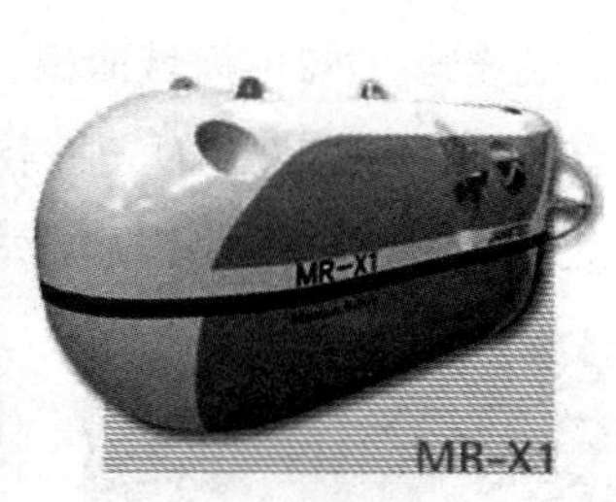

a）REMUS 6000　　b）Hugin　　c）“海沟”号　　d）MR-X1

图 4.80　挪威和日本的水下机器人

日本在 AUV 领域处于世界领先水平，其自主研发的“海沟”号无人潜水器（如图 4.80c 所示），最大下潜深度可达到 10 000m 以上，曾精确测量到马里亚纳海沟的深度，“海沟”号可搭载相机、雷达、深海地层剖面仪等多种传感器，并可自主完成多项作业 [279]。日本海洋科学与技术中心开发的 MR-X1（如图 4.80d 所示），其最大工作深度为 4200m，具有自主、遥控、无线三种工作模式，主要用于海洋精确观察和在海底安装观测设备 [277]。

另外，法国 Cybernetix 公司研制的混合式水下机器人 Swimmer，采用 AUV 携带 ROV 方式航行到预定地点，与水下系统对接，可执行水下生产系统检查和维护作业。法国海洋研究所研制的 HROV Ariane（“阿丽亚娜”号）可用于沿海冷水珊瑚礁、海底峡谷、海山等地形进行勘察和生物多样性观测 [277]。进入 21 世纪之后，挪威 Kongsberg 公司的 REMUS 系列和 HUGIN 系列、美国 Hydroid 公司的 Bluefin 系列 AUV、美国 Teledyne 公司的 Cavia 系列 AUV 和英国南安普顿国家海洋中心（NOC）研制的 Autosub 6000 等均在海上作业领域发挥着重要作用，同时 AUV 技术趋于成熟并被商业化，标志着 AUV 已进入较大规模的实际应用阶段 [276]。

2. 国内深海水下机器人

“十二五”期间，在国家海洋局和中国科学院的大力支持下，沈阳自动化研究所在 6000m 级 CR-01 和 CR-02 ⊖ 深海 AUV 的基础上，面向深海资源调查和海洋科学研究的需求，分别研制了“潜龙”系列深海 AUV 和“探索”系列 AUV 两个技术体系 [276]。

“潜龙一号”是中国大洋矿产资源研究开发协会办公室支持研制的我国首台实用化 6000m 级 AUV，如图 4.81a 所示。“潜龙一号”以海底多金属结核资源调查为目的，主要用于海底地形地貌、地质结构、海底流场、海洋环境参数和光学探测等精细调查。2013

⊖ CR-01 和 CR-02 是与俄罗斯合作研制，其中 CR-01 已成功应用于太平洋多金属结核调查中。

年9月，“潜龙一号”首次赴太平洋多金属结核区执行调查任务，截至2018年已在多金属结核区等区域累计完成作业40次。它的续航时间是30h，最大工作深度为6000m，能够覆盖全球97%的海域面积，其上搭载了我国自主研发的测深侧扫声呐、浅地层剖面仪、国产高清照相机，同时还搭载了CTD等多种水文探测传感器，具有大范围声学调查和近海底光学调查两种工作模式[276]。

a）潜龙一号

b）潜龙二号㊀

c）潜龙三号㊁

图4.81 “潜龙”系列水下机器人

“潜龙二号”4500m级AUV是“十二五”期间国家863计划海洋技术领域支持研制的重大项目，是首台在考察西南印度洋进行热液资源勘察的国产AUV，如图4.81b所示。“潜龙二号”是仿鱼形流体外形，采用4个可旋转推进器的动力布局，最大深度为4500m，续航时间30h，艏部安装用于避障的二维多波束声呐，搭载测深侧扫声呐、磁力计、甲烷、温盐仪、照相机等多种探测载荷，具备声学调查和近底光学调查两种工作模式[276]。

“潜龙三号”是我国自主研制的潜水器，如图4.81c所示，由中国大洋协会与中科院沈阳自动化研究所、国家海洋局第二海洋研究所联合研制，其于2018年4月20日凌晨在南海进行首次海试，下潜深度预计为海平面以下3900m。“潜龙三号”在“潜龙二号”的基础上进行了优化升级，是我国最先进的无人无缆潜水器。在深海复杂地形中进行资源环境勘查时，“潜龙三号”具备微地貌成图、温盐深探测、甲烷探测、浊度探测、氧化还原电位探测等功能。“潜龙三号”最大续航力创下了深海AUV单潜次航程新纪录，总航程156.82km，航行时间42.8h，满足续航力30h的技术指标要求，这些都大大提高了单潜次试验探测面积㊂。

如图4.82a所示的“探索4500”AUV，是中国科学院战略性先导科技专项支持研发的4500m级AUV，其主要技术指标与“潜龙二号”基本相同。“探索4500”搭载了更多种类的科学探测载荷，其水下工作时间缩减到了20h。它主要用于冷泉区近海底的声光调查，是我国首台用于冷泉科考的国产AUV。2016年7月在完成海试后，“探索4500”已

㊀ 图片来源：http://www.cas.cn/yx/201802/t20180213_4636212.shtml。

㊁ 图片来源：http://k.sina.com.cn/article_6367142120_17b82e0e8001006m67.html。

㊂ 资料来源：百度百科——潜龙三号。

经累计作业 24 次，成为我国冷泉科学调查的标准装备 [276]。

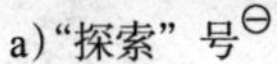
a)“探索”号㊀

b)“发现”号㊁

c)“北极”号㊂

图 4.82　“探索”号、“发现”号和“北极”号

2017 年 7 月，基于“科学”船，“探索 4500”AUV 与“发现”号 ROV（如图 4.82b 所示）在我国南海北部冷泉区开展了我国首次 AUV 和 ROV 的协同联合作业试验，开创了海洋科考作业的新模式。AUV 与 ROV 协同作业将 AUV 区域探测的优势和 ROV 定点作业的优势相结合，取得了良好的作业效能 [276]。

中科院沈阳自动化所于 2003 年在国内率先提出了自主 / 遥控水下机器人的概念，并于 2008 年至 2014 年间将“北极”号 ARV 应用于中国第三次、第四次、第六次北极科考（如图 4.82c 所示）。在北极科考期间，“北极”号 ARV 自主完成了对指定海冰区的连续观测，通过其搭载的多种传感器，获取了大量海冰物理数据及海冰底部视频，这些数据可定量计算出太阳辐射对该纬度海冰融化的影响，同时从动力学和热力学两个方面分析出海水对北极海冰的影响。“北极”号 ARV 在北极科考中的多次成功应用刷新了我国水下机器人在高纬度下开展冰下调查的记录，也提升了我国水下机器人的技术水平和国际影响力 [277]。

海洋观测和资源勘查是一个长期的过程，对工作时间、远航里程、水下工作深度、水下作业能力的要求都很高。在全球范围内，深海水下机器人正在向着专业化、模块化、集群化、智能化和极端化方向发展。

3. 水下仿生机器人

模仿海洋生物适应性的水下仿生机器人能够更好地适应海洋环境，更好地了解和开发海洋资源，其已在军事、民用、科研等领域体现出广阔的应用前景和巨大的潜在价值 [281]。水下仿生机器人是从模仿鱼类游动开始的，从早期模仿鱼类尾部运动发展到现阶段采用新型仿生材料和新型仿生驱动方式实现推进 [38]。

1994 年，麻省理工学院模仿金枪鱼研制出了世界上第一条真正意义上的机械鱼

㊀ 图片来源：http://www.sia.cn/xwzx/tpxw/201708/t20170810_4840932.html。

㊁ 图片来源：http://www.legaldaily.com.cn/gallery/content/2017-08/25/content_7294041.htm?node=81110。

㊂ 图片来源：http://www.cas.cn/yx/201409/t20140910_4199582.shtml。

Robotuna，如图 4.83a 所示。早期的机器鱼主要模仿鱼类运动，推进模式采用身体 / 尾鳍（Body/Caudal Fin，BCF）推进模型，同时注重模仿鱼的外观 [38]。

后来，推进模式从 BCF 逐步向中鳍 / 对鳍（Media/Paired Fin，MPF）推进发展，如英国埃塞克斯（Essex）大学于 2005 年研制出的生物仿生鱼，如图 4.83b 所示。其运动方式是像鱼类一样依靠胸鳍和尾鳍的摆动来完成直线运动和转向，而且外观很漂亮 [38,282]。

a）MIT Robotuna

b）Essex 仿生鱼

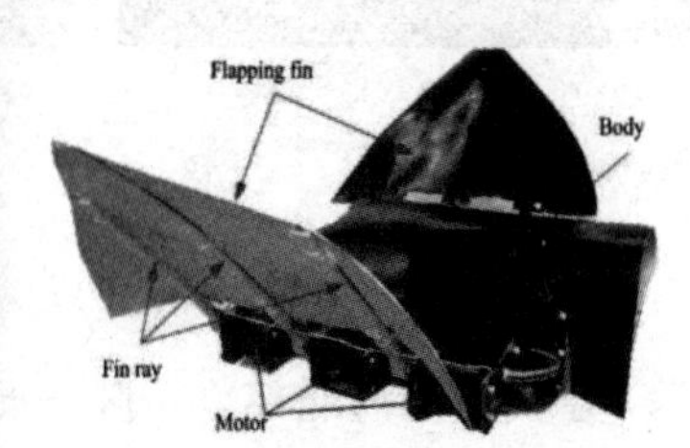

c）RoMan-Ⅱ

图 4.83　仿生机器鱼

近年来，随着仿生材料、柔性材料的出现，采用柔性驱动成为水下仿生机器人的一个研究热点，高分子聚合物 – 金属复合材料、镁合金材料和介电弹性材料及电热制动驱动的纳米碳复合材料已广泛用于制造水下仿生机器人 [38,283]。2010 年，新加坡南洋理工大学研究人员从蝠鲼等采用胸鳍摆动进行推进的运动方式中得到启发，研制出 RoMan-Ⅱ 仿生蝠鲼试验样机，如图 4.83c 所示。其身体两侧平均分布有 6 个柔性鳍条，通过鳍条的拍动产生推进力，可完成原地转弯和直线后退等高难度动作，稳定巡航时，速度可达到 0.5m/s[284]。2011 年，美国弗吉尼亚大学也研制出类似的仿生蝠鲼，其质量为 55.3g，速度可达 0.4cm/s[285]。

国内开展水下仿生机器人研究主要包括北京航空航天大学、国防科技大学、中国科学院自动化研究所、哈尔滨工业大学等机构。北京航空航天大学是国内开展机器鱼研究最早的单位之一，1999 年，其开始开展 BCF 模式水下仿生推进航行体的研究，2004 年成功研制出“SPC-Ⅱ”仿生机器鱼，如图 4.84a 所示。SPC-Ⅱ仿生鱼身长 1.21m，最高时速可达 1.5m/s，能够在水下连续工作 2 ～ 3h，并被应用于水下考古工作 [286]。

在仿生扑翼方式推进的水下机器人方面，2010 年，北京航空航天大学机器人研究所开发了一款仿生牛鼻鲼样机，名为 Robo-Ray Ⅱ，如图 4.84b 所示。Robo-Ray Ⅱ主体部分为结构简单的柔性躯干，由两侧的气动肌肉驱动，垂直方向舵用来控制转向。仿生牛鼻鲼的总翼展为 56cm，体长为 32cm[287]。2011 年，北京航空航天大学机器人研究所又研发了一条与 Robo-Ray Ⅱ外形相似的，采用伺服电机驱动的仿生牛鼻鲼样机，如图 4.84c 所示，其体长和翼展分别为 46cm 和 71cm。

2009 年，哈尔滨工业大学研制了一条以柔性胸鳍摆动方式推进的形状记忆合金（Shape Memory Alloy，SMA）丝驱动型仿生蝠鲼机器鱼，如图 4.85a 所示 [287]。该机器鱼身体呈现扁平形状，有一对三角形的柔性仿生胸鳍，直线游动速度可达 79mm/s，最小转弯半径为 118mm[288]。哈尔滨工业大学还研制出了一台波动鳍仿生 AUV 样机，该样机采用左右对称的 5 对鳍条驱动，鳍条的驱动采用形状记忆合金材料，水池测试实验表明，该样机的最大直线游动速度为 40mm/s，最大转向速度为 22°/s[289]。

a）SPC-Ⅱ

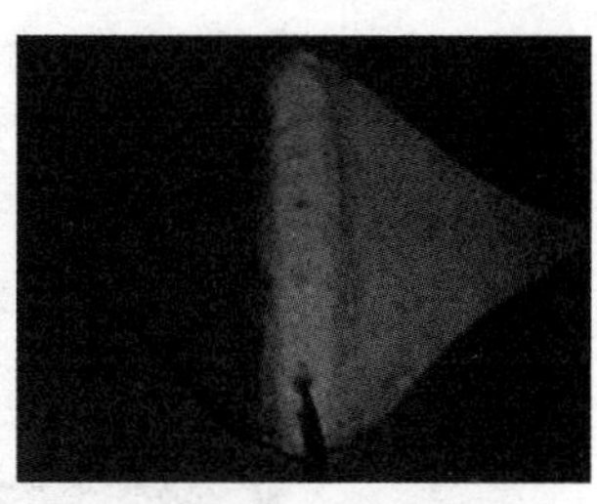

b）气动式仿生牛鼻鲼

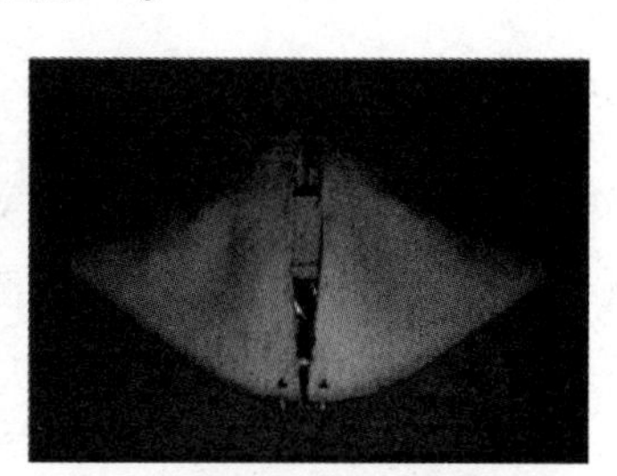

c）电动式仿生牛鼻鲼

图 4.84　北航仿生机器鱼

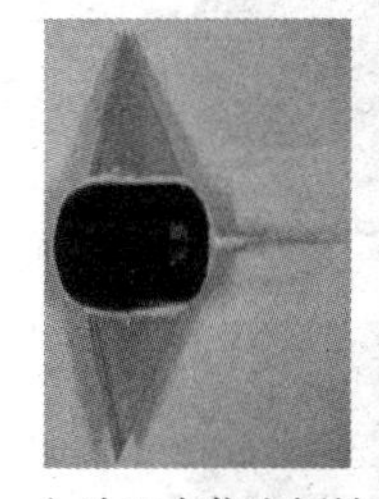

a）哈工大仿生蝠鲼

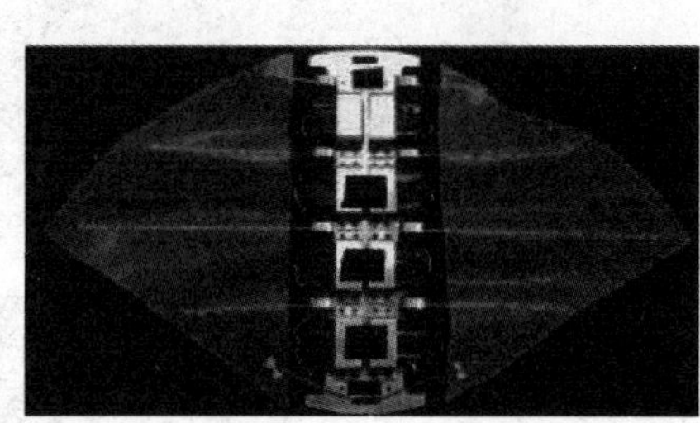

b）国防科大仿生蝠鲼

c）北大仿生海龟

图 4.85　国内机器鱼举例

国防科技大学也是国内研究仿生机器鱼较为深入的机构，其研制出了与南洋理工大学的 RoMan-Ⅱ结构类似的仿生蝠鲼样机，如图 4.85b 所示。该仿生蝠鲼由 4 对左右对称的鳍条拍动推进，每个鳍条通过一个伺服电机驱动，可实现前行、后退、原地转弯、行进转弯等运动模式，水池测试实验测定其游动速度可达 0.15m/s。国防科技大学还在以实验手段研究波动理论，并研制出两台单鳍和多鳍波动推进的仿生 AUV 试验样机，两台样机的鳍条都采用刚性材料，柔性鳍面则选用弹性较好的橡胶材料 [290-291]。中国科技大学在长鳍波动推进方面则侧重于通过 CFD 仿真和实验手段研究波动机理及形状记忆合金驱动仿生鳍条实现波动推进的相关理论和技术 [292]。

在多鳍拍动方面，2008 年北京大学研制了一个四鳍拍动推进的仿生机器海龟，如图 4.85c 所示 [287]。该仿生海龟的 4 条鳍对称地分布在躯体的周围，通过 4 条鳍的协调拍动，可以在任意方向上产生推进力，实现包括上升、下潜、滚转和悬停等复杂动作[293]。2011年，华中科技大学研制了一款名为MiniTurtle-I的具有较强环境适应性的仿生两栖AUV样机[294]，中科院自动化所也研发了一条双鳍驱动的仿生AUV样机，每个波动长鳍由一张柔性弹性膜和10根鳍条组成，每个鳍条由一个直流伺服电机控制其上下拍动，通过20个电机的协调运动产生推进波推动躯体前进[295]。

4.4.4 微型机器人

微小型机器人技术是正在兴起的机器人研究新领域，包括微机械及其基础材料、微电子、微驱动与控制技术、微测量技术、微传感器、微能源、微系统设计等。图4.86中所示的是各种不同的微型机器人。

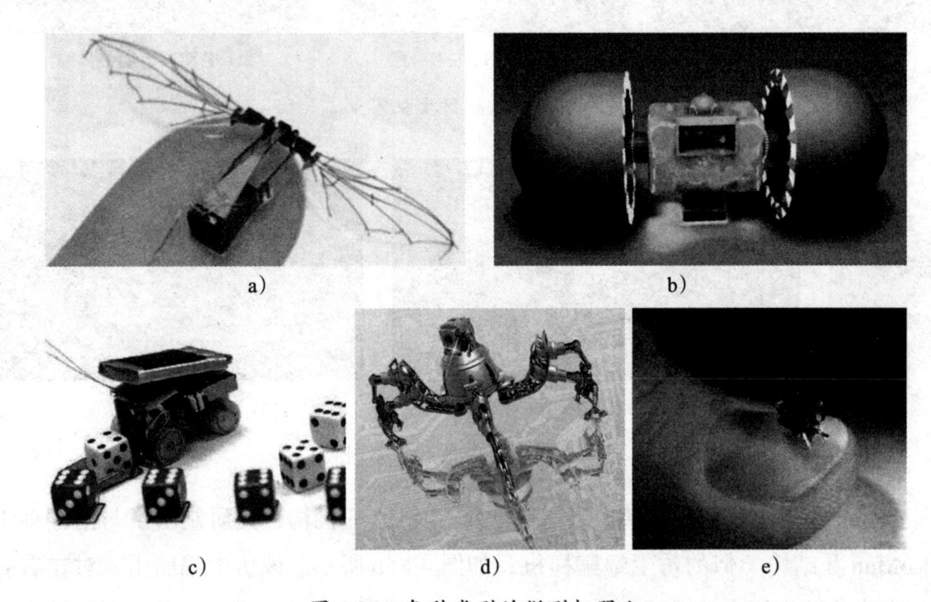

a)　b)　c)　d)　e)

图4.86　各种类型的微型机器人

如图4.86a所示是一架微型无人机，其在战场侦察、生化探测等诸多方面有着巨大的应用潜力。图4.87中所示的是另外两款微型无人机，微型无人机1为扑翼型，微型无人机2为旋翼型。微型无人机的飞行方式包括像飞机一样采用固定翼的、像昆虫一样采用扑翼的，以及像直升机一样采用旋翼的。微型飞机遇到的主要困难包括动力问题、空气动力学问题、通信与控制问题、侦察传感器问题等。图4.86b中所示的是胶囊机器人，其可用于疏通人体内血栓、肿块等，可减轻栓塞病患者痛苦。图4.86c、d和e分别为三个微型机器人模型，其尺寸较人指甲还要小很多。

较微型无人机更小的微纳米尺度机器人则是指大小在微纳米级别的小型机器人，在生物医学、环境处理等领域有着非常重要的潜在应用，主要包括微创外科手术、靶向治疗、细胞操作、重金属检测、污染物降解等。与大型机器人靠惯性运动不同，驱动纳米机器人必须提供源源不断的动力，但由于其尺寸微小，如电池、发动机等之类的动力源很难装载在机器人身上，因此纳米机器人的研发在驱动方式存上在诸多挑战。

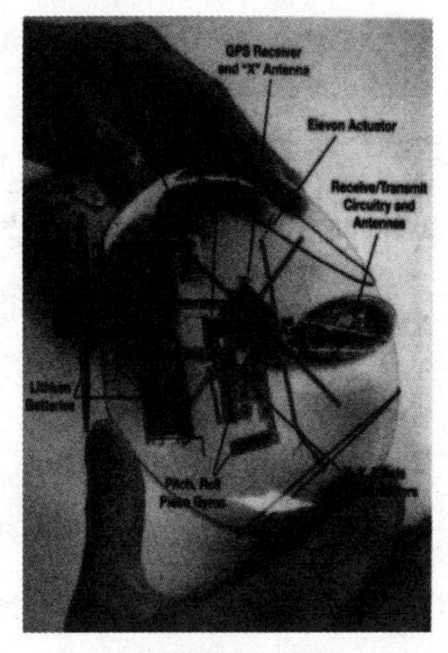

a）微型无人机 1

b）微型无人机 2

图 4.87　两款微型无人机

纳米机器人的概念最早是由诺贝尔物理学奖得主理查德·费曼于 1959 年提出的。按照驱动机理分类，微纳米机器人可分为自驱动（自动）和外场驱动（非自动）两种类型。自驱动微纳米机器人是指微纳米机器人自身能够从所处流体环境中获得动力，包括自电泳驱动、自扩散驱动、自热泳驱动、气泡驱动等方式。场外驱动微纳米机器人是指在外场作用下发生运动，包括磁场驱动、声场驱动、光驱动等。低强度、低频率磁场能够穿透生物组织且对生物体无害，因此磁场驱动机器人在生物医学诊疗应用中有着非常重要的意义[296]，图 4.88 所示的是两款磁致驱动微型机器人。图 4.88a 为韩国成均馆大学 Park 课题组以阳极氧化铝（Anodic Aluminum Oxide，AAO）为模板制备出的 Pd 纳米弹簧；2014 年美国加州大学圣地亚哥分校 Wang 课题组制备出了螺旋推进式纳米机器人。图 4.88b 为 Wang 课题组 2013 年以植物叶子中螺旋形导管为模板制备得到的大量直径和长度在几十微米的螺旋推进式机器人。这类纳米机器人在靶向送药领域具有非常广泛的潜在应用。

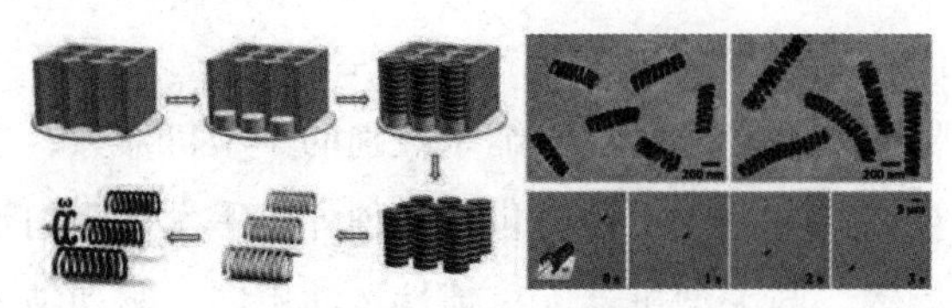

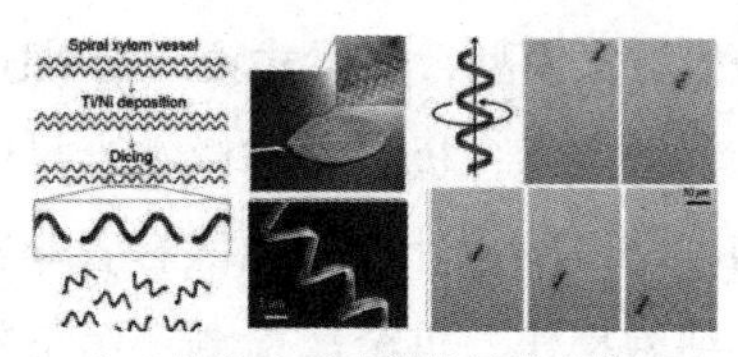

a）以阳极氧化铝为模板　　　　b）以植物叶子中螺旋导管为模板

图 4.88　两款磁致驱动纳米螺旋机器人

4.4.5　无人机及无人驾驶汽车

无人机和无人驾驶汽车最初的研究目的都是应用于战场，而且体积都是比较大的，旨在减小己方伤亡，提高对敌方的杀伤力。随着微型处理器的发展，处理复杂控制算法已不再需要大体积、大重量的控制器，这大大减轻了无人机和无人驾驶汽车的体积和重量，从而刺激了它们在民用生产中的需求和发展。

1. 无人驾驶飞机

无人驾驶飞机简称“无人机”（Unmanned Aerial Vehicle，UAV)，是利用无线电遥控设备和自备程序控制装置操纵的不载人飞机，或者是由车载计算机完全地或间歇地进行自主地操作。无人机按应用领域，可分为军用与民用。军用方面，无人机分为侦察机和靶机。部分军用无人机在 4.4.2 节中已有叙述，这里不再重复，仅介绍民用无人机的应用情况。

无人机进入大众视野主要得益于大疆创新。2014 年，湖南卫视的《爸爸去哪儿》节目中航拍效果受到好评，剧组采用的就是大疆创新的 Phantom 系列产品，如图 4.89 所示。Phantom 系列配置了高端摄像器材，出色地完成了风光远景的拍摄，为航拍娱乐、电影、纪录片制作降低了成本，也大大拓展了无人机的应用范围。

到 2014 年，大疆创新的营业额已经超过 30 亿元，占据市场份额近 70%，带动了国内无人机创业、投资的热潮。全球范围内，法国 Parrot 公司、美国 3D Robotics 公司和深圳大疆是三大无人机市场龙头企业。“无人机 + 行业应用”不断拓展着其应用范围，在航拍、农业、植保、微型自拍、快递运输、灾难救援、观察野生动物、监控传染病、测绘、新闻报道、电力巡检、救灾、影视拍摄等领域都得到了广泛应用。据《2017 年中国无人机市场报告》分析，预计到 2025 年，国内无人机航拍市场规模约为 300 亿元，农林植保约为 200 亿元，安防约为 150 亿元，电力巡检约为 50 亿元，总规模将达 750 亿元。

按照技术划分，无人机可分为固定翼、直升机、多旋翼、无人飞艇、伞翼机和扑翼式等六大类，其中前三类的应用最为广泛，主要特点如表 4.6 所示。其中，多旋翼飞行器的优点是结构简单、价格相对低廉，缺点是飞行时不太稳定、很难控制、容易因侧翻而坠机，过去因导航系统体积庞大，难以应用在小型飞行器上。直到 20 世纪 90 年代以后，MEMS 技术的发展推进了体积小、质量小的导航系统研制成功。配合逐步成熟的控制算法，多旋翼无人机应用场景得到迅速拓展。

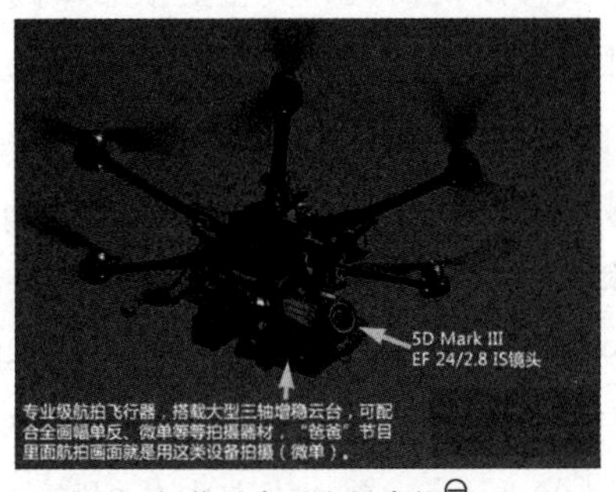

a）节目中无人机介绍㊀

b）Phantom 2 Vision㊁

图 4.89　大疆无人机

表 4.6　无人机类型及其特点

类型	结构原理	稳定性	特点及应用
固定翼	翅膀形状固定，通过流过机翼的风提供升力	• 完整驱动，自稳定系统 • 自身抵抗气流的干扰来保持平衡	载重较大，价格较贵，适用于普通客机、歼击机等
直升机	靠 1 ～ 2 主旋翼提供升力，机械结构复杂，控制旋翼桨面变化来调整升力方向	• 完整驱动，不稳定系统 • 可自由调整姿态	在搜救机部分巡视场景中有应用
多旋翼	4 个或更多个旋翼，可垂直起降，机械结构简单动力系统只需电机直接连桨	不稳定、很难控制好、侧倾后易坠机	价格较低，常见于娱乐及商业用途

无人机发展主要呈现如下趋势和特点。

- 无人机发展与新兴信息技术产业密切相关。大数据、云计算、物联网等都深刻地影响着无人机技术变革。
- 人工智能技术对无人机的发展有着核心的引导作用。智能飞控要解决开放性、自主性和自学习，从而实现多机协同路径规划和决策。
- 大力发展“无人机 + 行业”，大力拓展无人机在教育科研、航拍、林业消防、快递行业、检验检疫、救生医疗和电力行业等领域的应用。

除了主流航空企业在开展无人机业务之外，大量互联网公司包括亚马逊、谷歌、

㊀ 图片来源：https://ss1.bdstatic.com/70cFvXSh_Q1YnxGkpoWK1HF6hhy/it/u=2246546083,3382502926&fm=26&gp=0.jpg。

㊁ 图片来源：http://qicai.fengniao.com/slide/420/4207039_1.html#p=1。

Facebook、腾讯、小米等，也在开展相关的业务，这必将推动无人机发展更加深入和广泛的应用。

2. 无人驾驶汽车

无人驾驶汽车是智能汽车的一种，也称为轮式移动机器人，其主要依靠车内的以计算机系统为主的智能驾驶仪来实现无人驾驶的目标[296]。无人驾驶概念由美国工业设计师诺曼·贝尔·格迪斯（Norman Bel Geddes）提出，第一辆真正的无人驾驶汽车由S. Tsugawa及其同事于1977年在日本筑波城市机械工程实验室研制，时速可达30km/h。

无人驾驶汽车是在网络环境下用计算机技术、信息技术和智能控制技术装备起来的汽车，最早应用于军用，并迅速拓展到民用。1999年，丰田汽车为旗下部分汽车配备了基于雷达的自适应巡航控制，可以与前车保持安全距离。真正意义上的无人驾驶汽车源自于卡内基梅隆大学研发的Navlab系列，如图4.90所示。1984年卡内基梅隆大学开始研制无人驾驶汽车，1986年制作第一辆Navlab-Ⅰ，可完成图像处理、图像理解、传感器信息融合和本体控制等功能。Navlab-Ⅰ传感器主要包括彩色摄像机、陀螺、超声传感器、光电编码器和GPS等，其在CMU校园网道路的运行速度为12km/h，使用神经网络控制器可实现最高速度88km/h。经过升级改造，1999年卡内基梅隆大学推出了Navlab-Ⅴ，首次进行了横穿美国大陆的长途自主驾驶实验，其中自主驾驶行程占总路程的98.1%，其最新车型为Navlab11。根据SAE（Society of Automotive Engineers）标准，无人驾驶的具体分级情况如表4.7所示。

a）Navlab-Ⅰ

b）Navlab-Ⅴ

图4.90 卡内基梅隆大学研发的Navlab系列

进入21世纪，国外汽车产业巨头沃尔沃、梅赛德斯奔驰、特斯拉等，其他机构如斯坦福大学、苹果、谷歌等都加入了无人驾驶汽车的行列。其中，谷歌开发的Google无人车（见图4.91a）以及特斯拉与博世开发的Model S（见图4.91b）是较为成熟的无人驾驶汽车。

谷歌无人驾驶汽车包括雷达、车道保持系统、激光测距系统、红外摄像头、立体视觉、GPS/惯性导航系统、车轮角度编码器等，并于2012年在内华达州机动车辆管理局获得了无人驾驶汽车牌照，目前测试已超过48万公里[132]。在谷歌上交给加利福尼亚州政府的测试报告里称，从2014年9月到2015年11月期间，谷歌无人驾驶汽车行程68万公里，共发生341次意外事故，表明谷歌在安全性能和自动控制方面都达到了新高度。

表4.7 无人驾驶汽车分级

类型	级别名称	特点
0级	有人驾驶	• 由人类驾驶员全权操控汽车 • 可以得到警告或干预系统的辅助
1级	驾驶支援	• 通过驾驶环境对方向盘和加减速中的一项操作提供驾驶支持 • 其他的驾驶动作都由人类驾驶员进行操作
2级	部分自动化	• 通过驾驶环境对方向盘和加减速中的多项操作提供驾驶支持 • 其他的驾驶动作都由人类驾驶员进行操作
3级	有条件自动化	• 由无人驾驶系统完成所有的驾驶操作 • 根据系统要求，人类驾驶者需要在适当的时候提供应答
4级	高度自动化	由无人驾驶系统完成所有的驾驶操作。根据系统要求，人类驾驶者不一定需要对所有的系统请求做出应答，包括限定道路和环境条件等
5级	完全自动化	在人类驾驶者可以应付的所有道路和环境条件下，均可以由无人驾驶系统自主完成所有的驾驶操作

a) Google无人车

b) Model S

图4.91 谷歌和特斯拉开发的无人驾驶汽车

博世公司对两辆特斯拉Model S电动车进行改装，通过立体摄像机识别车道、路标及畅通路段，车辆周围360度路况信息可在车内显示屏上显示，并已在美国加州和德国进行测试，实现了汽车电动与自动化的结合。

我国从20世纪80年代开始了无人驾驶汽车的研究，国防科技大学在1992年研制出了国内第一辆真正意义上的无人驾驶汽车；2005年首辆城市无人驾驶汽车在上海交通大学研制成功。我国自主研制的无人车——由国防科技大学自主研制的红旗HQ3无人车（如图4.92a所示），于2011年7月14日首次完成了从长沙到武汉286km的高速全程无人驾驶实验。

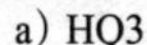

a）HQ3

b）百度无人车

图 4.92　国内两款无人驾驶汽车

2015 年 12 月，百度宣布其无人驾驶车实现城市、环路和高速公路混合路况下的全自动驾驶。2017 年百度通过了复杂路况下的无人驾驶测试；2018 年，百度宣布量产无人驾驶汽车，媒体报道最新百度无人驾驶汽车顶上装有动态激光雷达，可 360° 旋转，车身还有固态激光雷达、摄像头、毫米波雷达等传感装置，现代感十足。

麦肯锡全球研究院 2013 年 5 月发布的《未来 12 项可能改变全球生活、企业与经济的颠覆性科技》中即包括“自动或半自动导航与驾驶的交通工具”，报告中还指出 2025 年无人驾驶汽车将带来 1000 亿～ 1400 亿美元的经济影响。波士顿咨询公司于 2015 年发布的《变革与监督：自动驾驶汽车的成败关键》预测，无人驾驶汽车的市场渗透率有望在 2025 年达到 12% ～ 13%，市值可达 420 亿美元，中国将成为最大的无人驾驶汽车市场。从全球发展趋势来看，无人驾驶汽车呈现出以下趋势和特点。

- 从发展趋势看，IT 行业巨头纷纷与传统汽车厂商进行跨界合作。
- 从未来应用看，法律与价格问题是影响无人驾驶汽车普及的关键因素。
- 从技术关键看，信息采集、信息处理、信息通信是推动无人驾驶发展的三大关键技术领域。

4.5　本章小结

内容总结

本章在介绍全球范围内机器人市场和各国机器人发展战略的基础上，按照应用领域的不同来阐述工业机器人、服务机器人和特种机器人的当前应用情况。可以清晰地看出，机器人已无处不在、无孔不入地深入人类的日常生活、公共服务、医学诊疗、工业生产、救灾抢险以及太空探索等人类所能触及的各个行业领域。

进入 2010 年之后，各国都高度重视机器人及其产业发展，均制定了适应本国国情的发展战略。自 2014 年起，我国已成为机器人应用第一大国，潜在的市场成为机器人发展的重要契机。但是目前我国机器人产业链不完整，产业基础不扎实，这些都制约着机器人产业的发展。

在当前应用中，工业机器人是主要市场，其在物流搬运、机械加工、装配、焊接、打磨抛光及产线上得到了广泛应用。随着信息技术和人工智能技术的发展，工业机器人也向着智能化、网络化的方向发展，与各领域间融合发展已成为未来趋势。汽车制造业是工业机器人应用的最重要领域，其中机器人的应用程度也在一定程度上反映了汽车制造企业的综合实力。

同时，随着非结构环境下机器人需求的增多，服务机器人未来市场潜力极大，这也是未来各国研究的热点。尤其是家用服务和医疗服务眼下已成为研究热点和市场增长点；随着我国社会结构变化和老龄化现象的凸显，服务型机器人将成为解决社会问题的重要技术手段，同时也将促进服务机器人的发展，拓展其应用领域，如“家庭服务 + 医疗保健”的模式可能为养老、助老甚至是儿童看护等领域提供新的解决方案。特种机器人可以说是服务机器人的特殊类别，其主要服务于军事、公共安全或自然灾害现场，同时也是世界各国研究的热点，其应用能力也反映了国家的整体科技实力。

机器人正在向人回归，工业机器人比重将逐步降低，而服务机器人的比重将快速增长，机器人正在从“歧途”的工业领域走向“正途”的服务领域，机器人也正在脱离“机器”的低级趣味，而向着“人性”回归。服务机器人需要高性能的人机交互，并要求机器人与人类相容共生地工作，因此机器的“人性”回归将是未来的发展趋势。

问题思考

- 请查阅资料，阐述美国、日本、韩国、德国和中国针对机器人制定的国家战略，对比其中的差异，进一步说明我国在未来机器人产业发展方面的优势和劣势。
- 举例说明机器人在汽车制造业中的应用情况。
- 请列举你用过或见过的家庭服务机器人，并说明家庭服务机器人是否为生活带来便捷，还有哪些方面值得改进。
- 请列举你见过或用过的医用服务机器人，并说明医用服务机器人是否能够满足诊疗要求，还有哪些方面值得改进。
- 无人机和无人驾驶汽车越来越多地被应用到生产生活中，请简述你所期望的无人机和无人驾驶汽车的功能。

第5章

机器或人，谁是我的未来

机器人技术正在以前所未有的速度迅猛发展。在信息技术和人工智能技术的推动下，机器人不断向智能化、自主化方向发展。而新材料、生物技术等学科与机器人的交叉也越发深入，对机器人及其技术的未来走向也将产生重大影响。那么，未来机器人是什么样的，机器人从技术发展途径上将走向何方，以及我们应该如何掌控机器人使其向着更利于人类社会的方向发展，上述种种都需要我们给出答案。

随着机器人的发展，机器人与人类生活的融入程度越来越高，不可避免地将会对人与机器、人与社会、人与人之间的关系造成强烈冲击，从而引发伦理问题。机器人伦理问题由于不同文化和宗教差异，观点也各不相同[297]。探讨机器人伦理，对机器人未来发展成有伦理、有道德和有责任，且与人类共生的机器有重要意义[298]。《International Journal of Social Robot》杂志在2010年做了一期机器人伦理的特刊，其中对机器人社会接受程度、机器人对社会的影响以及人机交互影响等问题做了较为详尽的阐述[299]。如何界定未来生物智能型机器人，它是生物“人”还是生物“机器”，还是半人半机器呢？在使用过程中，它对人类产生的伤害，相应的道德和法律责任应由谁来承担？这些问题不仅是科学界需要探讨的技术问题，更是值得人们共同关注的社会问题。机器不断进化，扩充着人的功能，终有一天它将以“人”的姿态来面对人类，这样的机器人是不是我们人类制造它的初衷？我们是否应该严格地将机器人仅限制在“机器”的范畴？机器或人，谁才是机器人的未来呢？

本章将在前面探讨机器人的发展历史及当前应用的基础上，对机器人未来发展的方向和程度加以预测。同时探讨机器人自身安全及所面临的社会问题，尤其是机器人研发和应用对传统伦理和道德关系的影响和冲击。从长远来看，服务型机器人发展到一定程度时，将代替人类情感的某个部分成为一部分人不可或缺的“感情依赖”，这势必将挑战人与人之间的关系，重新塑造机器人与人的新型社会关系。

5.1　机器人未来发展方向

机器人的发展史犹如人类文明和进化史一样，在不断地向着更高级的方向发展。机器人将向何处发展，究竟能够发展到什么程度，这是很难回答的两个问题。回溯古代机器人起源在现代机器人发展中所起到的作用，我们不难发现，今天最先进的机器人也无法与古人幻想中的机器人（如偃师所造的机器伶人）相比拟。因为古人是按照“人”的外貌、动作和情绪等去刻画和幻想的，而现代机器人是按照工程意图来设计和制造的。如果我们循着现代机器人的发展脉络去梳理，按照“人”的标准去想象未来机器人的模样，那么我们是否可以给出一幅机器人未来发展的图景呢？

5.1.1　机器人发展图景

从第一代到第三代，机器人经历了从示教型、感知型到智能型的发展历程，实际上这也是机器人不断向“人”靠近的历程。早期的工业机器人仅模仿人类躯干、上肢各关节，动作相对简单，是仿人的初级阶段。而第二代机器人则重点模拟人的眼、耳、鼻、舌、手等感官功能，尤其是将视觉、力觉和触觉引入机器人之后，机器人具有了丰富的感知功能，并在多传感器融合技术的支撑下，可以完成复杂的动作和任务（如下肢步态等）。第三代机器人则模仿人类大脑的逻辑决策能力，尤其是在以各类遗传算法为代表的人工智能技术推动下，不断挑战着人类的智慧。在三代机器人发展历程中，人是机器人的“原型”，故其未来发展就是不断靠近“人”，如图 5.1 所示。

从前两代机器人来看，机器人更多展现的是“机器”的属性，而从第三代开始，机器人则更趋向于“人”的属性。人类除了拥有逻辑推理能力之外，还拥有更加复杂的判断和决策能力，以及情感表达能力和特有的生理功能等，都是机器人当前无法达到的程度。机器人的未来发展就是不断缩小机器人与“人”之间的差距。

值得一提的是，机器人在未来相当长的一段时间内将与人工智能融合向前发展。2006 年，深度学习取得突破性进展，人工智能技术也由此进入发展热潮。《MIT Technology Review》杂志在 2017 年年底刊发了人工智能特刊，特刊包含 30 多篇人工智能领域的研究报道。其中一篇文章的核心观点表示，当前 AI 发展仍然是基于 30 年前的反向传播算法，真正的智能还没有实现[300]。新一代人工智能技术与新一代机器人技术融合发展将开辟机器人未来发展的新局面。

从“机器人”词义本身来讲，它具有“机器”和“人”两方面的属性。尽管从第一代到第三代的发展中，机器人不断向“人”的属性靠近，“智能化”是机器人发展的总体方向，但其特有的“机器”属性也得到了发展。应用于工业、军事及特种环境中的机器人，更多的是充当“工具”的角色，它们辅助人来执行某些任务；而应用于家庭服务（尤其是陪护、娱乐等功能）的机器人，则更多的是扮演“人”的角色，它们与人进行沟通并协助人来完成某些判断和决策工作。未来，一类机器人势必会在更大程度上发挥“工具”的功能，以延伸人的某些专业技能；当然，另一类机器人也将更接近“人”的属性，缩短其与人类的差距。机器人未来发展方向的预测如图 5.2 所示。

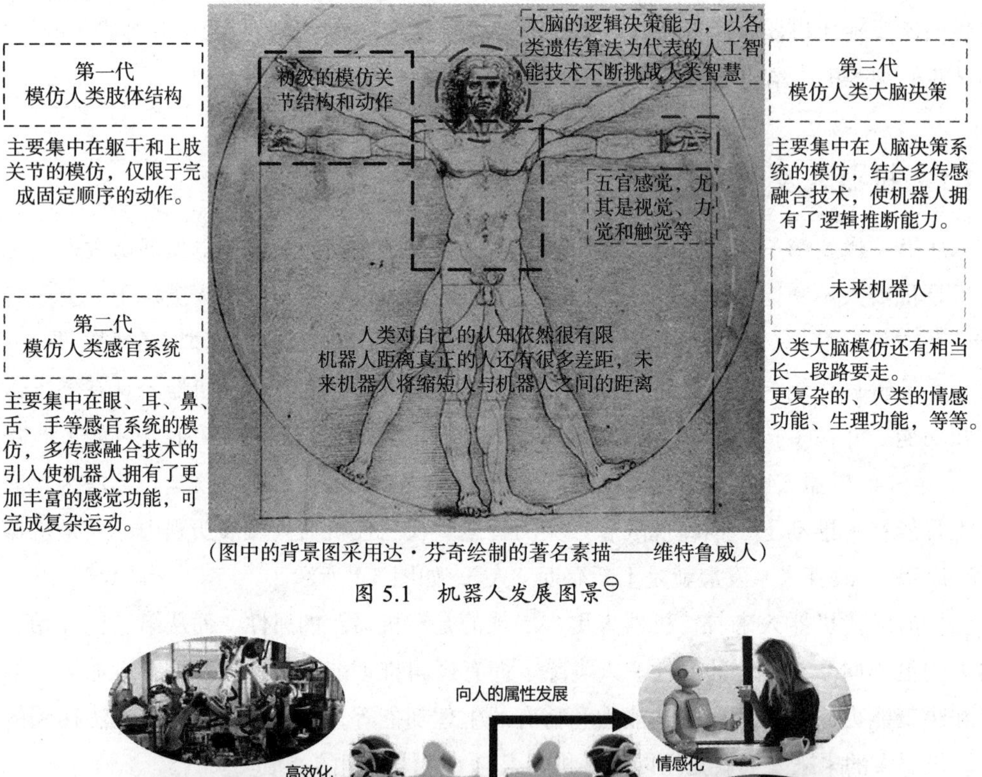

第一代
模仿人类肢体结构
主要集中在躯干和上肢关节的模仿，仅限于完成固定顺序的动作。
第二代
模仿人类感官系统
主要集中在眼、耳、鼻、舌、手等感官系统的模仿，多传感融合技术的引入使机器人拥有了更加丰富的感觉功能，可完成复杂运动。
初级的模仿关节结构和动作
大脑的逻辑决策能力，以各类遗传算法为代表的人工智能技术不断挑战人类智慧
五官感觉，尤其是视觉、力觉和触觉等
人类对自己的认知依然很有限
机器人距离真正的人还有很多差距，未来机器人将缩短人与机器人之间的距离
第三代
模仿人类大脑决策
主要集中在人脑决策系统的模仿，结合多传感融合技术，使机器人拥有了逻辑推断能力。
未来机器人
人类大脑模仿还有相当长一段路要走。
更复杂的、人类的情感功能、生理功能，等等。
（图中的背景图采用达·芬奇绘制的著名素描——维特鲁威人）

图 5.1　机器人发展图景⊖

向人的属性发展
高效化
情感化
精密化
向机器属性发展
拟人化
智能化
极端化
人性化

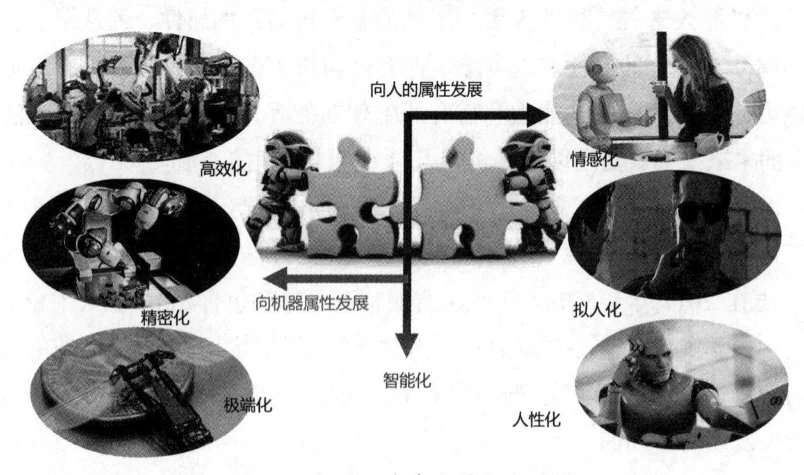

图 5.2　机器人未来发展方向预测

⊖ 图片来源：http://travel.sohu.com/20060531/n243501134.shtml。

5.1.2　向机器属性发展

机器人在提供稳定的高效率和高质量产品方面比人更具优势，尤其是在生产节奏高的自动化生产线和恶劣的生产环境中，工业机器人比工人更具有效率优势[301]。而在军事领域和特殊环境中，机器人也具有天然的优势，比如钢铁侠式外骨骼机器人可以大大提高士兵个人的战斗力；在空间探索方面，机器人因不受环境影响，因此更具优势[302-303]。

工业机器人将向着精密化、标准化、小型化、一体化方向发展。面向精密器件加工方面，工业机器人将向精密化和高速化方向发展[304]。电子工业、机械仪表、军事领域及机器人自身产业领域，高精度的器件需求越来越多。配备高精度传感系统和质量检测系统的机器人在操作高速化和加工高精度方面更具优势，因此其不仅可缓解劳动力不足，更能提高工作效率，降低产品成本。然而，精密化不是孤立的，高精度的检测和传感技术是高精度加工和操作的前提和保障，智能化将促进机器人加工的精度。

工业机器人及自动化生产线成套装备已成为高端装备的重要组成部分及未来发展趋势，工业机器人广泛应用于汽车及汽车零部件制造业、机械加工行业、电子电气行业、橡胶及塑料工业、食品工业、物流、木材与家具制造业等领域[305]。随着工业机器人运作速度和精度的提高、工业机器人小型化的趋势和对工业机器人安装占用空间要求的提高，工业机器人功能部件的标准化和模块组合化发展将成为其发展趋势的特点之一[301]。工业机器人的模块主要分为机械模块、信息检测模块和控制模块等，以降低制造成本和提高可靠性。在多品种、小批量生产的柔性制造自动化技术中特别是自动装配技术中，工业机器人应对外部环境和对象物体具有自适应能力，即具有一定的智慧能力。

人机协作（Human-Robot Cooperation，HRC）技术也是工业机器人发展的重要方向。人机协作主要可用于解决工业机器人的三个问题，即：①人、机器人与环境之间的交互感知技术；②利用交互信息的控制技术；③建立人、机与环境之间的交互接口和系统㊀；其关键技术如图 5.3 所示[306]，在人机协作任务中，感知技术主要用于测量人与机器人之间、机器人与环境之间及机器人之间的交互信息。人机交互既需要应用传感技术、信号处理等技术，也需要应用多传感融合算法，以用于理解机器人与人之间的交互信息及其周围环境状态。这些信息都将作为 HRC 控制器的反馈或输入信号。

㊀ 原文为：(1) Sensing technology for measuring interactions among humans, robots, and the environment, (2) Control technology that make use of interactions, and (3)System and an interface for creating interactions among humans, robots, and the environment。

以军用机器人和危险环境作业为代表的特种机器人则会向着极端化方向发展。单以军用机器人而言，其将呈现一体化、集成化、网络化和隐性化的发展趋势[272]。军用机器人则在不断向着侦查、评估、打击一体化方向发展，在未来智能技术的支持下，军用机器人将不断适应更加复杂的战场形势。一方面要求微型化，适应单兵作战；另一方面要求大型化，以便携带足够多的任务载荷。这种极端化发展方向，使得军用机器人可适应未来海、陆、空、天协同作战[273]。

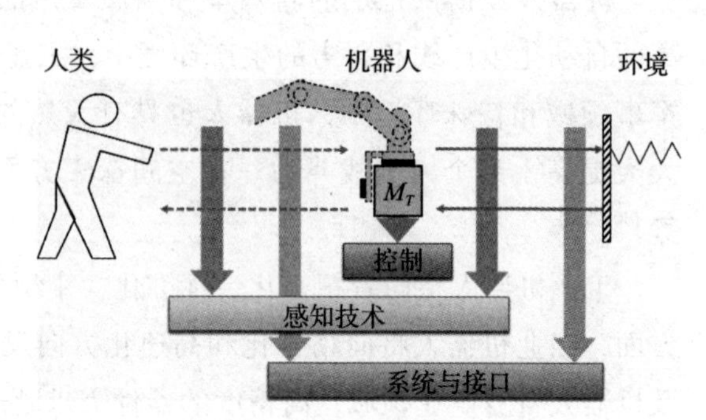

图 5.3　人机协作概念示意图

而特种机器人的另一个重要应用领域就是危险作业，其作业环境通常为高温、高压、有毒、放射性、深水、高空等人所不能忍受的条件和环境，在防暴、消防、排爆等领域也有极大的需求[307]。一方面，危险环境作业机器人与军用机器人类似，也在向着微型化和大型化方向发展，以适应不同环境，同时提升机器人自身对高温、高压、高辐射、高空等特殊环境条件的耐受性。同时，特种机器人为适应复杂多变的工作环境，也需要高性能的感知系统和智能系统的支持。空间机器人则需要适应空间高低温、超真空、微重力、空间辐照、空间碎片等复杂的空间环境，需要在资源受限的条件下实现长寿命地可靠运行，同时在确保性能的前提下选用高比刚度、高比强度材料来实现轻量化[308]。当前为适应复杂未知的太空环境，空间机器人主要是通过地面或在轨人员的遥操作，接受控制指令来完成一系列的动作。但遥操作受限于通信中的时间延迟，这就大大降低了系统的工作效率[309]。从长远来看，空间机器人需要完全自主控制，因此需要其独立地对外界环境进行感知、判断，并结合自身的任务进行决策、规划和控制，来实现自主、快速地响应突发事件。

在智能化方向的总体发展趋势下，工业机器人、军用机器人、空间机器人和危险环境作业机器人的未来发展主要在于发挥机器的专长，延伸或拓展人类的某些功能，如更精细的加工和装配操作、更可靠的复杂环境适应性、更精确的感觉感知能力等。从发展途径上看，工业机器人将由串联机器人向串并混联机器人方向发展，从刚体机器人向刚柔体机器人方向发展，从单机机器人作业向多机协同机器人方向发展，同时机器人也将与物联网技术、虚拟现实技术、模式识别技术和人工智能技术相结合，逐步实现升级换代[310]。

5.1.3 向人的属性发展

模仿人类（或动物）来制造机器，这应该是机器人产生的源头。机器人在发展过程中，逐步形成了与仿生学相结合的仿生机器人。仿生机器人是机器人发展的高级阶段，迄今为止已经历了三个阶段，即生物原型的原始模仿阶段（包括模拟鸟类翅膀飞行、模拟人体躯干上肢运动的关节机器人等）、宏观仿形与运动仿生阶段（如 Honda 的 ASIMO 步态机器人、BigDog 军用机器人等），进入 21 世纪之后，仿生机器人进入机电系统与生物性能的融合阶段（如传统结构与仿生材料的融合等）[38]。

随着生物机理认识的深入、智能控制技术的发展，仿生机器人正向着第四阶段发展，即结构与生物特性一体化的类生命系统，该阶段强调仿生机器人不仅具有生物的形态特征和运动方式，同时还具备生物的自我感知、自我控制等性能，因此其更接近生物原型[38]。从人类期许和机器人自身的发展趋势来看，机器人向着生物原型接近是必然的发展趋势，即缩小机器人与人之间的差距，使机器人更具“人性化”。

在智能技术的推动下，服务机器人正逐步向着情感化、拟人化的人性化方向发展。服务机器人的未来发展目标是，如同“真人”一般进行动作、互动和思考[311]，这就需要机器人具有人的感觉、情感和表达等。随着机器人越来越多地进入人类的日常生活中，展开陪护、助老及娱乐等方面的应用，因此需要机器人能够观察、理解和生成各种人类情感的需求也越来越大。识别人类生理信号、面部表情、肢体动作、情绪状态等方面的机器人研究得到了广泛的开展[312-313]，研究通过构建情感模型，将情感状态作为反馈信号来控制机器人。而未来服务型机器人还需要赋予机器人人工情感，使机器人在执行动作和与人交流时具有情感上的回应，以达到用户交互体验的舒适度。

应用于助老陪护、幼儿看护等方面的机器人，需要考虑其造型问题，好的外形不仅可以使服务对象感到亲切舒服，而且还可以拉近机器人与服务对象之间的心理和情感距离[314]。因此，拟人化不仅是机器人外形发展的需要，也是服务机器人情感化设计需要考虑的因素，是机器人发展的必然趋势。机器人在向“人性化”发展的过程中，涉及的技术包括纳米制造、仿生技术、语言识别、视觉处理、传感器技术、人工智能、网络技术、通信技术等多学科技术的交叉和融合。运用纳米仿生技术（包括人体结构仿生、材料仿生和功能仿生）来模仿生物（尤其是人）的外部形状或某些技能，使之具有“真人”一般的外形，做出“真人”一般的动作[311]。传感交互技术可以增强机器人对环境的感知能力，尤其是在视觉传感、语音识别和语音匹配等方面，是实现机器人智能反馈的关键，自然语言处理和识别是机器人与人直接交流的关键[315-316]。

新一代人工智能技术与新一代机器人相互融合，逐步形成了机器人智能发育的新概念。机器人智能发育是指机器人利用其自身所具备的感知能力，在其与环境以及操作者的实时动态交互过程中，增量式、渐进地提升其自身自主行为能力的过程。与传统的机器学习方法相比，智能发育需要具备以下特点[300]：具有类人的、无需大样本的学习模式；能够适应动态、不确定环境和非特定使命；具备长期、增量式的经验积累能力；可以融合人的智能，充分融合“人的智能性”和“机器人的自主性”，实现二者的高效协同。“机器人的智能发育”的本质是在人的指导下，通过多领域大量应用，不断提升机器人的“智能”程度的过程。

在向人的属性发展的方向上，主要包括模仿人的外形、模仿人的智慧以及模仿人的情感。在外形方面，不断推出形象更加逼真的机器人仅仅只是拟人机器人的一个初级起步，而具有功能性的皮肤、具有人一般灵动的表情等还处于设想和研究阶段。在智慧方面，人工智能虽然大大推动了机器人模拟人类智慧，但主要还是基于计算机的计算能力和大数据，真正像人一样通过积累经验，而无需大样本的学习和分析模式依然是一个挑战。在情感方面，通过面部表情、语言、动作及其他外在反应来推测人的内心感情仅是表面功能，机器人还不能像人一样揣测“人”的心意，在这方面，机器人还有很大的提升空间。而机器人在感情表达上，如何具备人类应有的喜、怒、哀、乐、悲、恐、惧等丰富的表情是情感化机器人发展过程中的最大挑战。

人类具有非常完美的复杂意识，机器人也在朝着拥有复杂意识的方向发展。概括起来，机器人的“人性”功能发展趋势主要包括语言交流功能越来越完美、各种动作的柔性化完美化、外形越来越像人类、自我复原（康复）的功能越来越强大、体内能量存储越来越大、逻辑分析能力越来越强、功能越来越多样化（可能拥有人的多项技能）等⊖。

无论是向机器属性发展，还是向人的属性发展，当前，机器人在很大程度上都受到了网络技术、大数据技术、云计算及人工智能等技术的影响，并与它们渗透、交叉和融合，在相当长的一段时间内，将不断改进和提升机器人的性能，拓展和加深机器人在各领域的应用。机器人终究是人类发明的产物，无论朝向何方发展，其都将成为便捷于人类的工具。

5.2 未来具有前景的机器人技术

随着人们对机器人技术智能化本质认识的加深，机器人技术开始源源不断地向人类

⊖ 资料来源：http://robot.ofweek.com/2017-07/ART-8321206-8400-30159183.html。

活动的各个领域渗透。在2017年的世界机器人大会闭幕式上，北京航空航天大学王田苗教授发布了《机器人领域十大最具成长性技术展望（2017—2018年）》，其中展望了机器人领域十大最具成长性技术，包括柔性机器人技术、液态金属控制技术、电信号肌肉控制技术、敏感触觉技术、脑机接口技术、会话式智能交互技术、情绪识别技术、虚拟现实控制机器人技术、自动驾驶技术和机器人云服务技术[317]。

5.2.1　软体机器人技术

传统的机器人大部分都是由金属和塑料等刚性材料制成的，具有功率大、精度高、性能稳定等优点，主要适用于专业化和精确化的工业生产中[318]。刚体机器人的结构刚性使其环境适应性较差，在狭窄空间内的运动容易受到限制，从而限制了刚性机器人在某些领域的应用[319]。软体机器人是继仿生机器人之后发展起来的一种新兴的机器人，具有柔性高、环境适应性好及亲和性强等特点，可以通过改变自身的形状和大小实现灵活的运动，其可实现爬行、抓取、蠕动、游动及跳跃等多种运动形式。

当前软体机器人的研究主要是建立在仿生结构和仿生运动的基础之上，模仿自然界的生物，改变自身的形态结构、尺寸和颜色等来适应环境，并完成特定的任务。气动人工肌肉（Pneumatic Artificial Muscle，PAM）模拟人体肌肉已被广泛应用于模仿人或动物的形态和器官，具体实例如图5.4a和图5.4b所示[320]。

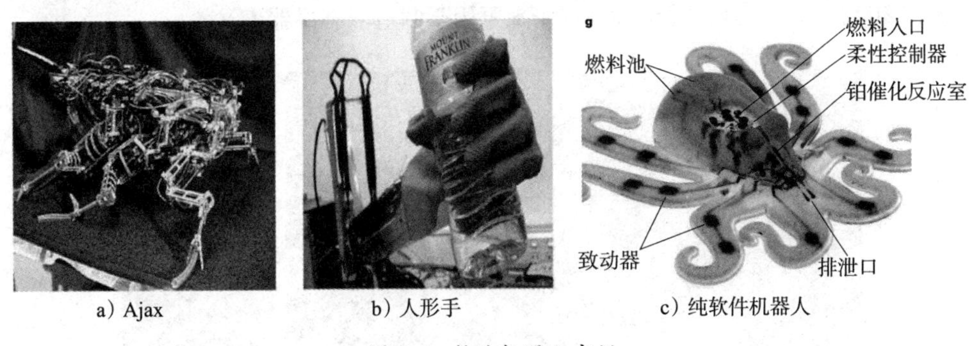

a）Ajax　　b）人形手　　c）纯软件机器人

图5.4　软体机器人实例

2016年，《Nature》报道了全球首个纯软体材料的机器人，如图5.4c所示。其在结构上主要包括燃料池（fuel reservoir）、燃料入口（fuel inlet）、柔性控制器（soft controller）、铂催化反应室（Pt reaction chamber）、致动器（actuator）和排泄口（vent orifice）。该机器人的外形类似章鱼，利用3D打印技术制造了连通机器人8只触手的气液流体微孔道，利用铂催化剂发生化学反应释放气体，使通道体积膨胀发生变形来驱动机器人运动[321]。

与传统的刚性机器人相比，软体机器人完全克服了在狭小缝隙中运动受限的缺点，可以在非结构化环境中工作，并且具有较高的生物相容性，将软体机器人与可穿戴设备结合，可应用于医疗辅助设备，这也拓宽了其应用领域[322-323]。基于以上各种优点，软体机器人在工业生产、医疗服务、军事侦察、管道故障检查等领域都有很好的发展潜力，其将成为未来机器人发展的一个新方向。

5.2.2 液态金属机器人

在《终结者Ⅱ》中出现的反派液态金属机器人 T-1000，拥有任意变形和自我修复的能力。液态金属是一种不定型、可流动液体的金属，目前的技术重点主要集中在液态金属的铸造成型上，液态机器人还在酝酿之中。2015 年，清华大学刘静教授团队发表了一款自驱动液态金属机器人，如图 5.5 所示。他们发现镓基液态合金（Gallium-based liquid alloy）在电解液中可以吞噬铝金属，在无外力驱动的情况下可实现长时间高速度的自驱运动（速度约 5cm/s，可持续约 1 h）[324]。这种液态金属具有自驱动、可变形及新陈代谢等功能，很像自然界中的软体动物。该项研究为液态智能机器人研发奠定了理论基础，为液态金属机器人未来在智能马达、血管机器人、液压管道系统及液态金属机器人等领域的应用提供了可能。《中国新闻周刊》以“液态金属机器人：终结者来了？”为题报道了刘静教授团队的这一发现，并称该发现未来可用于制造液态机器人[325]。

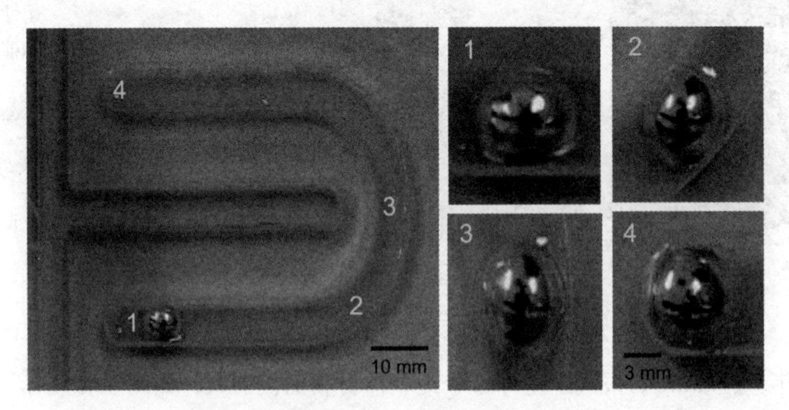

图 5.5　刘静教授团队的液态金属马达[325]

刘静团队还开发了一种基于外电磁驱动的毫米级自驱动的药物输送机器人，并开发了 Ni/Al/EGaIn 和 Al/EGaIn 两款药物输送马达[326]。刘静教授预言，液态金属和实体器件组成的混合结构可实现更加复杂的功能 [327]。T-1000 是软体的，虽然它的很多功能在现在的液态金属实验中都可以得以实现（比如让桌面上的一滩液体站立起来已经得以实现），但整个液态金属机器人构架仍然停留在科幻电影的构想中，距离现实还很遥远 [328]。液态金属的研究突破口已经开启，终有一天 T-1000 会站在我们面前。

5.2.3 纳米医疗机器人

2014 年，在全球科技大会上谷歌 X 实验室生命科学小组负责人安德鲁·康拉德透露，谷歌正在设计一种纳米磁性粒子，如图 5.6a 所示。这种粒子可以进入人体循环系统，进行癌症和其他疾病的早期诊断与治疗 [329]。国际商业机器公司（IBM）资深发明家麦纳玛拉（John McNamara）预测，人工智能纳米机器人（其示例如图 5.6b 所示）20 年内就能植入人体，协助修复和强化肌肉、组织和骨骼⊖。

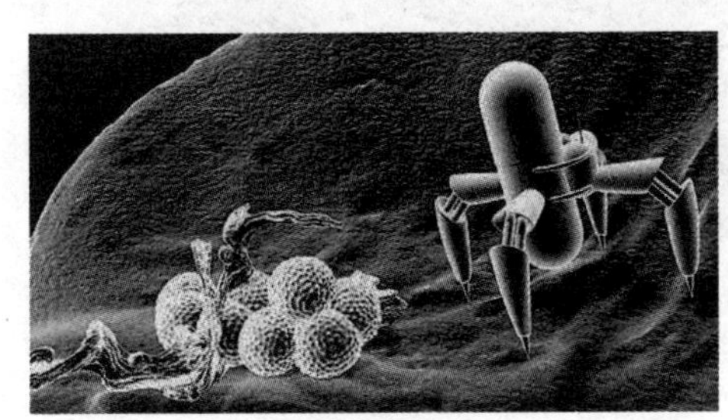

a）谷歌纳米粒子

b）人工智能纳米机器人

图 5.6　纳米机器人在医疗中应用

纳米医疗机器人是指可在细胞内或血液中对纳米空间进行操作的“功能分子器件”，在生物医学工程中其可充当微型医生，解决传统医生难以解决的问题。纳米机器人可注入人体血管内，从溶解在血液中的葡萄糖和氧气中获得能量，并按照医生通过某种生化机制编制好的程序来探示它们碰到的任何物体。纳米机器人可以进行全身健康检查，疏通脑血管中的血栓，清除心脏动脉脂肪沉积物，吞噬病菌，杀死癌细胞，监视体内的病变等 [330]。由于纳米机器人可以在细胞层面工作，因此其有望应用于抗癌、止血、修复伤口、人工授精及延缓衰老等方面，以期极大地减小病患的痛苦，纳米机器人必然会给现代医学的诊断和治疗带来一场深刻的革命。

尽管有许多纳米颗粒或者纳米器件被开发用于改善人体健康，但真正可用的纳米医疗机器人还不存在，大部分依然处于研究和实验阶段 [331]。纳米医疗机器人（更宽泛一些

⊖ 资料来源：http://www.elecfans.com/xinkeji/564564.html。

是指，医疗纳米颗粒行为体）可实现精准地沿着预定病理路径到达病灶位置。磁致纳米颗粒（Magnetic NanoParticles，MNP）已广泛应用于医疗领域；图 5.7a 示意了基于磁驱动的介入纳米机器人导航方法[332]。图 5.7a 中的 Nanorobotic Agents 即为纳米颗粒机器人。

2017 年 7 月，哈尔滨工业大学的纳米医疗机器人已经完成了动物实验，预计五年内可进行临床试验，这种微型机器人体积与细胞大小相当，可以进入血管、视网膜等传统医疗器械难以到达的地方，从血管内部对变异细胞进行清除。该纳米机器人采用生物相容性材料制成，由外部磁场控制，能以 10μm 的速度游动，如图 5.7b 所示。它可以将原子级别的药物输送到病灶细胞中，在完成医疗后依旧留在血液里，像巡警一样巡逻，不断寻找病毒和癌细胞，并最终降解在血液中⊖。

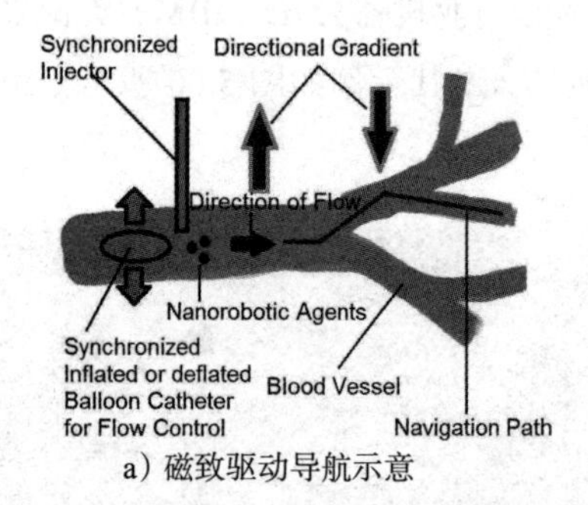

a）磁致驱动导航示意

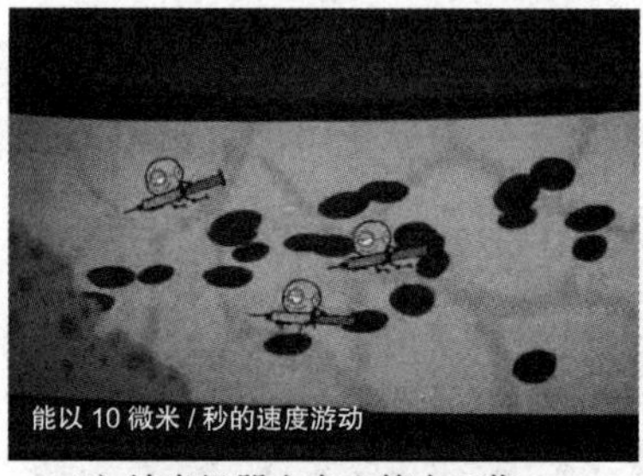

b）纳米机器人在血管中工作

图 5.7　纳米医疗机器人

目前，纳米机器人还处于初期发展阶段，其动力问题和定位问题依然是困扰科学界的难题。纳米机器人将有望以主动的方式帮助我们解决细胞中特定的疾病，为癌症患者带来希望。纳米医疗机器人与人工智能相结合，更是医疗健康领域非常值得期待的技术变革，我们或许会因为纳米机器人而延缓衰老。

5.2.4　生机电和脑电控制机器人

随着生物医学信号处理技术的发展，伴随着偏瘫 / 肢体残疾患者神经系统活动而产生的各种生理信号已经在康复训练机器人中得到应用[333]。常用的生理信号包括脑电信号（EEG）、表面肌电信号（SEMG）、针电极机电信号（NEMG）以及肌肉压力信号。但 NEMG 信号的侵入式采集方式会对人体组织造成创伤，因此其应用场合受到了限制。

2005 年，美国国防部资助约翰 · 霍普金斯大学和芝加哥康复研究所等多家科研机构，

⊖ 资料来源：http://www.sohu.com/a/200188416_100017833。

开展革命性假肢项目（Revolutionizing Prosthetics），该计划的目标是研制与人手臂相当的灵巧性、感知功能及人机交互能力，并将突破以肌电信号为单一控制源的传统模式，采用肌电、脑电和神经信号等多源生物信号融合的控制模式[334]。

生机电一体化机器人在肢体运动康复训练应用中具有很好的前景，同时也为肢体残疾者提供了福音。图 5.8a 中所示的智能假肢手由 5 个手指组成，拇指有一个直流电机驱动的外展 / 内敛自由度，可实现不同的抓取模式。假肢手的控制系统采用主从分布结构，高层控制器放在手掌内部，负责生物运动信息解码、感觉反馈信号编码及多指规划和协调控制等[335]。表面肌电信号控制与外骨骼机器人融合，以用于康复训练。如图 5.8b 所示的外骨骼机器人是基于肌电控制的辅助型机器人，受试者穿戴上辅助机器人设备之后可完成 5 个上肢动作[336]。图 5.8c 则展示了肌电信号控制工业机器人完成相应动作。其利用 MYO 臂带采集操作者肌电信号，利用神经网络算法增强规划机器人运动轨迹来实现远程遥操作[337]。MYO 臂带有 8 个内嵌的 EMG 传感器和 9 个惯性测量单元（Inertial Measurement Unit，IMU）传感器，它们既可采集手臂的肌电信号，也可识别手部姿态和手臂运动。

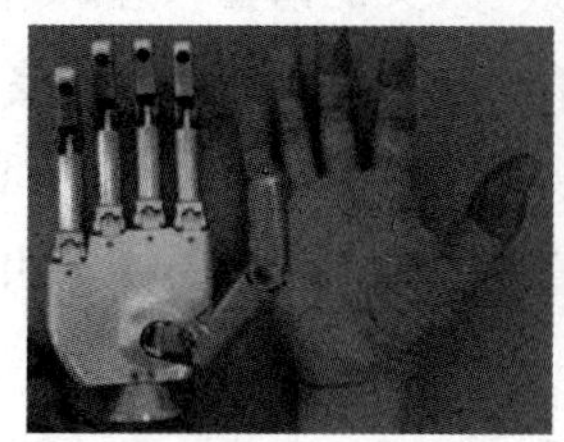
a）肌电控制假肢

b）肌电控制外骨骼

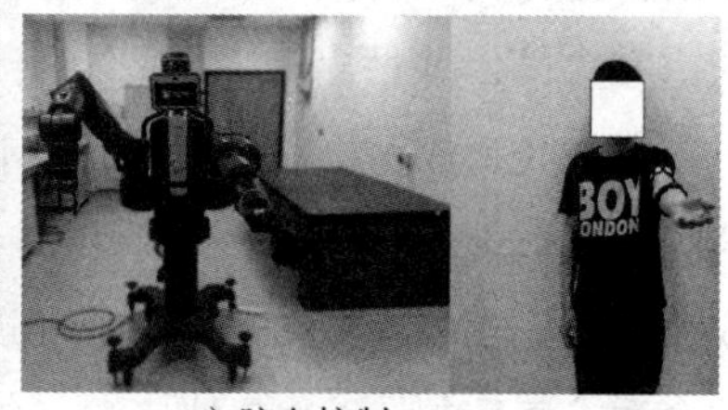

c）脑电控制 Baxter

图 5.8 肌电 / 脑电控制机器人实例

2017 年，MIT 发布了最新成果，用意念控制 Baxter 机器人。Baxter 配套了脑电采集装置，如图 5.9a 所示。该装备可监测操作者脑电信号，寻找脑电测量误差相关电位的特定脑电信号，则 Baxter 可以判断自己的行为是否正确并及时纠错⊖。图 5.9b 为 Baxter 根据人的脑电波判断东西有没有放错的场景，机器人通过 EEG 解码系统来识别误差信号，并调整自己的行为。MIT 计算机科学与人工智能实验室研究人员发现了脑电信号中的误差相关电位（EEG-measured error-related Potentials，ErrP），ErrP 信号是决定人脑能否控制机器的关键因素。通过学习算法，Baxter 识别脑电波的时间控制在 10 ～ 30ms 之间，实现人与机器的实时信息交换。Baxter 对于 ErrP 电波识别的精确度高达 90%[338]，这让我们对未来通过脑电波直接控制机器人的到来充满期待。

⊖ 资料和图片来源：http://www.sohu.com/a/163154554_816263。

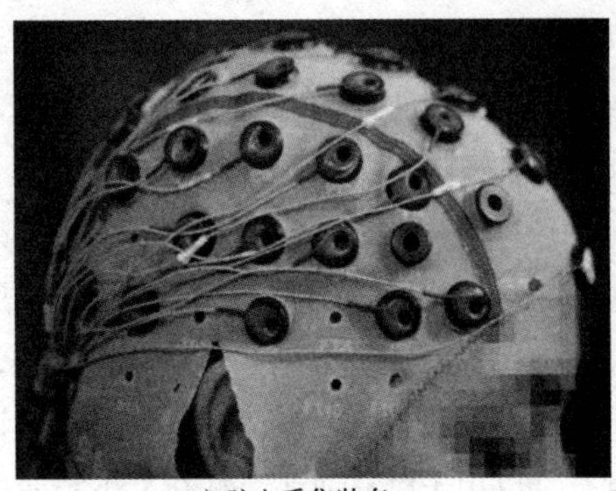

a）脑电采集装备　　　　b）脑电控制 Baxter

图 5.9　MIT 脑电控制 Baxter 机器人

5.2.5　会话式智能交互机器人

语言是人类最自然的交互方式，计算机让机器能够“听懂”人类的语言，理解语言中的内在含义，并做出正确回答。会话式智能交互技术是指结合语音唤醒、远场语音识别、语音合成和深度语义理解技术，让人－机能够实现人－人的自然的会话式交互方式，机器人不仅仅能够理解用户的问题并给出精准回答，还能在信息不全的情况下主动引导完成会话，甚至可以主动发起会话和进行智能推荐。

会话式交互主要涉及 3 种技术：自动语音识别（Automatic Speech Recognition，ASR）；自然语言处理（Natural Language Processing，NLP），目的是让机器能理解人的意图；语音合成（Speech Synthesis，SS），目的是让机器能够说话[339]。语音识别是会话式交互机器人实现的基础和前提。

语音识别技术的目的是让机器能够听懂人类的语音，是一个典型的交叉学科任务，其中涉及模式识别、信号处理、物理声学、生理学、心理学、计算机科学和语言学等多个学科。2006 年，Hinton 提出使用受限玻耳兹曼机（Restricted Boltzmann Machine，RBM）对神经网络的节点做初始化，即深度置信网络（Deep Belief Network，DBN）。DBN 解决了深度神经网络训练过程中容易陷入局部最优的问题。2009 年，Hinton 团队将 DBN 应用在语音识别声学建模中，并且在 TIMIT 这样的小词汇量连续语音识别数据库上获得了成功[340]。2011 年深度神经网络（Deep Neural Networks，DNN）在大词汇量连续语音识别上获得了成功，语音识别效果取得了近 10 年来最大的突破。从此，基于深度神经网络的建模方式正式取代 GMM-HMM，成为主流的语音识别建模方式。

噪声是影响语音识别技术实用化的关键因素，当前提高语音识别系统的环境鲁棒性的方法可概括为 3 类：采用自适应算法训练鲁棒声学模型，直接利用带噪语音数据训练声学模型，以及先对带噪语音数据进行增强处理，再利用处理后的数据训练声学模型 [341]。机器人自身噪声、各种嘈杂条件及环境噪声都会严重影响语音识别的准确性，这些都是机器人语音识别的关键问题，如图 5.10a 所示。基于 DNN 的语音感情识别（Speech Emotion Recognition，SER）模型也可有效去除噪声，提高语音识别的准确性 [342]。图 5.10b 示例了一个可辨识嘈杂环境中的拟人机器人，其装有两个全方向的微型话筒，用于接收语音和噪声，采用基于阈值的噪声检测和去除方法，可有效去除环境噪声，提高语音辨识的准确度 [343]。

国内中科院自动化所提出利用迁移学习的方法对带噪语音进行声学建模，以提高语音识别系统的环境鲁棒性，即将干净语音训练而得的声学模型作为“老师模型”，将带噪语音训练得到的声学模型作为“学生模型”。学生模型在训练的过程中，模仿老师模型的后验概率分布，对二者之间后验概率分布的差异采用相对熵来最小化 [341]。

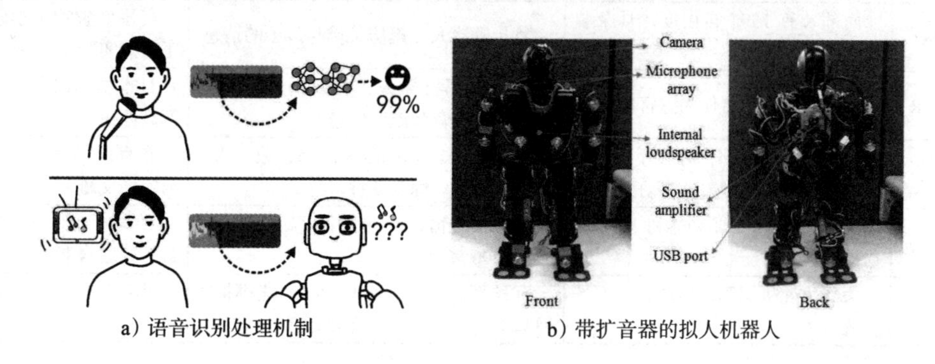

a）语音识别处理机制　　b）带扩音器的拟人机器人

图 5.10　语音识别原理及实例

云南民族大学以 Kaldi 语音识别工具包为实验平台，引入深度学习模型对普米语建立声学模型；通过实验比较表明，基于深度学习的普米语语音识别率得到提高，鲁棒性更好 [344]。中央民族大学基于瓶颈特征对藏语建立声学模型，并在 Kaldi 平台上进行实验，实现了连续语音识别 [345]。上述研究为国内少数民族语音识别提供了借鉴。

5.2.6　情感和两性机器人

随着人工智能研究的不断深入，人类的情感智能也受到了关注，并将其应用到机器人的智能化控制中。人工情感是模拟人类情感智能的一门新型的交叉学科，其涉及心理学、神经生理学、计算机科学、脑科学等学科，以数学语言对人类情感进行建模，使机器能够识别或表达人类情感，从而和谐地与人进行人机交互；甚至可以模拟人类感情机理，赋予机器更高的智能[346]。目前，研究热点主要集中在人工情感建模、自然情感机器识别与表达、人工情感机理这几个方面。如表 5.1 所列[347]的是部分具有情感表达的机器人。

人工情感主要包括情感识别和表达，然而情感表达包括语言、语调、面部表情、手势等多方面的因素。其中面部表情是重要的情感表达之一（但不是唯一），古代有“泰山崩于前而色不变”之说。图 5.11a 展示了一种基于人工神经网络（Artificial Neural Network，ANN）的面部表情识别算法，该算法可识别人类的面部表情[348]。人工情感和机器人结合构成的情感机器人有着广泛的用途。MIT 媒体实验室的 R. Picard 教授于 1995 年提出了情感计算的概念，并研发出了情感机器人和情感数字人，如图 5.11b 和图 5.11c 所示[346]。

表 5.1　人工情感表达机器人

机器人	研究方法	功能特点	研究者
Kismet	面部装有 15 个自由度，耳朵装有微型传声器	婴儿机器人，模仿父母与孩子的情感	美国麻省理工学院人工智能实验室
WE-4R	安装多种传感器作为感官系统	仿人头部机器人，可识别颜色和气味，接收声音和温度信息	日本早稻田大学理工部高西研究室
SAYA	外观是女性头部，有假牙、假发和皮肤，微型气压柔性驱动面部	识别和表达人的喜、怒、哀、乐、厌、悲、恐、惊等 8 种情感	东京理科大学小林研究室原文雄
Actroid	全身装有 31 个驱动器和 11 个触觉传感器	有拟人表情，能听懂中、英、日和韩文 40 000 多个语句	日本可可洛公司和先进传媒联合制造
ER-1	头部由舵机驱动，运动合成面部表情	有颈部、眼睛、嘴和骨架，能模拟 6 种基本情感，具备语音和姿态表达能力	北京科技大学王志良机器人研究所

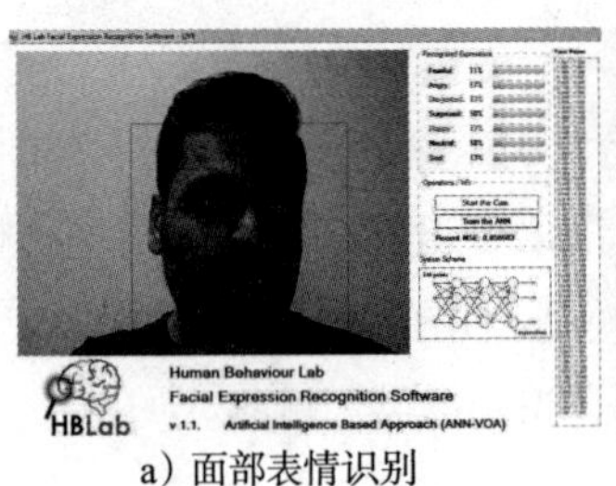

a）面部表情识别

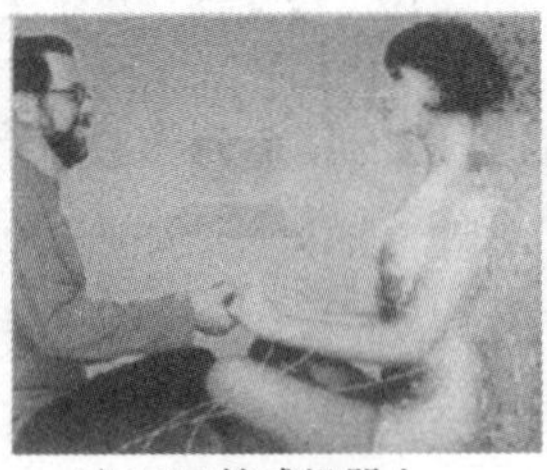
b）MIT 情感机器人

c）MIT 情感数字人

图 5.11　人工情感和情感机器人

与情感识别相对的是机器人情感的展示。比利时布鲁塞尔自由大学开发了一款可实现面部表情展示的社交机器人 Probo，图 5.12a 为揭去面罩的机器人原型，其采用弹性材料制造。Probo 由头部和躯干组成，共 20 个自由度、头部 3 个自由度、眼睛 3 个自由度、眼睑 2 个自由度、耳朵 2 个自由度、躯干 3 个自由度、嘴部 3 个自由度等。它可以通过机器人用户接口（Robotic User Interface，RUI）与儿童进行交互，并且建立了如图 5.12b 所示的虚拟模型用于测试[349]。

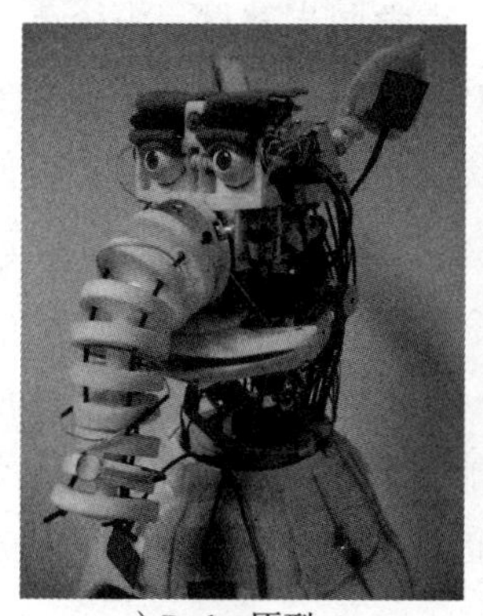
a）Probo 原型

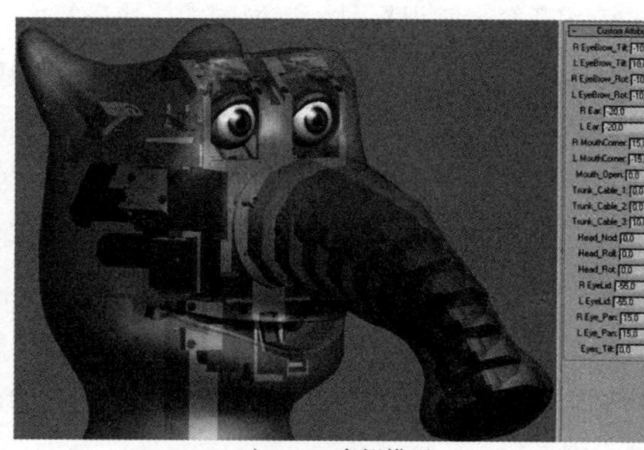
b）Probo 虚拟模型

图 5.12　面部表情机器人 Probo

Probo 机器人采用基于 Russel 环状情感模型的二维表情空间向量表示法⊖，可实现欢乐、悲伤、厌恶、生气、吃惊和恐惧等 6 种基本面部表情的表达和展示，图 5.13a 和图 5.13b 分别为虚拟仿真和 Probo 真实的表情[349]。图中表情分别为欢乐、吃惊、悲伤、生气、恐惧和厌恶等 6 种基本表情的虚拟仿真和实物测试的对比。面部表情的识别和表达是人工情感的初级模式，对于更加复杂的模式是识别人类情绪变化，并做出相应的响应，实现这些模式将为机器人赋予更接近于人类的情感元素。

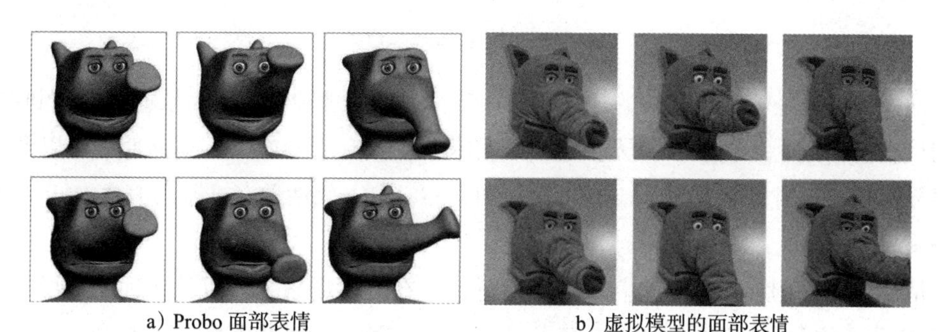
a）Probo 面部表情　　b）虚拟模型的面部表情

图 5.13　Probo 的面部表情

人工情感可使机器人变得“温暖”，其可广泛应用于少儿教育、医疗卫生、家政服务

⊖ The basic facial expressions are represented as a vector in the 2-dimensional emotion space based on Russel's circomplex model of affect.

等领域。2016 年 1 月 11 日，由狗尾草（Gowild）研发团队历经两年创造而成的全球首款情感社交机器人“公子小白”如图 5.14a 所示，在北京召开了媒体见面会。“公子小白”拥有语音聊天、讲故事、播音乐、成语接龙、脑筋急转弯、绕口令、冷知识、猜谜语、亲情微聊、蓝牙音箱、知识百科、诗词国学、快乐算术、小学同步教材、中译英、英语口语评测、起床闹钟、天气预报、日程提醒等功能㊀。2017 年 12 月，合肥工业大学正式发布了由该校科研团队研制的情感机器人“任思思”（见图 5.14b）和“任想想”，他们初步具备人机对话、多种面部表情、多模态情感识别与合成、姿态同步互动等功能㊁。日本现代机器人教父、大阪大学石黑浩教授制作的仿人类机器人 Geminoid F 用柔软的硅胶做成皮肤，因此从外貌上看酷似真人，如图 5.14c 所示。在行为方面，由于 Geminoid F 配置了以空气压力为动力的电动执行器，因此 Geminoid F 能够通过视觉系统捕捉人类面部表情并成功复制，具有眨眼、微笑、皱眉等 65 种不同的面部表情，并且可以像真人一样发声、对话和唱歌。

a）公子小白

b）任思思

c）Geminoid F

图 5.14　情感机器人产品

性爱机器人是情感机器人的一种，其是针对人类生理和情感的需求而开发和制造的。所谓性爱机器人，不仅仅模拟人类的生理需求，而且有着姣好的人类面部外观以及人类的部分情绪。美国加州 Abyss Creations 公司宣布，第一代性爱女机器人 Harmony 已经成功研发出来。

情感机器人的终极目标是替代人类的感情，在应用场景上可以替代远离父母的孩子（或远离孩子的父母）陪伴父母（或孩子），这在一定程度上能够解决一些社会问题。但随之而来的伦理问题也将困扰人类和机器人之间的关系发展。而性爱机器人，则因更加仿真人类的生理和心理需求，而挑战当前的伦理和法律极限。

㊀ 资料来源：百度百科——公子小白机器人。

㊁ 资料来源：http://www.chinanews.com/it/2017/12-05/8393340.shtml。

5.3　机器人伦理问题

新技术从萌芽、成长到成熟，都需要时间和实践的检验，机器人技术也不例外，随着其应用领域越来越多元化，其与整个社会、人类的关系也越来越密切[352]。人在与机器人相处的过程中或者机器人与机器人相处的过程中，机器人对人身可能会产生伤害，或者对精神产生影响（难以评价好或坏）。机器人在融入人类生活的同时对人与机器、人与社会、人与人之间的关系造成了强烈的冲击。因此，由机器人技术引发的伦理问题越来越凸显。

5.3.1　机器人伦理事件

1. 工业机器人伤害

在诸多包含机器人情节的电影或科幻作品中，机器人作为工具或者自主地保护或伤害人类的情节都已不鲜见。然而机器人还是进入到人类的生活，并且随着机器人进入人类生活的范围越来越广，随之而来的负面的机器人致害的案件也频繁发生。

早在 1978 年，机器人造成他人人身伤害的事件就已存在，事情发生在日本广岛的一间工厂里，当时工业机器人正在切割钢板，但其突然转身将身后正在休息的工人抓住当作钢板进行切割。这一惨案成为世界上第一宗机器人杀人事件。与此类似的事件，在 20 世纪 80 年代的日本接连发生。1981 年 5 月，日本山梨县阀门加工厂的一名工人正为加工螺纹的工业机器人调整机器。处于停止状态的机器人突然动作起来，抱住他旋转。工人由于头部和胸部严重受伤而致死。1981 年 7 月 4 日，日本川崎重工业公司明石工厂的一名修理工人无意中触动了机器人的启动按钮。机器人立即工作起来，把他当作齿轮夹住，放在加工台上。1979 年 1 月 25 日，事发密歇根的弗林特福特制造厂，在一次罢工中，有一位工人试图从仓库取回一些零件而被机器人“杀死”。1982 年，英国一名女工在测试工业机器人的电池时，机器人突然“野性大发”，将她的手臂折成两段⊖。

机器人伤害人的事件或许存在一定的偶然性和技术的不确定性，但大规模的机器人应用必将引发部分人的恐慌心理。2016 年 1 月，世界经济论坛公布报告显示，机器人和人工智能可能引起劳动力市场出现“破坏性变化”，将导致 15 个领先国家至 2020 年将净损失 510 万个工作岗位（约 710 万人失业，约 200 万个新工作岗位被创造出来，机器人实际“消灭”的工作岗位等于这两者之差），而且还可能会导致劳动力进一步两极分化和

⊖ 资料来源：http://hn.rednet.cn/c/2005/09/13/125441.htm。

收入不平等加剧[211]。2015 年,《中国制造 2025》战略的实施迅速拓展了中国的机器人市场。据工信部《原材料工业两化深度融合推进计划(2015—2018 年)》报告，预计 3 年内我国将培育打造 15 ～ 20 家标杆智能工厂，关键岗位机器人推广至 5000 个。工厂智能机器人的上岗必定淘汰部分落后产能和生产力，造成部分工人失业，影响到部分工人的利益，将会给人们造成恐慌心理。同时，智能机器人与人协作的过程中难免有摩擦，这也会影响到工人们对机器人的接受度，同时部分工人认为机器人可能导致其失业，内心将充满不满甚至敌对情绪”[353]。

2. 人工智能伤害

工业机器人故障伤人情况或许可以理解为机器故障，然而人工智能对人实施伤害怎么界定呢？在 1989 年全苏国际象棋冠军对战早期的人工智能机器人大赛中，机器人向对方释放强电流最终导致这位国际象棋大师的死亡，这成为人工智能伤害人类的首次事件。近年来，拥有人工智能的机器人伤害人的事件也屡有发生。

2015 年，英国《金融时报》报道，德国大众位于卡塞尔附近的一家工厂发生了一起悲剧，一名技术人员因突遭机器人攻击不幸丧生。这名不幸身亡的技术人员今年 21 岁，是一位外部承包商，事发时正与同事一起安装机器人，但机器人却突然抓住他的胸部，然后将他重重地压向一块金属板，最终导致这名工作人员因伤重不治身亡。德国大众汽车公司发言人海科 · 希尔威格说，这起事故发生于距法兰克福约 100 公里的包纳塔尔工厂。这个机器人并非流水线上与工人一起工作的机器人，而是在安全笼中。希尔威格强调，肇事机器人通常是在一个封闭区域工作的，负责抓取汽车零件并进行相关操纵，在整件事情中机器人没有出现技术故障，也没有遭到损坏。这款机器人已经具备了一定的人工智能㊀。

2016 年 11 月 18 日，在深圳举办的第十八届中国国际高新技术成果交易会上，一台名为“小胖”的机器人突然发生故障，在没有指令的前提下自行打砸展台玻璃，导致部分展台破坏，甚至导致路人被划伤㊁。

军事机器人被制造出来是用于摧毁“敌人”的设施或杀伤人类的，制造这样的机器人本身就值得商榷。若出现人工智能的失误，则更会导致致命的后果。

3. 机器人情感伤害

机器人智能化程度不断提高，除了工业、军用和简单的看护之外，还承担了慰藉人

㊀ 资料来源：http://www.oushinet.com/news/europe/germany/20150703/198315.html。

㊁ 资料来源：http://www.sohu.com/a/119345004_455364。

类情感的功能。尤其，未来人工情感与机器人融合将拓展机器人在社交、慰藉感情，甚至是替代异性感情方面的功能。

以家庭陪伴机器人为代表的服务机器人面临着一项难题，即如何保护消费者隐私。机器人欲做出决策，需要将大量的个人数据存储于智能系统中；未来云机器人将能更好地提高学习能力，服务客户，但这也增加了消费者个人隐私数据的泄露风险。就技术而言，每个家庭机器人都有被设计者、系统运营商及黑客利用的风险，机器人可能成为偷窥用户隐私信息的工具，从而造成对消费者的经济或心理伤害[355]。

AIBO机器人的成功开发开启了数字化娱乐机器人时代[356]。尤其是在儿童、老人看护方面，机器人可以监测婴儿、照顾老人，同时还会为机器人赋予一些自主权，使其在不同寻常的情况下呼叫人类看护者。孩子也愿意花时间与机器人玩耍。但如果孩子每天几小时无人接触，对孩子的身心发展仍是有害的（至少目前无法证明是无害的），从长期来看，机器人陪伴孩子成长，其心理影响对孩子未来的发展是未知的[357]。

而性爱机器人推向市场后，则将改变人类的婚恋观和家庭观。未来若开发出女性和男性功能机器人，那么人类可以选择男人/女人或者男机器人/女机器人来作为自己的伴侣。英国德蒙特福特大学的机器人伦理学家Kathleen Richardson博士认为，性爱机器人的研发与利用，等同于旧时代对女性的歧视，使得人们潜意识里觉得男女之间只剩下了肉欲㊀[358]。

智能机器人不但能够帮助人类解决生理需要，而且还能够与人类进行感情沟通，带来情感上的互动，这种互动甚至比人类做得更好，真人伴侣可能会被机器人完全淘汰。如果人类与这类情感机器人（或者性爱机器人）产生了感情依赖，那么这种依赖与人类对手机、电脑等产品依赖完全不同[359]。但无论是什么样的依赖，都必将导致人的身心在感受舒适愉悦的同时而受到一定程度的伤害。类似于对电子产品的依赖，使用者都可能会对各类服务机器人（尤其是具有社交功能的机器人）产生依赖，甚至由于机器人的顺从或者理性拒绝，而导致使用者产生某些心理障碍（如与机器人交往，可以不顾及机器人的感受；回归到人类正常交往中时可能会产生交流障碍等）。

4. 机器人的责任和权利

在美国，每天都会有人因为医疗事故而死亡，这些医疗事故中有很多与电脑㊁存在关系。这些医疗事故中，有些人是给错药，有些人是给错剂量。我们不能确定电脑失误的比重有多大，但是这些事故中因电脑的失误而造成的损害确实很严重。电脑，严格来说

㊀ 原文表述：Only the buyer of sex is recognised as asubject,the seller of sex (and by virtue the sex-robot) is merely a thing to have sex with。

㊁ 广义上讲，机器人可以是一个程序，而不依附于任何实体。而从伦理学角度定义的机器人就包含“软件”。

是服务的程序机器人，是否要对这些医疗事故担负起相应的责任呢，这个责任究竟由谁来负责呢？图 5.15 描述了这个尴尬的责任问题。患者向医院、软件商还是软件去申诉索赔，还是患者自己承受这个伤害？假如没有电脑的参与，由于医护人员给错药或剂量而造成医疗事故，那么患者很容易向医院索赔，而且相应的法律也能解决这类问题。

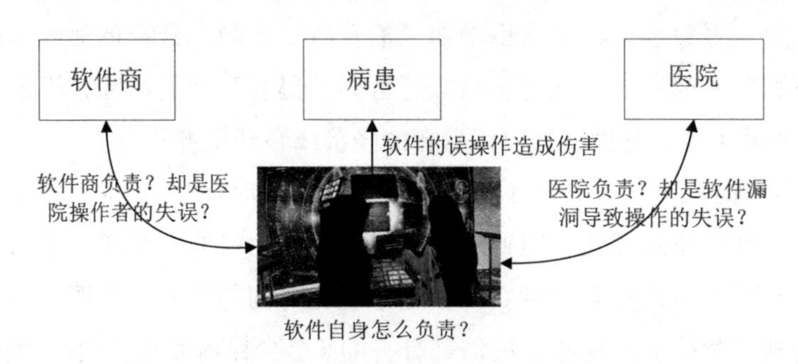

图 5.15　软件引起的医疗事故责任

2016 年 5 月，无人驾驶汽车特斯拉 Model S 与一辆人类驾驶的卡车相撞，调查显示该无人驾驶汽车在事故当时处于自动驾驶模式，而卡车司机 Joshua Brown 不幸地在这场车祸中去世。与机器人发生车祸，受害者应该如何得到损害赔偿？无人驾驶汽车车祸事件是由于程序输入缺陷，还是生产缺陷，抑或是机器人的原因？

机器人完成了一个手术操作，然后病人出现很多并发症并且较之之前的病情更为严重。那么谁来为这个责任负责？如果这一外科手术可能存在一个众所周知的潜在问题，那么由此出现的伦理责任又由谁来承担？还有，伤害在什么样的情况下可以定义为不道德？或者换句话说，伤害的程度在什么范围内是道德所允许的？

上述类似事件都存在“责任”问题，既涉及机器人的责任，也涉及生产商的责任，当然也可能还有用户的责任。在机器人智能程度提高到一定程度时，通过机器学习，其很多行为可能不受生产商的控制，这时就真正成为“机器人自身”的责任。从道德和法律层面，如何对机器人责任进行明确，是未来智能机器人很值得讨论的伦理问题。如果机器人不能承担责任，那么谁来承担相应的责任呢？机器人的责任将被分配到设计者、生产商、组织与团体、政府管理部门以及使用者中 [360]。

在机器人责任问题中，还应关注由智能机器人所引发的生态危机，即智能机器人一旦大面积使用，必然要开采更多宝贵的自然资源，产生大量的电子垃圾，并会引起人类欲望的膨胀，从而消耗更多的资源。随着机器人的普及，生态破坏会越来越严重，机器人是否应该为此承担责任呢 [361]？

与责任相对应的就是，机器人是否应该享有权利呢？如果人类仅仅是把机器人当作由一堆钢铁（或其他材料）组合而成的工具，那么机器人起到的作用就是帮助人类完成预先编程的任务，机器人自身的安全情况并没有放在太重要的位置；然而如果我们把机器人看作自己的“同伴”，那么机器人就应该享有“同伴”应有的权利 [362]。与动植物相比，机器人与之根本的区别在于动植物的生命是与生俱来的，机器人不具备生命，是人类创造的，是被人赋予了“人”的本质的机器。如同上帝造人中上帝与人之间的关系，机器人的权利是由人来赋予的，归根到底还是人的权利 [362]。

然而也有学者不主张赋予机器人权利。机器人毕竟不是人，人对机器人不存在道德问题，机器人自己也不会制造道德问题，机器人无法做出道德判断，因而无法享有人所拥有的权利。赋予机器人权利，是权利的泛化与对权利的滥用 [363]。

5.3.2　机器人伦理学形成

机器人在工业、军事、医疗、护理及情感等领域的应用冲击了人们的既定观念，遭到了法律与道德的诘难。伴随机器人技术进一步地向前发展，其与人类交互过程中的伦理问题将更加凸显，在安全、法律、道德、社会方面等都将遭到“人性伦理”的拷问，不仅引起了大众的广泛担忧和焦虑，科学家也对机器人的应用表现出担心。如诺贝尔奖获得者、著名原子物理学家 Joseph Rotblat 曾表示，赋予人工智能的计算机和机器人可实现自我复制，这种不可控的自我复制将成为新技术的重要危险⊖。

面对人性伦理的拷问，机器人及其设计者、制造者、使用者应该在什么样的伦理框架下遵守各自什么样的规则，将会影响机器人的未来发展，同样也会影响以机器人为中心的新型人 – 机关系的构建。伦理规范是解决机器人发展过程中诸多问题的有效途径，也是解决 机器人与人发生冲突的唯一途径。如何通过技术进步来提高整体的文化水平和伦理标准，实现机器人伦理方面相应的伦理学规范，进而提高整体社会（包括机器人）的道德水平，已成为必须要考虑的问题 [364]。

1. 机器人伦理学的诞生

机器人伦理学可追溯到 1942 年发表的《 I，Robot 》中的机器人三定律，就其时代背景来分析，该定律具有一定的前瞻性和预警性。其中关于机器人的安全使用，以及机器人智能自我升级都体现出了当代人类对机器人发展的担忧情绪。但从技术层面构建机器人伦理学是自 21 世纪开始的。

⊖ 原文：Thinking computers, robots endowed with artificial intelligence and which can also replicate themselves. This uncontrolled self-replication is one of the dangers in the new technologies。

在机器人伦理学提出之前，早在 1991 年计算机伦理学（computer ethics）就被提出，并成为美国大学计算机科学系的一个主题 [365]。而生物伦理学（bioethics）则更早被提出来规范医疗、生物等科学领域的伦理问题，并成立了生物伦理学国际协会。

2001 年，机器人学家 Paolo Dario 和哲学家 Jose Maria Galvan 合作提出了技术伦理学（Technoethics）的概念，同年，在日本东京早稻田大学召开的意大利 – 日本研讨会上，Paolo Dario 和日本机器人学家 Atsuo Takanishi 组织了人形机器人讨论会，会议主要讨论的是技术本体论。会上 Galvan 做了发言，并在 2003 年 12 月刊的《IEEE 机器人和自动化》杂志上发表了主题为 On Technoehics 的文章 [353]。21 世纪初，技术伦理是在计算机和网络等新技术的影响和推动下提出的概念。

机器人伦理学真正的定义是在 2002 年由机器人专家 Gianmarco Veruggio 提出来的，目的是建立一种引导机器人学研究工作的伦理学需要，回答诸如“机器人行善还是作恶？”和“机器人是否危害人类？”等公众问题㊀。

2004 年 1 月，在意大利小城圣雷莫机器人学家和哲学家合作举办了第一届国际机器人伦理学研讨会，在会上“机器人伦理学”（英文表述为 roboethics）这个词第一次被正式使用。来自世界各地的哲学家、法理学家、社会学家、人类学家、伦理学家与机器人专家一起讨论，为机器人设计、开发和使用的伦理原则奠定了基础㊁[366]。意大利著名艺术家 Emanuele Luzzati 创作了机器人伦理学的图标，如图 5.16 所示。图 5.16a[367] 和图 5.16b[368] 略有不同，但其含义都是一个小朋友从一个彬彬有礼的机器人手中接受一束鲜艳的花朵。该图标的寓意为，未来人类所制造的机器人要“彬彬有礼”。

a）Logo-1

b）Logo-2

图 5.16 Roboethics' logo

㊀ 原文：Could a robot do“good” and“evil” ?and Could robots be dangerous for humankind?

㊁ 机器人伦理学大会网址为：http://www.roboethics.org/。

2004年2月25日，在日本福冈召开的世界机器人大会中，制定了三条世界机器人宣言，具体内容如下[366]。

- 下一代机器人将成为与人类共融的伙伴。
- 下一代机器人将在生理和心理上帮助人类。
- 下一代机器人将致力于构建和谐安全的社会。

宣言旨在通过建立标准、环境升级和应用刺激来推动机器人的公众接受度[366]。

2004年，IEEE机器人与自动化协会（Robotics & Automation Society）成立了机器人伦理学技术委员会，以推进研究者、哲学家、伦理学者对机器人伦理学的讨论，同时也支持管理机器人伦理事宜。2005年10月，欧洲机器人研究网络（European Robotics Research Network）资助了一个称为"机器人伦理学工作室"的项目，其首要目标就是规划出第一份机器人伦理学蓝图。

2. 机器人伦理学的定义

机器人伦理学的定义还存在诸多争论，目前还处于初始阶段，根据机器人主要领域（如工业机器人、拟人机器人和生物机器人等）的不同存在不同的见解。我们几乎每天都面对新技术发展及其与其他领域的应用和协同[368]。机器人伦理学还处于发展阶段，其内涵和定义还有许多不同的见解。

意大利学者、机器人专家Gianmarco Veruggio最早使用了"机器人伦理学"一词，该词是机器人和伦理学的合成概念，其英文roboethics也是robot和ethics的合成词，本质上是伦理学的应用（类似bioethics），以适应新科技领域所产生的道德和伦理问题[369]。综合起来看，所谓机器人伦理学是一门关于科学和伦理（科学研究、科技研究、科学技术、公共法规、职业道德等）的研究工作的伦理学。G. Veruggio于2002年将机器人研究人员伦理称为应用伦理学或者机器人伦理学⊖，他认为"机器人伦理学是一门应用伦理学，其目标是发展可被不同的社会团体和信仰共享的科学、技术、文化工具，这些工具能够促进和鼓励机器人学的发展，使机器有利于人类社会和个人，并且防止因机器人的误用对人类造成伤害"[353]。而随着机器人与生物技术的融合交叉而发展起来的生物型机器人则涉及机器人伦理学和生物伦理学的双重约束。

⊖ G.Veruggio表述机器人伦理学为：Roboethics is an applied ethics whose objective is to develop scientific/cultural/technical tools that can be shared by different social groups and beliefs. These tools aim to promote and encourage the development of Robotics for the advancement of human society and individuals, and to help preventing its misuse against humankind[367]。

机器伦理学的定义主要包括三个方面：第一，所谓机器人伦理指的是该机器人的研发者和制造者本身的伦理，也就是机器人专家本身所具有的职业道德；第二，指的是机器人本身所具有的道德编程代码，这些编码决定了机器人的行为是否超越了道德行为准则本身，尤其要指出的是这些道德编码并不是指机器人专家；第三，机器人伦理指的是机器人通过学习推理从而形成自身的一套伦理规范，这种行为具有自发性和自我选择性，因此可以将具有伦理行为的机器人称作一种具有自觉道德推理能力的机器人[353]。

2005 年美国学者 Wendell Wallach 和 Colin Allen 合著了《Moral Machines: Teaching Robots Right from Wrong》，书中详细讨论了机器人伦理的各种问题，并阐述了自动道德代理（Automated Moral Agent，AMA）模型，其将机器人道德分为三个层次：隐性（implicit）、显性（explicit）和全面（full）。隐性道德机器人仅限于对伦理行为的模仿，显性道德机器人则致力于伦理决策，全面道德机器人则像人一样拥有意识和自由的意志[370]。在那本书的最后一章中，他们提到了关于伦理建制方面的设想，这对于计算机伦理的进一步完善起到了重要的作用。

5.3.3 机器人伦理学研究焦点

2005 年，机器人伦理学正式提出以后，关于这方面的文献数量陡增，国内外关于机器人伦理问题主要集中在安全、道德、社会影响和伦理观念等几个方面。对于机器人应用过程中产生的伦理问题，一种解决方案就是将机器人的伦理转化为“人”的伦理，即分配到设计者、制造商、使用者、政府管理机构及被机器人施加作用的对象等；另一种解决方案就是用技术克服伦理缺陷，即通过技术赋予机器人权责分析和道德判断的能力，从而避免与人类社会伦理和道德观念相冲突。

因此，机器人伦理学不只是停留在伦理学家和哲学家在伦理层面的讨论，也为机器人领域专家的研究提供了广阔空间。在技术可控的范围内，如何赋予机器人合理的权利和责任，如何让机器人不突破人类社会的固有道德和法律约束，都值得伦理学家和机器人专家共同讨论和解决。

1. 机器人安全问题

机器人故障对人的伤害是最早引起关注的伦理问题。早期导致机器人安全事故的原因主要有以下几类原因。一是操作人员操作失误；二是人员异常闯入；三是机器人故障[371]。前两条是人的因素，第三条是机器人的因素。机器人安全人机工程学对导致机器人事故的人的因素进行分析，给出机器人设计的安全准则、操作和维修规范，从而避免事故发生。进入 2000 年以后，人机友好的机器人安全设计方法得到广泛研究，包括采用弹性材料设计机器人主体，应用被动式的机器人移动平台，采用电磁离合器抑制碰撞力等方法来降低机器人对人类的伤害[372]。设计人机友好的接口和安全机制也是避免机器人伤害人类的方法，如采用基于视觉的接口技术，实时识别用户面部特征和凝视点并设计安全准则，实现机器人和人的安全共处[373]。

机器人安全是机器人伦理设计的一个最基本的问题。根据安全性要求，可靠性（reliability）是最重要的行为考量准则。安全设计是指鼓励产品设计师在开发过程中“设计出”既健康又能规避安全风险的一个概念。安全设计大致可分为两条防线：“第一条防线”在于构建安全风险中恰当的工程解决方案；“第二条防线”作为“第一条防线”的补充，是一种旨在减少各种风险的安全文化（主要包括管理程序、防护措施等）。“两条防线”相结合可以培养一个人预知安全威胁和建立预防措施的能力[374]。

对于更高级的智能型机器人，仅仅是安全准则，或者基于安全的设计不能完全解决安全问题，需要赋予机器人伦理决策的能力。是否应该赋予机器人伦理决策和拥有权利一直是机器人伦理学的焦点。社会大众或许可以接受赋予机器人伦理道德上的权利，但赋予机器人法律上的权利却难以得到认可。毕竟机器人是由人类创造出来的，不是天然的生物体。然而大多数机器人学者对赋予机器人权利均偏向支持的态度[355]。RomanV. Yampolskiy 提出了一种针对人工智能体的安全工程的新学科，命名为人工智能安全工程（Artificial Intelligence Safety Engineering）[375]。RomanV. Yampolskiy 同时也提出了 AI 限制协议的概念，呼吁科研人员致力于智能安全研究，开展相关的 AI 安全实验研究。

2. 机器人道德问题

智能机器人大面积应用于社会各领域，必然会涉及机器人道德问题。在军用、服务和医疗服务中，机器人都面临着理解道德并根据道德准则来决策其行为的问题。如杀伤性军用机器人如何区分平民、伤患、投降者和恐怖分子，在同时存在大量恐怖分子和些许人质的情况下，机器人是否选择攻击等。又如，家庭服务型机器人在照顾家庭成员的过程中，如何区分伤害与救助。再如，医疗型机器人在手术过程中对病人造成的“伤害”或者“治疗”，何时、何种程度才能被认为是不道德的[353]？

伦理学家 Patrick Lin 在一篇文章中表示，在未来的无人驾驶汽车中加入一个可编程的道德按钮，并不是解决这项新科技带来的道德上的不适应的最佳解决方案。以无人驾驶机器人道德实验的“隧道问题”为例，当你乘坐的汽车高速行驶至隧道口，一个儿童冲了出来，走到了路中间，正好挡住了隧道的入口，此时通过刹车来避免事故发生已为时晚矣。无人驾驶机器人只有两个选择：一是直接冲过去，但这会导致儿童死亡；二是快速转向而撞向隧道的任意一边，但这会让你丧生。很显然，这一道德困境即便人类也没有"正确答案"，但无人驾驶机器人却必须面对这一困境并做出选择。机器人道德倡议组织（Open Roboethics Initiative）就这一问题对公众进行了一项调查。调查显示，77% 的受访者认为应该由用户自己或者立法者来做这个决定，认为应该由汽车制造商和设计师做决定的受访者只有 12%。但无论是由谁来决定，最终执行的都是被赋予"道德"的无人驾驶机器人㊀。

上面的例子都是机器人在快速、广泛、深入社会生活中可能面对的道德问题。机器人的自由程度越高，就越需要道德标准。机器人感知力的提升、自由化程度的提高所带来的不仅仅是工作效率的提升、社会成本的降低，更多的则是系统性风险。机器人"加载"道德的目的并不是为了使机器人成为独立的物种，真正平等地参与社会生活，而是为了控制人工智能技术发展所致的系统性风险 [353]。这里的系统性风险主要是指机器人在发展、应用过程中，由于技术、外力、故障等各种原因所可能导致的对人类、社会、国家的危害。机器人道德是具有自主意识的智能机器人判断某种行为正当与否的基本标准与准则。因此，机器人道德是智能机器人的必备内容，是人类社会对智能机器人融入社会生活最低限度的要求 [376]。

随着技术的发展，以后机器人的能力将会远远超出人类的控制范围，因此应当及早地对相关的道德问题、伦理问题进行探讨。在某种程度上，道德是一种认知的追求（cognitive pursuit），机器人也可以很容易地在其道德思想的认知上超越人类。未来技术的发展会带来一些更深层次的伦理问题：人类在什么动机下能够创造超级机器人，是否考虑延缓有关智能机的发展速度 [377]？在拓展到道德认知方面，超级人工智能可能比人类思考者更具优势，通过举证和推理可给出比人类更精确的答案。

那么人类世界是否需要人工道德行为体（Artificial Moral Agent, AMA）呢？ Wendell Wallach 和 Colin Allen 在《 Moral Machines: Teaching Robots Right from Wrong 》中给出了肯定的答案。他们也对此表示乐观，他们在书中畅想我们人类将能够成为一种工程师系统，对于法律和道德因素考量将更为敏感，并结合实时情境做出合理决策；他们还预言未来机器人要通过道德的"图灵测试"，才能成为符合伦理标准的机器人 [378]。基于这种乐观的态度，在技术不断地完善和推动下，机器人最终将走向"道德完善"的人工行为体。但不可避免的是，如同今天的机器人故障一般，机器人如果存在道德缺陷（尤其是

㊀ 资料来源：https://www.leiphone.com/news/201409/6m6GmhjJGaUuXeK7.html。

那些用于杀伤性作用的机器人)，那么其将给人类带来无穷的祸患。因此，在技术和道德之间寻找一个平衡点，机器人将有可能成为“健全道德品格”的人类朋友；否则，机器人便可能成为“道德缺陷体”，危害人类的人身安全和社会秩序。

3. 机器人社会影响及公众接受度

赋予机器人安全和道德观念，主要是出于对机器人技术失控（或对人类造成某些伤害）的担心和困扰。而随着机器人应用的普及，其与人类的交互更会深远地影响到人类的生活方式（尤其是儿童、老人或病人等需要智能机器人照顾的易浸染群体)，进而引发新的社会问题 [379]。

就业方式的影响。机器人不仅能替代人类的体力劳动，而且还可替代各种脑力劳动，将会使一部分人不得不改变他们的工种，进入另一种新的工作方式。最新研究表明，2030 年机器人或将取代全球 8 亿个工作岗位，据 BBC 预测，电话推销员、打字员、会计、保险业务员、银行职员、前台和客服等职位首当其冲。欧特克（Autodesk）公司首席执行官卡尔·巴斯（Carl Bass）曾说：“未来的工厂仅需要两名员工——一个人和一只狗，人在那里喂狗，狗则守着机器不让人碰。”未来将出现越来越多的“少人化”或“无人化”工厂 [211]。欧盟产业发展指导委员会委员、台湾大学电机系教授罗仁权表示，机器人掀起的劳动力竞争是全球性的挑战，最大的冲击就是底层劳动阶级，当局要给予辅导措施，帮助劳工适应转型 [380]。

我国东南沿海也已开始实施“机器换人”计划，如富士康计划 30 年内建成“无人工厂”㊀。如果预测准确，那么这 8 亿人将失去他们现在的工作岗位，但他们就真正的失业了吗？许多人担心，甚至恐慌机器人替代人类工作岗位，将造成大面积的失业局面。蒋新松院士认为，不存在机器人给人造成就业压力的问题 [74]。笔者认为，目前机器人尚且无法具备人类的创造力，并不能完全替代人类工作，而只是可用于协助人类提高工作效率。机器人就相当于是第一次工业革命时的机器一样，不会造成失业，而是改变人类的就业方式。换句话说，机器人将改变许多人现在的工作模式，从而进入一种与机器人共融的工作环境中。工人需要通过再教育和再培训来适应新的工作模式，但这需要一定的时间和过程。

在迎接机器人时代到来之际，我们也不得不转变我们的就业观念。由于机器人擅长单调沉闷的重复性业务，因此其必将替代人类部分岗位。因此，我们应该从事创造性、互动性的工作，提升学习力和创造力，做机器人做不到的事情，同时学会与机器人共融

㊀ 资料来源：http://www.elecfans.com/d/612734.html。

和合作。

社会结构的变化。传统的工业机器人依靠专门的操作员花费大量时间和精力进行反复试验和传授，可照猫画虎地进行作业（这样的“机器人”应该说只是处于“机器”和“机器人”之间的中间产品）。然而，通过开发“人、机器人与信息系统”这三者相互融合的技术以及“人工小脑功能”器件，提高作为机器人“头脑”的人工智能水平，推进机器人与互联网的融合，运用基于互联网的云计算、大数据，增强机器人的认知和“思考”能力，可使“智能化”机器人能够及时感知周围环境而随机应变，并“举一反三”地自动掌握新动作，还可使智能化机器人通过网络将某个机器人的“经验”瞬时与其他机器人分享，加速自主学习和积累经验的过程，迅速适应“多品种小批量”生产线的要求[211]。这种机器人之间的经验分享，实际上就是机器人教机器人，或者说是机器人操作机器人，这就改变了原来的人教机器人或者人操作机器人的“人 – 机器”传统社会结构，形成“人 – 智能机器人 – 机器”的新型社会结构。这种新型社会结构不仅会改变人与机器之间的关系，也会影响人与人之间的关系。

思维方式与观念变化。AlphaGo 打败了世界围棋冠军柯洁，5 个月后又进化出“最强版 AlphaGo”。两台中国造人工智能机器人参加了 2017 年数学高考，分别考了 134 分和 105 分，而且分别只用了 10 分钟和 22 分钟。据说 2020 年机器人就可以考全科了，包括历史、地理这些人文性质的考试。科大讯飞董事长刘庆峰曾在 2016 年表示，希望 2020 年机器人能够考上一本。微软小冰出版了由人工智能撰写的诗集《阳光失了玻璃窗》，人工智能程序 EMI 一天就谱出了 5000 首巴赫风格的赞美诗乐曲⊖。与印在书本报刊或杂志上的传统知识不同，人工智能系统知识库的知识可以不断修改、扩充和更新。这些案例都显示，机器人可以像人一样思维，随着机器人思维的发展和应用，将影响到人类的思维方式和传统观念。

苹果 CEO 库克曾表示：我不担心机器像人一样思考，我担心人像机器一样思考。试想，我们的行为越来越懒，思维方式越来越机械，思考方式越来越像机器人，那时我们的社会将会变成怎样一番场景？

但是，未来机器人必将改变我们的思维方式，并将不断冲击人类的传统观念，列举如下。

- 机器人将改变我们的学习观念。传统的知识获取观念也将发生改变，一些整理和综述性的工作可能由机器人替代，而人类将腾出更多的时间来进行更高级的思维方式。反观之，面对机器人（人工智能）的快速高效学习，我们人类是否还可以得

⊖ 资料来源：http://www.elecfans.com/d/612734.html。

过且过、故步自封？

- 机器人将改变我们的婚恋观念。前面已述及情感机器人和性爱机器人。试想你和机器人谈恋爱，这很可能会改变我们现在的生活方式和情感观念。笔者对此类机器人还是比较担忧的，甚至对其发展还有些悲观，机器人是否将沦为人类欲望的终极替代工具？
- 机器人将加剧人类的错位竞争。人工智能高速发展会重新划分人群，安于现状、不思进取的人群和主动思考、努力深造的人群。他们之间的差距将会越来越大[㊀]。

人工智能对人类其他方面也将产生深远的影响。机器人可能改善人类语言和文化生活。机器人公民中的女性机器人索菲娅、微软小冰、Facebook 聊天机器人都可以像人一样侃侃而谈，甚至吟诗，这无疑在扩充着现有的人类语言。而 Facebook 研究团队开发的机器人 Alice 和 Bob 则更是能创造出一种研究人员都无法识别的交流语言[㊁]。各类娱乐机器人已经在改变着我们的娱乐方式。

机器人的公众接受度。伴随着人工智能的发展，诸多场合应用的机器人都具备了一定的社交能力。如在银行、商场工作的服务机器人，以及应用于家庭中的助老、护幼机器人等，机器人不仅要与人类进行基本的会话交流，可能还需要揣摩人类的情绪。那么，用户对机器人的接受程度、与机器人相处的感受如何，以及针对不同的机器人会不会引起用户对其不同的使用态度等？更深层次地，如果我们接受和认同了机器人群体（更广泛地是指服务社会行为体（Assistive Social Agent，ASA）），那么它们将会对人产生哪些影响呢？科学的评估人与机器人交互过程中产生的正面和负面影响，可为机器人性能改善和未来机器人的发展提供有益的参考。

Heerink M 等利用技术接受度模型（Technology Acceptance Model，TAM）和技术使用和接受度联合理论（Unified Theory of Acceptance and Use of Technology，UTAUT）建立了服务社会行为体接受度评价模型[381]。通过调查问卷对机器人进行评价，主要涉及 ANX（Anxiety）、ATT（Attitude Towards Technology）、FC（Facilitating Conditions）等 12 项因素。他们利用该模型对 iCat 机器人进行了评价，评价结果在一定程度上反映了老年用户对助老机器人的接受度。

未来还需要建立更加合理和全面的机器人接受度模型来评价机器人，以期在最大程

㊀ 具有以下三类技能的人群被机器人替代的可能性较小：社交能力、协商能力以及人情练达的艺术；同情心以及对他人真心实意的扶助和关切；创意和审美。而符合以下工作特征的人群被机器人取代的可能性则较大：无需天赋，经由训练即可掌握的技能；大量的重复性劳动，每天上班无需过脑，但手熟尔；工作空间狭小，坐在格子间里，不闻天下事。

㊁ 资料来源：https://www.sohu.com/a/201350747_295822。

度上避免机器人与人之间的伦理冲突，并且更好地服务于人类社会，形成和谐的人机共融环境。

5.3.4 机器人技术伦理问题的对策

机器人究竟会发展到什么程度，人类能否完全掌控其发展？任何技术都有其善恶两面性，只有解决好机器人伦理问题，才能最大限度地发挥其利于人类的一面，造福社会。机器人发展已经迎来了黄金发展时代，我国已成为全球最大的机器人市场。针对机器人引发的一系列伦理问题，需要制定相应的对策和制度，包括技术、政策法律、政府管理部门、科技人员、使用者等方面的制度。

1. 技术层面的对策

技术源头规制。随着机器人智能程度的提高，其核心指令——编程变得更加复杂，所从事的工作也变得越来越重要，越来越高级。机器人发展到一定程度，便会到达一个奇点㊀，这个奇点也是机器人伦理学探讨的关键因素。奇点之前，机器人仅仅被看作一个人工物或者人造物，并不具备任何道德责任或者相应的权利和义务；奇点之后，程序的设计越来越趋向于完美化，机器人的自主性不断加强，由人工物或者人造物慢慢转向于具有权利和义务以及相应道德责任的主体，这一演变过程称之为“物转向”[382]。

在向机器人技术奇点转向的过程中，从技术源头扬善制恶，即程序设计严格遵守人类道德法律法规，将伦理原则和道德思维融入机器人的设计和生产中，制造不能违背人类发展意愿、不具有破坏性和反人类性的“人性”机器人。

加强机器人研究的国际交流。美日韩及欧洲国家的机器人起步都较早，技术都已趋于成熟，他们在机器人伦理方面积累了丰富的经验。我国学者应当以包容的心态，多多与国外高水平科学家进行交流，尤其是在机器人伦理学方面进行深入交流，学习他人的经验。全面实施“外国专家计划”和“青年科学家计划启动建设计划”，经常参加相关的重要国际科学组织的活动，发展机器人技术合作项目，建立机器人战略论坛㊁，组织机器人技术和伦理方面的国际会议[383]。

㊀ 在这里是指机器人在不断进化过程中突破的点。

㊁ 由中国科学技术协会、工业和信息化部、北京市人民政府共同举办的世界机器人大会（World Robot Conference，WRC），是世界上最顶级的机器人盛会，该大会极大地推动了创新驱动发展战略，是实现我国机器人技术与产业的跨越发展的机器人产业盛会。WRC 自 2014 年首届开始，到 2018 年共举行了五届；2017 年的大会主题为创新创业创造，迎接智能社会，2018 年的大会主题为共创智慧新动能，共享开放新时代。

完善机器人影响评价体系。如同机器人技术指标体系一样，同样需要建立一套机器人影响评价体系，包括设计者、制造者、使用者对机器人的满意度，全社会对机器人的接受度（如多少人可接受性爱机器人），伦理学家对机器人的伦理评价，生态学者对机器人的生态评估，以及法律专家对机器人的法律约束等。投入市场的机器人必须同时通过技术指标体系和影响评价体系的评估。机器人影响评价体系需要机器人专家、企业家、哲学家、伦理学家、生态学家、法律专家、用户群体及管理人员等各层面来共同推动。机器人影响评价体系的完善，可使人们对机器人技术的发展和应用采取更为谨慎的态度。

2. 政策法律层面的对策

机器人致害已不是个案，随着应用的拓展，其所面临的法律责任问题也会越来越复杂，只有依靠成熟稳定的损害赔偿制度来约束机器人的设计开发者、生产制造者、销售者、操作者等，才会降低机器人发展所带来的负面风险[355]。我国机器人迎来了自己的黄金发展时代，但是并没有出台一套正式的有关机器人的政策、法律法规、判案标准，来规范和约束机器人的发展[353]。

日韩机器人法制借鉴。早在2006年，日本各相关部门就已经建立了新一代机器人的安全指导标准。该指导标准要求机器人的生产制造商在机器人的生产过程中为机器人安装足够多的传感器，在机器人产品的本体上使用以轻质柔软为主的材料以最大限度地减小机器人可能带来的危险和伤害，为机器人安装紧急情况关闭按钮，并且这些按钮必须处于明显和易于控制接触的位置[355]。

2007年，韩国政府起草并发布了世界上第一部《机器人道德宪章》，其中规定机器人必须严格遵守命令，不能损害人类的利益，人类与机器人应该和谐共处，人类应该在充分尊重机器人权益的基础上合理地使用它们，不能虐待它们[384]。

2007年，日本千叶大学也制定了关于智能机器人研究的伦理规定——《千叶大学机器人宪章》，以确保机器人研究被用于和平目的。日本千叶大学在其网站上说："科学技术是把双刃剑，如果被恶意利用，则极有可能危及人类自身生存，因此制定了这个宪章。其内容包括：研究者只进行与民用机器人相关的教育和研究；研究者不得将不符合伦理、违法利用的技术应用到机器人中；研究者不仅要严格遵守阿西莫夫'机器人三定律'，而且还要严格遵守宪章的所有规定，即使离开千叶大学，也要遵守宪章精神等"⊖。

机器人致害法律制度建议。胡玥等认为，欲在当前构建一部完善的机器人法律是不太可能的，一来机器人普及率不够，二来会对传统法律造成较大的变动[355]。按照侵权责

⊖ 资料来源：http://news.163.com/07/1216/18/3VRREUIJ000120GU.html。

任法的规定，产品责任的主体是生产者和销售者。而人工智能领域设计者在产品责任中会突出表现出来，也是责任主体[385]。但是，随着自动驾驶汽车等智能机器人的自主性、学习和适应能力地不断增强，它们的行为已开始不受人类的直接指令约束，而是基于获取信息的分析和判断；在不同情境下的决策不会受到设计者的预测和事先控制，故而对其法律责任主体难以明确[386]。因 此，构建机器人致害损害赔偿制度主要是从严格机器人产业的质量标准与明确机器人致害的法律责任方面入手。胡玥等对我国机器人致害损害赔偿制度的具体建议如下[355]：

- 机器人产业适用严格生产标准，提高机器人产品的安全可靠性㊀。
- 明确机器人致害损害赔偿的责任主体与法律原则。
- 引入机器人强制保险机制与赔偿基金。
- 从长远来看，考虑赋予成熟的自主机器人法律地位。
- 针对不同的特定用途的机器人制定不同的规则。
- 制定专门的机器人损害赔偿制度研究机构。

3. 人的规制

机器人伦理学所研究的对象不仅仅是机器人及其所带来的人工伦理，更是机器人研发人员、设计者、使用者、企业家等所带来的伦理问题。机器人的伦理是人赋予的“伦理”，归根到底，还是人的“伦理”，因此对与机器人交互的人进行规制，才能从根本上解决机器人的伦理问题。

科研人员的规制。科学的影响越来越大，它不仅能极大地造福人类，同时也能极大地伤害人类，甚至毁灭人类。爱因斯坦曾说过：“以前几代人带给我们的高度发展的科学技术，这是一份宝贵的礼物，它使我们有可能生活得比以前无论哪一代人都要更自由和美好。但是这份礼物也带来了从未有过的巨大危险，它威胁着我们的生存。”因此，科学家不仅承担着对自己工作和科学界其他成员的道德义务，而且还担负着整个社会的道德责任[387]。

面对机器人引发的一系列伦理问题，从事机器人领域的科技研发人员首要地担负着其伦理问题涉及的道德责任和义务，甚至是法律责任。赵玉群等对机器人科技人员在机器人伦理规制上提出了以下建议[353]。

- 科技研发人员应该不断培养自身素质和较强的社会责任感。

㊀ 针对智能机器人，司晓等给出以下建议：借鉴《侵权责任法》上关于危险责任的规定，让智能机器人的制造商或者使用者承担严格责任 (Strict Liability) 。

机器本没有善恶，有善恶的是人，科研人员应了解自己的使命，知道什么该做，什么不该做，知道怎么做正确的事，以及如何正确地做事。不能因为一己私利而恶意利用科研成果，也不能完全处于无意识的状态，把自己封闭在自己专属的狭小空间内，不关心政治、生活、社会，不关心自己的科研成果为人类带来的后果，这样的科研人员很容易被图谋不轨的人所利用，科研成果也很容易被窃取或者向负面发展。

- 科研人员应积极与其他领域学者合作，接受新思想教育。

机器人建设要软硬兼施，其伦理学与各国不同民族文化紧密融合。机器人科研人员应积极与哲学、信息科学、系统科学、政治学、公共管理学、马克思主义等领域学者开展合作，从文化深层次上剖析机器人伦理文化和思想内涵，在新的思想框架内去定义机器人伦理学。科研人员需要不断地接受新思想教育，充分认识机器人伦理学的重要性，做到“慎思之，明辨之，笃行之”，提高自身修养，加强自律，为自己的行为，为自己的研发成果负责任。

- 科研人员不仅要关心科学本身，而且还要关心整个科技与社会的关系。

机器人科研人员不仅要研究机器人伦理，而且还要研究机器人所带来的社会伦理，理解政治、社会、法律等因素对机器人技术产生的影响。将机器人技术看作社会活动的一部分，从更广泛的含义上理解机器人伦理，并不断利用技术完善和修正机器人伦理问题，为人类谋取更多福利。

企业家的规制。对于企业家来说，需要承担相应的社会责任，不能纯粹以追求商业利润为目的，仅仅为了迎合市场需要而开发机器人产品，以取悦消费者，争取更多的经济利润[383]。比如企业开发儿童看护机器人产品，必须从儿童身心健康的角度考虑，能够正确引导儿童的生活、学习习惯，而不能对其身心造成伤害[353]。在现代社会中，主动承担社会责任的企业就像拥有高尚品德的个人，更有可能被消费者所认可，最终在市场竞争中获胜。如何将伦理责任与经济利益有机地结合起来，实现二者双赢，是企业伦理与决策的研究内容。而掌管企业的企业家也需要具备较高的文化修养、良好的社会公德心、社会道义和责任心，开发机器人不能仅仅着眼于谋取利润，更应该站在消费者的角度去考虑。从长远来看，机器人企业应当走“伦理与利润并重”的发展道路，在产品研发时注重对机器人进行伦理设计，生产符合一定伦理规范的机器人，并对其使用范围与方式进行明确规定[383]。

使用者的规制。使用者也可以被称为终端用户，在此之前还有设计者、制造者，三者共同组成机器人发展产业链。终端机器人在使用的过程中会产生一些伦理问题，需要规范使用者的行为。

- 提升使用者的机器人伦理素质。

机器人使用者不仅仅是指直接接触机器人的人，比如子女给父母（老人）的陪伴机器人，或者父母给儿女（儿童）的看护机器人，使用者不仅仅是老人或儿童，还包括老人的子女或儿童的父母。所谓机器人伦理素养，即使用者要充分认识和理解机器人，以及机器人使用过程中可能产生的伦理问题，充分尊重机器人，并建立起风险预防的机制。比如老年人看护机器人，一方面老人要与机器人和平相处，把它当作自己的伙伴、可以聊天的朋友、照顾自己的知心人，不滥用和虐待机器人，另一方面，做子女的要正确理解老人看护机器人，这种类型的机器人并不能完全尽到照顾老人的责任，也不能完全代替人去照顾老人，而且机器人对老人的情与子女对老人的情是两个完全不同的概念，亲情以及赡养老人的义务不能由机器人完全承担[353]。使用者还要认识到机器人可能潜在的风险，制定相应的风险预防机制，如果有一些机器人对人类造成伤害，则必须采取相应的处理措施。美国、韩国、日本等国家都制定了相应的机器人手册或者机器人伦理指南。

- 使用者应该学会尊重机器人。

在“物转向”的过程中，机器人逐步成为责任和权利的道德主体，也逐渐成为可以感知环境、理解人类情绪，甚至有独立情绪的人工体。因此，使用者在使用机器人的时候，不能简单地把机器人（尤其是智能机器人）看作一个物来对待，而应该对其付出一定的感情。对待如机器狗、儿童看护机器人、老年人看护机器人等陪护机器人，应把它当作自己的朋友或者玩伴。而对于军用机器人、医用机器人、娱乐机器人等服务型机器人，随着人机交互的不断深入，通过机器学习也逐渐会对人类产生一定的感情依赖，因此使用者应学会尊重机器人，不虐待机器人，不放纵机器人，确保人与机器人和谐、健康地发展。

4. 提升公众对机器人的认知度

谷歌 AlphaGo 机器人战胜围棋顶尖高手李世石和柯洁，不仅轰动了世界，也引发了人对机器人技术发展的恐惧和不安。即使机器人战胜了所有围棋高手也并不可怕，因为没有人类文化的积淀，AlphaGo 是无法胜利的。因此真正可怕的不是机器人，而是人类对机器人的误解和恐惧[388]。对待机器人，人类既需要产生对技术的担忧和恐慌，也不能盲目乐观，任由机器人技术肆意发展。

机器人学者、企业家和使用者仅仅构成了机器人的产业链，而推动机器人产业发展的还包括政府管理部门、一部分人文学者（尤其是伦理学家和法律专家）以及一部分机器人热爱者。机器人将应用在银行、商场、酒店、家庭等各类服务场所，未来必然与绝大多数民众进行接触和交互，因此从更广泛的层面对机器人进行宣传和解读，让公众深层次了解机器人及其伦理问题很有必要。

在机器人普及的过程中，人类将渐渐失去对机器人的好奇感，而进入一种理性的思考和分析。合理引导公众对机器人的理性思考，消除机器人的错误观念，是推动机器人健康发展和与人类和谐相处的基础和前提。而随着智能机器人的发展，机器人将全面拥有人类的行为、感知、情感和智慧等多项类人元素，需要人类的尊重和善待。面对机器人所带来的一系列问题，我们应该冷静思考，理性分析和处理，不要放大错误的信息，形成谣言，造成不必要的损失。

5.4　本章小结

内容总结

本章概述了机器人未来的发展趋势以及在发展过程中所产生的伦理问题。从古代机器人到现代机器人的发展历程告诉我们，机器人正在向着人类想象的方向发展，并且逐步趋近于人类。在人工智能技术的推动下，总体上机器人沿着智能化方向在发展。然而，机器人毕竟有着“机器”和“人”的双重属性，机器人作为工具在向着更加机器化的方向发展；在模拟人的方向上，机器人则不断完善，不仅成为我们的工具，也可能会成为我们的良师益友。同时，本章还介绍了软体机器人、液态金属机器人、生物机电和脑机接口技术以及人工情感等未来机器人的热点技术。

随着机器人技术的深入和广泛应用，在机器人与人类交互过程中产生了一系列的伦理问题。早期机器人致害、损害人类利益，可以认为是机器故障造成，对生产者和设计者追责一定程度上可以解决这些问题。然而，随着人工智能技术与机器人的深度融合，机器人大大拓展了自主性，同时也逐渐拥有了情感意识，并走入人类日常生活中，与人类深度交互，这必将引发更深层次的伦理问题。本文围绕道德、法律、责任、义务、权利等方面对机器人伦理进行系统概述，并对我国当前机器人伦理问题提出了相应的对策。

笔者以机器人伦理作为本书的结束，还有另一层的思考。从古代机器人到现代机器人的发展是人类在自我认识、自我欣赏和自我完善强烈欲望下不断推动的结果。而现代机器人是在计算机技术推动下，机械工程、材料科学、生物技术、电子技术和信息技术等多学科多领域交叉的结果；我们对机器人未来的发展，大多都是基于现有技术框架下的推测。但随着人工智能和人工情感等技术与机器人的深度融合，机器人的发展已经不再囿于技术发展的框架，未来将实现自主学习、自我完善和自我繁衍的功能。那么，未来推动机器人发展的将不再是更先进的技术，而是更符合人类需求的机器人伦理。只有建立完善的机器人伦理体系，才能推动机器人向着服务于人类、造福于生态的方向发展，人类才能掌握机器人的发展而不致失控。

问题思考

- 请谈谈你最感兴趣的未来机器人技术（包括软体机器人、液态金属机器人、生物机电和脑机接口、人工情感技术及其他）；十年后该项机器人技术将发展到什么程度？请谈谈你的想法，试举例介绍你想象中十年后的机器人将拥有哪些功能。
- “机器人上岗，人将下岗”这种观念正确吗？请谈谈你是否有这种担心，有一天你的职位被机器人替代了该怎么办？试论证一下你的观点，并提出你的对策。
- AlphaGo 打败了李世石和柯洁两位围棋顶尖高手，表明人工智能在该领域将永远超过人类。那么，机器人智能真的超过人类了吗，未来的智能机器人能否全面超过人类的智慧呢？
- 你会对机器人产生感情吗，你可以接受和机器人谈恋爱吗？你网恋过吗，你能接受虚拟网络对面“人类”的感情，是否就能接受和面对与你谈感情的“机器人”？未来与机器人谈恋爱与网恋有什么区别和相似之处呢？

机器人与人工智能相关的学术期刊

A.1 机器人学术期刊⊖

Autonomous Robots，领域与方向：报道实际机器人在非结构环境中的表现和性能，包括机动性、自主性能和智能行为。主要针对自给自足的可移动机器人（尤其是仿生机器人）的控制、学习、传感器融合、自修复和自复制智能系统。

网站：http://link.springer.com/journal/10514

期刊简介：报道机器人系统应用和理论，期刊面向机器人灵活性、智能性和自动化的发展趋势。期刊发表论文主要包括以下领域的研究工作：

- 自动化机器人控制（control of autonomous robots）
- 实时视觉（real-time vision）
- 轮式和轨道自动化车辆（autonomous wheeled and tracked vehicles）
- 自动化系统的计算结构（computational architectures for autonomous systems）
- 分布式学习、控制和自适应结构（distributed architectures for learning, control and adaptation）
- 自主复制智能结构（self-reproducing intelligent structures）
- 机器人开发中的基因算法（genetic algorithms as models for robot development）

The ASME Journal of Mechanisms and Robotics，领域与方向：运动学、机械臂设计、行走机器人、机械手、夹具机电系统等。

网站：http://mechanismsrobotics.asmedigitalcollection.asme.org/journal.aspx?journalid=127

期刊简介：主要发表机器人和机械系统相关的基础理论、算法和应用方面的研究性论文，

⊖ 本节资料来源：https://blog.csdn.net/robinvista/article/details/53158668。

其主要研究领域包括：

- 运动学理论与应用（theoretical and applied kinematics）
- 机器人创新设计（innovative manipulator design）
- 行走机器（walking machines）
- 机械手（mechanical hands）
- 抓持、柔顺机构（grasping, fixturing, compliant mechanisms）
- 机电系统（electro-mechanical systems）

Robotics and Autonomous Systems，领域与方向：主要面向基于符号和传感器的自主机器人行为控制和学习，包含基于传感器的行为控制、传感器信息处理和建模、机器人仿真、机器人控制体系。

网站：http://www.journals.elsevier.com/robotics-and-autonomous-systems/

期刊简介：主要面向先进机器人自动化系统相关的理论、计算和实验工作，其应用环境涵盖工业、室外和外太空等。期刊具体覆盖研究方向包括：

- 符号连接机器人行为控制（symbol mediated robot behavior control）
- 传感连接机器人行为控制（sensory mediated robot behavior control）
- 主动传感处理和控制（active sensory processing and control）
- 自动化系统的工业应用（industrial applications of autonomous systems）
- 传感器建模、数据翻译和模式识别（sensor modeling and data interpretation, pattern recognition）
- 机器人仿真和可视化工具（robot simulation and visualization tools）
- 机器人规划、适应和学习（robot planning, adaptation and learning）
- 微机电系统机器人（micro electromechanical robots）

Robotica，领域与方向：机构和驱动器设计、仿生机器人、服务和工业机器人、机器人动力学 / 运动学 / 控制、机器人运动规划、人工智能等。

网站：http://journals.cambridge.org/action/displayJournal?jid=ROB

期刊简介：致力于机器人及相关领域的高质量原创性论文，期刊主要接收研究方向包括：

- 新型机器人机构和驱动器设计（novel robotic mechanism and actuator design）
- 机器人运动学、动力学和控制技术（robot kinematics, dynamics and control）
- 计算机视觉（computer vision）
- 传感器融合（sensor fusion）
- 远程和触觉接口（teleoperation and haptic interfaces）
- 机器人运动规划（robot motion planning）

- 人工智能（artificial intelligence）

Journal of Intelligent & Robotic Systems，领域与方向：主要面向智能和自主系统、包括智能控制、多机器人系统、无人系统合作、传感器融合、基于传感器的控制等。

网站：http://www.springer.com/engineering/robotics/journal/10846

期刊简介：该期刊致力于为智能系统和机器人领域的理论和实践应用搭建桥梁。在理论方面，主要集中在智能系统工程、分布式智能系统、多层系统、智能控制、多机器人系统以及无人驾驶系统的协作。在应用方面，主要强调自动化系统、工业机器人系统、多机器人系统、水下机器人及传感器融合与控制技术等。读者也领略智能机器人系统在诸如机电系统、生物医药、水下、拟人及空间机器人等方面的现实应用。期刊主要研究方向如下：

- 人工智能 / 专家系统 / 知识系统应用（artificial intelligence/expert systems/knowledge-based systems applications）
- 系统建模 / 仿真 / 控制 / 计算机辅助设计（systems modelling/simulation/control/computer aided design）
- 机器人建模 / 机器人控制 / 远程操作 / 机器人控制（robotic modelling/robot control/teleoperation/moving robots）
- 信号预测 / 信号处理 / 图像处理 / 信息处理（signal estimation/signal processing/image processing/information processing）
- 智能系统 / 智能控制 / 模糊控制 / 机器人运动仿真（intelligent systems/intelligent control/fuzzy control/robot motion planning）
- 机器人感知 / 驱动 / 人机交互及相关（robotic sensing/drives-actuators/man-machine interaction and related topics）
- 决策支持系统和经济管理应用（decision support systems and applications to management and economics）
- AI 在机器人和制造应用 / 柔性制造和计算机集成制造 / 自动化应用（AI in robotics and manufacturing/FMS-CIM/automation applications）

International Journal of Advanced Robotic Systems，领域与方向：机器人操作和控制、野外机器人、医疗服务机器人、机器人视觉、仿生机器人、多机器人系统等。

网站：http://www.intechopen.com/journals/international_journal_of_advanced_robotic_systems

期刊简介：该期刊不仅面向专业的实践领域，而且面向机器人及相关领域的研究，适合所有致力于机器人研究和应用的学者、博士研究生或任何对机器人有兴趣的专家。刊发文章涵盖机器人研究领域方方面面，方便读者全面了解和研究机器人。

International Journal of Robotics and Automation，领域与方向：机器人相关。

网站：http://www.actapress.com/Content_of_Journal.aspx?journalid=147

期刊简介：为全世界研究者、科学家和工程师们提供平台发表关于智能和自动化机器人的最新成就。该期刊范围包括如下方向：

- 自动化控制与工程（automation control and automation engineering）
- 自主机器人（autonomous robots）
- 生物技术与机器人（biotechnology and robotics）
- 思维机器发生（emergence of the thinking machine）
- 家用机器人及其自动化（household robots and automation）
- 机器人及自动化软件开发（robotic and automation software development）

Advanced Robotics，领域与方向：机器人相关。

网站：http://china.tandfonline.com/loi/tadr20

期刊简介：日本机器人协会的国际性期刊，其历史超过二十年。它是一本学科交叉的杂志，涉及机器人科学和技术的方方面面。其刊发文章包括机器人分析、理论、设计、开发、实现和应用等各方面，既包括机器人基础理论，也包括机器人相关应用，如下：

- 服务机器人（service robot）
- 领域机器人（field robot）
- 医疗机器人（medical robot）
- 救援机器人（rescue robot）
- 太空机器人（space robot）
- 水下机器人（underwater robot）
- 农业机器人（agriculture robot）

A.2 机器人国际会议[⊖]

ICRA：IEEE International Conference on Robotics and Automation，即 IEEE 机器人和自动化国际会议，由 IEEE Robotics and Automation Society（RAS，机器人和自动化学会）主办，该领域规模（千人以上）和影响力最大的顶级国际会议。至 2012 年已经成功举办了 29 届，只在中国举办过一次（2011 年，中国上海）。

IROS：IEEE RSJ International Conference on Intelligent Robots and Systems，即 IEEE RSJ 智能机器人与系统国际会议，主要由 IEEE RAS、RSJ（the Robotics Society of Japan）等 5 个

⊖ 本节资料来源：https://blog.csdn.net/lx_ros/article/details/75286095。

协会发起，规模（千人左右）和影响力仅次于 ICRA 的顶级国际会议。

ROBIO：IEEE International Conference on Robotics and Biomimetics，即 IEEE 机器人学和仿生学国际会议，同样是 IEEE RAS 门下的系列会议之一。规模（数百）与影响力次于前两者，截至 2011 年已成功举办了 8 届。

以上基本可作为机器人领域国际会议的第一阵容。本领域的研究生应该瞄准它们，特别是 ICRA 和 IROS。

AIM：IEEE ASME International Conference on Advanced Intelligent Mechatronics，即 IEEE ASME 先进智能机电一体化国际会议。由 IEEE RAS、IEEE IES（Industrial Electronics Society）和 DSCD (ASME Dynamic Systems and Control Division) 主办，到 2011 年已成功举办了 10 届。

ICMA：IEEE International Conference on Mechatronics and Automation，即 IEEE 机械电子与自动化国际会议。IEEE RAS 主办，“生于”中国（2004 年，成都），基本“长于”中国，但也出过国门（加拿大和日本）。

Humanoid：IEEE International Conference on Humanoid Robots，即 IEEE 仿人机器人国际会议，仍然由 IEEERAS 主办。

以上三个会议可看作第二阵容，规模大概在 2500 人左右（大概为 ICMA>AIM>Humanoid），影响力可能 AIM ≥ Humanoid>ICMA，一般情况下都会是 EI 光盘版收录。

CLAWAR：International Conference on Climbing and Walking Robots，攀爬和行走机器人国际会议，主要由欧洲的一个 CLAWAR Association 举办。

ICIA：IEEE International Conference on Information and Automation，即 IEEE 信息与自动化国际会议，IEEE RAS 主办，应该是 2004 年发源于中国合肥。相比 ROBIO 和 ICMA，ICIA 更加“中国化”。

IEEE WCICA：全称为世界智能控制与自动化大会（The World Congress on Intelligent Control and Automation）。WCICA2018 由 IEEE 控制系统协会（IEEE Control Systems Society）、IEEE 机器人与自动化协会（IEEE Robotics and Automation Society）、中国国家自然基金委员会（National Natural Science Foundation of China）、中国自动化协会（the Chinese Association of Automation）等单位赞助。

IEEE RCAR：全称为国际实时计算和机器人大会（International Conference on Realtime Computing and Robotics）。大会旨在为机器人和实时计算研究者提供一个论坛，分享最新的研究成果。随着工业和服务机器人的广泛应用，实时计算在机器人中发挥着越来越重要的作用，尤其在实时控制、人机接口、传感器感知与融合，以及机器人智能等方面。

附录B

机器人发展编年事件

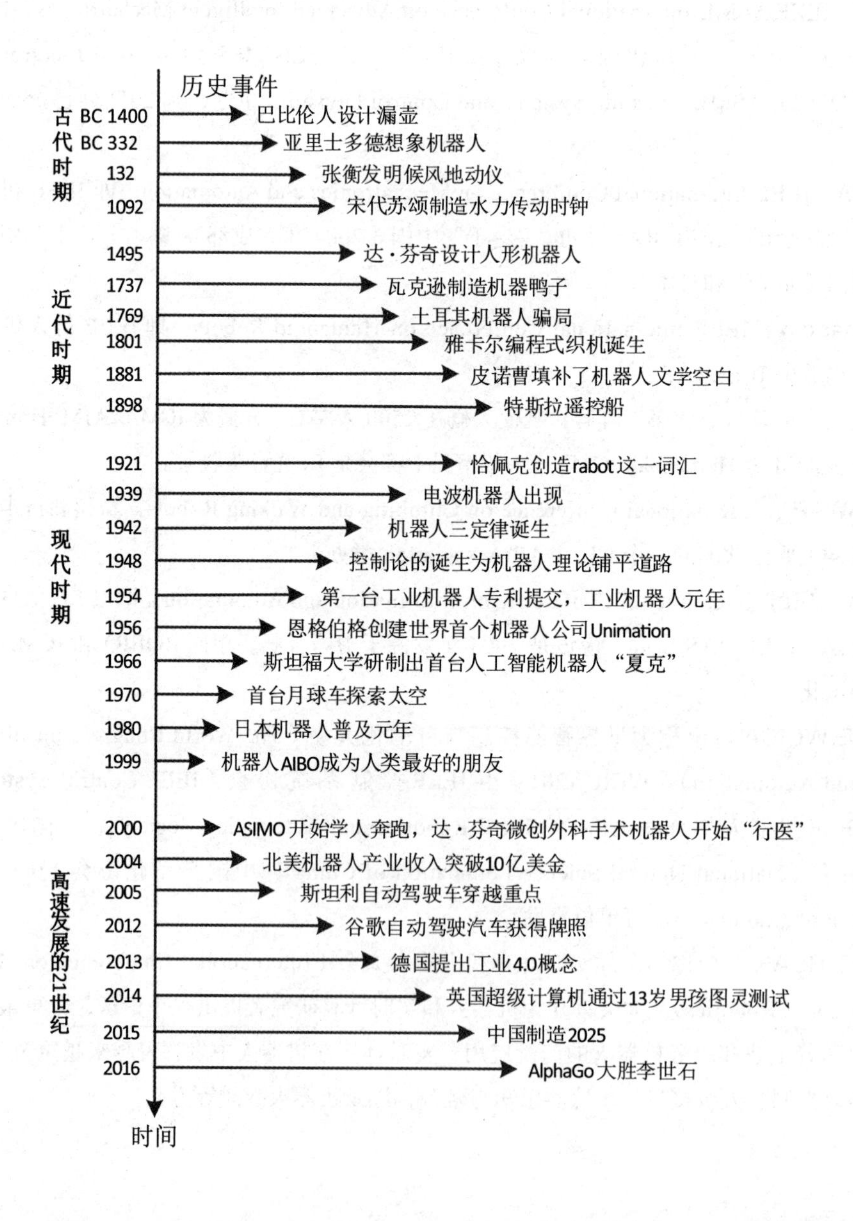

附录C

工业机器人发展编年事件

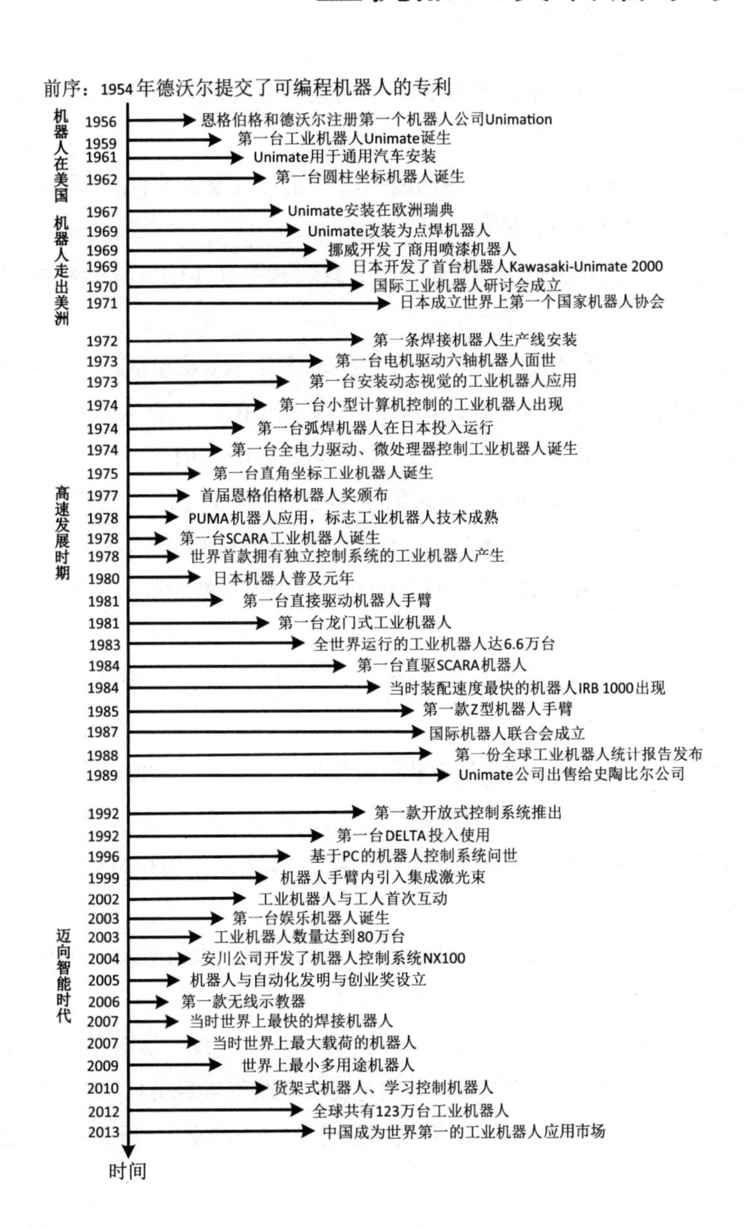

参考文献

[1] 王莉 . 德国工业 4.0 对《中国制造 2025》的创新驱动研究 [J]. 科学管理研究，2017(5): 100-103.

[2] 李金华 . 德国“工业 4.0”与“中国制造 2025”的比较及启示 [J]. 中国地质大学学报（社会科学版），2015, 15(5):71-79.

[3] 王喜文 . 图解工业 4.0 的核心技术——信息物理系统（CPS）[J]. 物联网技术，2017, 7(4):4-5.

[4] 佚名 . 机器在思考：德国工业 4.0 与中国制造 2025[J]. 领导决策信息，2014(38):18-19.

[5] 周济 . 智能制造——“中国制造 2025”的主攻方向 [C]// 工业 4.0 与中国制造 2025——第 204 场中国工程科技论坛暨 2015 智能制造国际会议 . 2015.

[6] 陈春明，张洪金 . 国外制造业转型升级比较与变革借鉴 [J]. 国外社会科学，2017(5):55-66.

[7] 张泉灵，洪艳萍 . 智能工厂综述 [J]. 自动化仪表，2018, 39(08):1-5.

[8] 王田苗，陈殿生，陶永，等 . 改变世界的智能机器——智能机器人发展思考 [J]. 科技导报，2015, 33(21):16-22.

[9] 过磊，顾德祥 . 长三角地区职校机器人人才需求调查及培养对策 [J]. 职教通讯，2016(8):13-16.

[10] 陈妍君 . 国内外机器人教育的发展现状研究综述 [J]. 学周刊，2018(24):93-94.

[11] 王益，张剑平 . 美国机器人教育的特点及其启示 [J]. 现代教育技术，2007, 17(11):108-112.

[12] 王凯，孙帙，西森年寿，等 . 日本机器人教育的发展现状和趋势 [J]. 现代教育技术，2017, 27(4):5-11.

[13] 李春华，崔世钢，郑桐，等 . 发展机器人教育培养综合型创新人才的研究与实践 [J]. 天津职业技术师范大学学报，2005, 15(4):61-63.

[14] 王玉珏 . 我国高校工科机器人教育发展现状及对策研究 [D]. 兰州：兰州大学，2013.

[15] 魏博，赵杰，邓聪颖 . 浅谈高校机器人教育现状、改革与实践 [J]. 教育现代化，2018(6).

[16] 卢晓琦，秦健 . 我国机器人教育研究热点分析——基于词频分析和社会网络分析 [J]. 中

国教育信息化，2018(3):27-31.

[17] 钟柏昌，张禄．我国中小学机器人教育的现状调查与分析 [J]. 中国电化教育，2015(7):101-107.

[18] ZHANG G, ZHANG J. The Issue of Robot Education in China's Basic Education and its Strategies[C]//Robotics, Automation and Mechatronics, 2008 IEEE Conference on.2008: 702-705.

[19] 杨海漩，杨德刚．基于微课的中小学机器人教学模式研究与实践 [J]. 中国教育信息化，2018(6):49-52.

[20] 徐多，胡卫星，赵苗苗．困境与破局：我国机器人教育的研究与发展 [J]. 现代教育技术，2017, 27(10):94-99.

[21] 上菲菲，刘凤娟．欠发达地区中小学机器人教育研究——以汉中市为例 [J]. 中国现代教育装备，2018(16):63-66.

[22] 王高，叶文生，柳宁．"新工科"背景下机器人行业实践型人才知识构建与培养方法探讨 [J]. 机电工程技术，2018(08):25-30.

[23] Birk A. What is Robotics? An Interdisciplinary Field Is Getting Even More Diverse [Education][J]. IEEE Robotics & Automation Magazine, 2011, 18(4):94-95.

[24] 阎世梁，张华，肖晓萍，等．高等工程教育中的机器人教育探索与实践 [J]. 实验室研究与探索，2013, 32(8):149-152.

[25] 龚剑．关于高校开展机器人足球比赛的思考 [J]. 安徽建筑大学学报，2005, 13(4):94-96.

[26] 于金霞，张英琦．基于机器人竞赛的大学生创新素质教育 [J]. 计算机教育，2010(19):58-60.

[27] 陆国栋，李拓宇．新工科建设与发展的路径思考 [J]. 高等工程教育研究，2017(3):20-26.

[28] 林健．新工科建设：强势打造"卓越计划"升级版 [J]. 高等工程教育研究，2017(3):7-14.

[29] 夏建国，赵军．新工科建设背景下地方高校工程教育改革发展刍议 [J]. 高等工程教育研究，2017(3):15-19.

[30] 焦磊，谢安邦．美国研究型大学跨学科研究发展的动因、困境及策略探究 [J]. 国家教育行政学院学报，2016(10):89-95.

[31] Bekey G A. Autonomous Robots: From Biological Inspiration to Implementation and Control[M]. MIT Press, 2005: 1-30.

[32] 王东浩．基于技术和伦理角度的机器人的发展趋势 [J]. 衡水学院学报，2013, 15(5):57-62.

[33] 任福继，孙晓．智能机器人的现状及发展 [J]. 科技导报，2015, 33(21):32-38.

[34] Bayley S, Woodhoysen J.What is a Robot? [J]. Studies in Design Education Craft &

Technology, 1984: 17.

[35] 蒋新松 . 国外机器人的发展及我们的对策研究 [J]. 机器人，1987, 9(1):3-10.

[36] 余德泉 . 国内外工业机器人发展现状与趋势 [J]. 大众用电，2017(9).

[37] Richardson M, Trowell D. What is a robot[J]. Isarc Proceedings, 1996.

[38] 王国彪，陈殿生，陈科位，等 . 仿生机器人研究现状与发展趋势 [J]. 机械工程学报，2015, 51(13):27-44.

[39] 中国电子学会 . 中国机器人产业发展报告（2017 年）[R].2017.

[40] 赖维德 . 工业机器人知识讲座——第八讲工业机器人驱动系统（下）[J]. 机械工人：冷加工，1995(9):27-28.

[41] 戴建生 . 机构学与旋量理论的历史渊源以及有限位移旋量的发展 [J]. 机械工程学报，2015, 51(13):13-26.

[42] Siciliano B, Sciavicco L, Villani L, et al. Robotics: Modelling，Planning and Control[J]. Advanced Textbooks in Control & Signal Processing, 2009, 4(12):76-82.

[43] 方斌 . 三自由度和四自由度并联机构的奇异性研究 [D]. 北京：北京工业大学，2009.

[44] 王灏，毛宗源 . 机器人的智能控制方法 [M]. 北京：国防工业出版社，2002.

[45] 房海蓉，方跃法，李昆，等 . 基于神经网络的机器人智能控制 [J]. 机器人技术与应用，2002(4):28-32.

[46] 黄敏高，龚仲华，王芳 . 工业机器人驱动系统现状与展望 [J]. 机床与液压，2018(3).

[47] 赵长富，李千新 . 传感器在工业机器人中的应用 [J]. 组合机床与自动化加工技术，1987(1):20-22.

[48] 王麟琨，徐德，谭民 . 机器人视觉伺服研究进展 [J]. 机器人，2004, 26(3):277-282.

[49] 方勇纯 . 机器人视觉伺服研究综述 [J]. 智能系统学报，2008, 3(2):109-114.

[50] 贾丙西，刘山，张凯祥，等 . 机器人视觉伺服研究进展：视觉系统与控制策略 [J]. 自动化学报，2015, 41(5):861-873.

[51] 贺惠农，黄连生 . 工业机器人整机性能测试进展 [J]. 中国计量大学学报，2017(2):133-140.

[52] 郭希娟，耿清甲 . 串联机器人加速度性能指标分析 [J]. 机械工程学报，2008, 44(9):56-60.

[53] 王德军 . 从逻辑分析到直觉顿悟——对中国传统思维方式的反思 [J]. 开封大学学报，1995(2).

[54] 林琳 . 我国古代的机器人（上）[J]. 文史杂志，1999(2):56-59.

[55] 陆敬严 . 中国古代机器人 [J]. 同济大学学报：社会科学版，1998(1):14-17.

[56] 陆启明 . 关于中国古代机器人记载的研究 [J]. 机械设计与研究，2006, 22(1):101-103.

[57] 朱金榴 . 中国古代机器人定向原理与启迪 [J]. 上海工程技术大学学报，2006, 20(1):88-91.

[58] 邓学忠，姚明万 . 中国古代指南车和记里鼓车 [J]. 中国计量，2009(8):54-56.

[59] 张朝阳 .《列子》寓言与古代机器人 [J]. 黑龙江教育学院学报，2005, 24(6):84-85.

[60] 承山 . 中国古代的机器人 [J]. 机器人技术与应用，1995(4):24-26.

[61] 王心喜，若谷 . 中国古代“机器人”源流考述 [J]. 杭州师范大学学报：自然科学版，1996(4):32-38.

[62] 周剑锋 .“木牛流马”的历史考究 [J]. 兰台世界，2014(13):159-160.

[63] 邓学忠，姚明万 . 中国古代指南车和记里鼓车（续）[J]. 中国计量，2009(8):54-56.

[64] 林琳 . 我国古代的机器人（下）[J]. 文史杂志，1999(2):56-59.

[65] 萧合 . 走进古代机器人 [J]. 发明与创新（大科技），2011(4):46-46.

[66] 仪德刚，张昕妍 . 早期机器人知识在中国的传播 [J]. 自然辩证法通讯，2018, 40(11):74-81.

[67] 张策 . 机械工程学科：发展简史和演化模式 [J]. 高等工程教育研究，2017(5):42-45.

[68] 佚名 . 达芬奇与机器人 [J]. 机器人技术与应用，1998(6):12-13.

[69] 刘晓华 . 科技将我们带往何处——阿西莫夫三部机器人科幻小说的忧思 [J]. 名作欣赏，2014(18):12-14.

[70] 罗岚 . 科幻电影中的人形机器人考察——技术哲学和科幻电影对机器人的反思 [J]. 戏剧之家，2013(9):119-120.

[71] 张雪晴 . 美国科幻电影中的机器人形象研究 [D]. 成都：四川师范大学，2017.

[72] 计时鸣，黄希欢 . 工业机器人技术的发展与应用综述 [J]. 机电工程，2015, 32(1):1-13.

[73] Taylor G P. An Automatic Block-Setting Crane[K/OL]. 2014.http:/cyberneticzoo.com/robots/1937-the-robot-gargantua-bill-griffith-p-taylor-australiancanadian/.

[74] 蒋新松 . 机器人的历史发展及社会影响评价 [J]. 中国科学院院刊，1986, 1(3):218-222.

[75] 孙嶷，张弢，张春龙，等 . 国内外机器人的应用情况与发展趋势 [J]. 轻型汽车技术，2017(z3):37-40.

[76] Ernst H A.MH-1, a Computer-operated Mechanical Hand[C]. 1962.

[77] Mckenzie J A. TX-0 Computer History[Z].1999.

[78] 李欣，仪德刚 . 美国工业机器人初创期的技术创新 [J]. 科技和产业，2017(10):138-143.

[79] Stone W L. The History of Robotics[M]. CRC Press, 2005.

[80] 干敏耀，马骏骑，陈永星，等 . 基于 MATLAB 的 PUMA 机器人运动学仿真 [J]. 昆明理工大学学报（自然科学版），2003, 28(6):50-53.

[81] 张含阳 . KUKA 领衔德国“橙色梦”[J]. 机器人产业，2015(3):108-114.

[82] 程茂荣 . 一种具有“视觉”功能的机器人传送带系统 [J]. 信息与控制，1973(1):34.

[83] Goto T, Inoyama T, Takeyasu K. Precise Insert Operation by Tactile Controlled Robot[J]. Industrial Robot, 1974, 1(5):225-228.

[84] Takeyasu K, Inoyama T, Shimomura R, et al. Control Algorithm for Tactile Controlled Hand[J]. Transactions of the Society of Instrument & Control Engineers, 1973.

[85] 陈爱珍 . 日本工业机器人的发展历史及现状 [J]. 机械工程师，2008(7):13-15.

[86] Braun R, Nielsen L, Nilsson K. Reconfiguring an ASEA IRB-6 Robot System for Control Experiments[J]. 1990.

[87] Dupas J. Measurement on the Servo-systems of the ASEA IRB6/2 Robot and Analysis of Servomotors for Robots[J]. 1984.

[88] 张炜 . 浅析日本机器人技术产业战略 [J]. 机器人技术与应用，2006(4):1-7.

[89] Asada H, Kanade T. Control of a Direct-drive Arms[J]. Journal of Dynamic Systems, Measurement, and Control, 1983, 105(3):136-142.

[90] Asada H, Kanade T. Design of Direct-drive Mechanical Arms[J]. Asme J of Vibration Stress & Reliability in Design, 1983, 105(3)312-316.

[91] Furuya N, Makino H.Research and Development of Selective Compliance Assembly Robot Arm (1st Report) Characteristics of the System[J]. Journal of the Japan Society of Precision Engineering, 1980, 46:1525-1531.

[92] 冯李航，张为公，龚宗洋，等 . Delta 系列并联机器人研究进展与现状 [J]. 机器人，2014(3):375-384.

[93] Clavel R. Device for the Movement and Positioning of an Element in Space[P].

[94] 康晓娟 . Delta 并联机器人的发展及其在食品工业上的应用 [J]. 食品与机械，2014(5):167-172.

[95] 赵小川，罗庆生，韩宝玲 . 机器人多传感器信息融合研究综述 [J]. 传感器与微系统，2008, 27(8):1-4.

[96] 王天然，曲道奎 . 工业机器人控制系统的开放体系结构 [J]. 机器人，2002, 24(3):256-261.

[97] Dallaway J L, Jackson R D, Timmers P H A.Rehabilitation Robotics in Europe[J].IEEE Transactions on Rehabilitation Engineering, 2002, 3(1):35-45.

[98] Rosier J C, Van Woerden J A, der Kolk Van L W, et al. Rehabilitation Robotics: the MANUS Concept[C] // International Conference on Advanced Robotics, 1991:893-898.

[99] 熊光明，赵涛，龚建伟，等 . 服务机器人发展综述及若干问题探讨 [J]. 机床与液压，2007, 35(3):212-215.

[100] 肖雄军，蔡自兴 . 服务机器人的发展 [J]. 自动化博览，2004, 21(6):10-13.

[101] 嵇鹏程，沈惠平 . 服务机器人的现状及其发展趋势 [J]. 常州大学学报（自然科学版），2010, 22(2):73-78.

[102] Evans J M. HelpMate: an Autonomous Mobile Robot Courier for Hospitals[C] // International Conference on Intelligent Robots and Systems', IROS. 1994: 1695-1700.

[103] der Loos Van H F M. VA/Stanford Rehabilitation Robotics Research and Development Program: Lessons Learned in the Application of Robotics Technology to the Field of Rehabilitation[J]. Rehabilitation Engineering IEEE Transactions on, 1995, 3(1):46-55.

[104] 谢涛，徐建峰，张永学，等 . 仿人机器人的研究历史、现状及展望 [J]. 机器人，2002, 24(4):367-374.

[105] Hashimoto S, Narita S, Kasahara H, et al.Humanoid Robots in Waseda University—Hadaly-2 and WABIAN[J].Autonomous Robots, 2002, 12(1):25-38.

[106] 于秀丽，魏世民，廖启征 . 仿人机器人发展及其技术探索 [J]. 机械工程学报，2009, 45(3):71-75.

[107] Ohteru S, Kobayashi H, Kato T. Eyes of the Wabot[J]. 1974.

[108] 于若愚 . 世界上第一台准动态机器人——WL-9DR 在日本研制成功 [J]. 机器人，1981(4):63-64.

[109] 谢涛，徐建峰，张永学，等 . 仿人机器人的研究历史、现状及展望 [J]. 机器人，2002, 24(4):367-374.

[110] 孟庆春，齐勇，张淑军，等 . 智能机器人及其发展 [J]. 中国海洋大学学报（自然科学版），2004, 34(5):831-838.

[111] 杨澜 . 人工智能真的来了 [M]. 南京：江苏文艺出版社，2017:1-50.

[112] 蔡自兴，刘健勤 . 面向 21 世纪的智能机器人技术 [J]. 机器人技术与应用，1998(6):2-3.

[113] Turing A M.Computing Machinery and Intelligence[J]. Mind, 1950, 236(5):433-460.

[114] 陈建平，任斌，张会章 . 人工智能在智能机器人领域中的研究与应用 [J]. 东莞理工学院学报，2008, 15(3):33-37.

[115] 林永青 . 人工智能起源处的“群星”[J]. 金融博览，2017(9):46-47.

[116] 刘毅 . 人工智能的历史与未来 [J]. 科技管理研究，2004, 24(6):121-124.

[117] Nilsson N G. A Mobile Automation[C]. Proc. IJCAI-69, 1969, 509.

[118] Nilsson N J. Shakey the Robot[J]. Sri International Menlo Park Ca, 1984, 172(1991):2.

[119] Mccarthy J, Earnest L D, Reddy D R, et al. A Computer with Hands, Eyes, and Ears[C] // International Workshop on Managing Requirements Knowledge. 1968:329-338.

[120] 王晓芳 . 智能机器人的现状、应用及其发展趋势 [J]. 科技视界，2015(33):98-99.

[121] 尤政 . 智能传感器技术的研究进展及应用展望 [J]. 科技导报，2016, 34(17):72-78.

[122] Hirai K，Hirose M, Haikawa Y, et al.The Development of Honda Humanoid Robot[C] // IEEE International Conference on Robotics and Automation, 2002: 1321-1326.

[123] Chestnutt J, Lau M, Cheung G, et al. Footstep Planning for the Honda ASIMO Humanoid[C]// IEEE International Conference on Robotics and Automation. 2006:629-634.

[124] Miossec S, Yokoi K, Kheddar A. Development of a Software for Motion Optimization of Robots-Application to the Kick Motion of the HRP-2 Robot[C]// IEEE International Conference on Robotics and Biomimetics. 2007: 299-304.

[125] 郑嫦娥，钱桦 . 仿人机器人国内外研究动态 [J]. 机床与液压，2006(3):1-4.

[126] Kanehira N, Kawasaki T U, Ohta S, et al. Design and Experiments of Advanced Leg Module(HRP-2L) for humanoid robot (HRP-2) development[C]// International Conference on Intelligent Robots and Systems.

[127] Ishiguro H, Ono T, Imai M, et al. Robovie: An Interactive Humanoid Robot[J]. International Journal of Industrial Robot, 2001, 28(6):498-503.

[128] Espiau B, Sardain P. The Anthropomorphic Biped Robot BIP2000[C] // IEEE International Conference on Robotics and Automation, 2000:3996-4001.

[129] 刘英卓，张艳萍 . 仿人机器人发展状况和挑战 [J]. 辽宁工业大学学报（自然科学版），2003, 23(4):1-5.

[130] Asfour T, Berns K, Dillmann R. The Humanoid Robot ARMAR: Design and Control[C] // International Conference on Humanoid Robots. 2000:7-8.

[131] Brooks R A, Breazeal C, Scassellati B, et al. The Cog Project: Building a Humanoid Robot[C] // Computation for Metaphors, Analogy, and Agents. 1999:52-87.

[132] 王田苗，陶永，陈阳 . 服务机器人技术研究现状与发展趋势 [J]. 中国科学：信息科学，2012, 42(9):1049-1066.

[133] 王田苗 . 全力推进我国机器人技术 [J]. 机器人技术与应用，2007(2):17-23.

[134] 陈福民 . “中国先行者”——我国第一台类人型机器人 [J]. 科学 24 小时，2001(6):37-38.

[135] 艳涛 . 汇童机器人第 4、5 代集体亮相 [J]. 机器人技术与应用，2012(4):44-44.

[136] 黄强 . “汇童”系列仿人机器人运动设计与控制 [C] // 中国自动化大会 . 2015.

[137] Fu C, Shuai M, Xu K, et al. Planning and Control for THBIP-I Humanoid Robot[C] // IEEE International Conference on Mechatronics and Automation. 2006: 1066-1071.

[138] 刘莉，汪劲松，陈恳，等 . THBIP-I 拟人机器人研究进展 [J]. 机器人，2002, 24(3):262-267.

[139] Zhao M, Liu L, Wang J, et al. Control System Design of THBIP-I Humanoid Robot[C] // IEEE International Conference on Robotics and Automation, 2002:2253-2258.

[140] 李霞，谢涛，陈维山 . 基于神经网络的双足机器人逆运动学求解 [J]. 机械科学与技术，2003, 20(4):36-38.

[141] 钟秋波 . 类人机器人运动规划关键技术研究 [D]. 哈尔滨：哈尔滨工业大学，2011.

[142] 曹杰 . 小型仿人机器人的动态稳定步态规划 [D]. 哈尔滨：哈尔滨工业大学，2007.

[143] 王越超 . 智能机器人发展研究 [C] // 2010—2011 控制科学与工程学科发展报告 . 2011.

[144] 任福继，孙晓 . 智能机器人的现状及发展 [J]. 科技导报，2015, 33(21):32-38.

[145] 孙华，陈俊风，吴林 . 多传感器信息融合技术及其在机器人中的应用 [J]. 传感器与微系统，2003, 22(9):1-4.

[146] Luo R C, Lin M H，Scherp R S. Dynamic Multi-sensor Data Fusion System for Intelligent Robots[J]. IEEE Journal on Robotics & Automation, 1988, 4(4):386-396.

[147] 原泉，董朝阳，王青 . 基于小波神经网络的多传感器自适应融合算法 [J]. 北京航空航天大学学报，2008, 34(11):1331-1334.

[148] 王树国，战强，陈在礼 . 智能机器人的现状及未来 [J]. 机器人技术与应用，1998(1):4-6.

[149] 陆新华，张桂林 . 室内服务机器人导航方法研究 [J]. 机器人，2003, 25(1):80-87.

[150] Desouza, Guilherme N, Kak, et al. Vision for Mobile Robot Navigation: A Survey[J]. IEEE Trans Pattern Analysis & Machine Intelligence, 2002, 24(2):237-267.

[151] 石为人，黄兴华，周伟 . 基于改进人工势场法的移动机器人路径规划 [J]. 计算机应用，2010, 30(8):2021-2023.

[152] 庄晓东，孟庆春，高云，等 . 复杂环境中基于人工势场优化算法的最优路径规划 [J]. 机器人，2003, 25(6):531-535.

[153] Khatib O. Real-Time Obstacle Avoidance for Manipulators and Mobile Robots[J]. International Journal of Robotics Research, 1986, 5(1):90-98.

[154] Chiu C. Learning Path Planning Using Genetic Algorithm Approach[C] // Hci International. 1999: 71-75.

[155] Mahjoubi H, Bahramif, Lucas C.Path Planning in an Environment with Static and Dynamic Obstacles Using Genetic Algorithm: A Simplified Search Space Approach[C] // Evolutionary Computation, 2006:2483-2489.

[156] 张锐，吴成东 . 机器人智能控制研究进展 [J]. 沈阳建筑大学学报（自然科学版），2003, 19(1):61-64.

[157] 陈杰 . 在机器人系统中神经网络智能控制技术的研究 [D]. 西安：西安电子科技大学，2015.

[158] Waltz M, Fu K. A heuristic approach to reinforcement learning control systems[J]. IEEE Transactions on Automatic Control, 1965, 10(4):390-398.

[159] 刘丰年 . 智能控制在机器人领域中的应用 [J]. 信息与电脑（理论版），2018(10).

[160] 孙凤英，王珊珊 . 论智能控制在机器人领域应用研究 [J]. 科技展望，2016, 26(14).

[161] Mamdani E H, Assilian S. An experiment in linguistic synthesis with a fuzzy logic controller[J]. International Journalof Man-Machine Studies, 1975, 7(1):1-13.

[162] Mamdani E H. Gaines fuzzy reasonning and its applications[J]. 1981.

[163] Lim C M, Hiyama T. Application of fuzzy logic control to a manipulator[J].IEEE Trans Robotics & Automation, 1991, 7(5):688-691.

[164] Deng H, Sun F C, Sun Z Q. Robust Control of Robotic Manipulators Using Fuzzy Inverse Model[J]. 2001.

[165] Hunt K J, Sbarbaro D, Żbikowski R, et al. Neural networks for control systems——A survey [J]. Automatica, 1992, 28(6):1083-1112.

[166] Albus J S. Data storage in the cerebellar articulation controller (CMAC) [J]. Transaction on Asme J Dynamical Systems Measurement & Controls, 1975，97(3).

[167] Miller W. Sensor-based control of robotic manipulators using a general learning algorithm[J]. IEEE Journal on Robotics & Automation, 1987, 3(2):157-165.

[168] Mcclellan J L, Rumelhart D E. Neural Network Programs[J]. Science, 1988, 241: 1107-1108.

[169] 郭琦，洪炳熔 . 基于人工神经网络实现智能机器人的避障轨迹控制 [J]. 机器人，2002, 24(6):508-512.

[170] 金耀初，蒋静坪 . 人工神经网络在机器人控制中的应用 [J]. 机器人，1992, 14(6):54-58.

[171] 孙炜 . 智能神经网络的机器人控制理论方法研究 [D]. 长沙：湖南大学，2002.

[172] 金耀初，蒋静坪 . 一类非线性系统的模糊变结构控制及应用 [J]. 控制与决策，1992(1):36-40.

[173] 常玲芳 . 一类非线性系统的模糊变结构控制方案 [J]. 系统工程与电子技术，2004, 26(10):1462-1463.

[174] 牛玉刚，杨成梧，陈雪如 . 基于神经网络的不确定机器人自适应滑模控制 [J]. 控制与决策，2001, 16(1):79-82.

[175] Kosko B, Burgess J C. Neural Networks and Fuzzy Systems[M]. Prentice Hall, 1992:49-71.

[176] 李刚，黄席樾，袁荣棣，等 . 以人为中心的机器人系统的人机交互技术 [J]. 重庆大学学报，2003, 26(5):59-63.

[177] 徐刚 . 智能人机接口技术在机械控制方面的应用 [D]. 沈阳：沈阳航空工业学院，2003.

[178] Nobuto, Matsuhira, Hiroyuki, et al. The development of a general master arm for teleoperation considering its role as a man-machine interface[J]. Advanced Robotics, 2012, 8(4):443-457.

[179] Shimizu H, Kataoka H, Kawahara M, et al. Anintelligent 3D user interface adapting to user control behaviors.[C] // International Conference on Intelligent User Interfaces, 2004:184-190.

[180] Deniz O, Castrillon M, Lorenzo J, et al. CASIMIRO: a robot head for humancomputer interaction[C] // IEEE International Workshop on Robot and Human Interactive Communication, 2002:319-324.

[181] 李琦 . 人机接口技术：用思维控制机器 [J]. 中国战略新兴产业，2014(15).

[182] Wolpaw J R. Brain-computer interfaces (BCIs) for communication and control[C] // International ACM Sigaccess Conference on Computers and Accessibility, 2007:1-2.

[183] 赵丽，刘自满，崔世钢，等 . 基于脑 – 机接口技术的智能服务机器人控制系统 [J]. 天津职业技术师范大学学报，2008, 18(2):1-4.

[184] 张小栋，李睿，李耀楠 . 脑控技术的研究与展望 [J]. 振动、测试与诊断，2014, 34(2):205-211.

[185] 孙进，张征，周宏甫 . 基于脑机接口技术的康复机器人综述 [J]. 机电工程技术，2010, 39(4):13-16.

[186] 徐光华，张锋，王晶，等 . 面向智能轮椅脑机导航的高频组合编码稳态视觉诱发电位技术研究 [J]. 机械工程学报，2013, 49(6):21-29.

[187] 赵丽，刘自满，崔世钢，等 . 基于脑 – 机接口技术的智能服务机器人控制系统 [J]. 天津职业技术师范大学学报，2008, 18(2):1-4.

[188] 陈佩云 . 我国工业机器人技术发展的历史，现状与展望 [J]. 机器人技术与应用，1994(5):1-3.

[189] 曹祥康，谢存禧 . 我国机器人发展历程 [J]. 机器人技术与应用，2008(5):44-46.

[190] 袁幼零 . 以发展中国机器人事业为己任——中国科学院沈阳自动化所机器人技术的发展历程 [J]. 机器人技术与应用，2000, 13(2):5-10.

[191] 蒋新松，刘海波 . 机器人与人工智能考察报告（一）[J]. 机器人，1980, 2(5):1-8.

[192] 蒋新松，陈效肯 . 日本机器人与人工智能考察报告（二）——机器人的肢体结构及其控制 [J]. 机器人，1981, 3(1):3-18.

[193] 陈效肯，张玉良，刘海波 . 日本机器人与人工智能考察报告（三）[J]. 机器人，1981, 3(2):1-8.

[194] 八六三计划智能机器人主题办公室 . 迈向二十一世纪的中国机器人——国家八六三计划智能机器人主题十五年辉煌历程 [J]. 高科技与产业化，2001(1):28-30.

[195] 雷静桃 . 我国机器人发展历程（企业部分）[J]. 机器人技术与应用，2009(2):32-36.

[196] 毛鹏军，黄石生，李阳，等 . 焊接机器人技术发展的回顾与展望 [J]. 焊接，2001(8):6-10.

[197] 吴艳玲 . 济南二机床研制的国内首条完全自主知识产权的大型机器人自动化冲压生产线投入使用 [J]. 世界制造技术与装备市场，2008(1):98-98.

[198] 马兆瑞 . 我国成功研制无轨道爬行式气电立焊机器人 [J]. 现代焊接，2006(5).

[199] 刘江 . 拉开核电机器人时代的序幕——记中国科学院光电技术研究所高级工程师、硕士生导师冯常 [J]. 科学中国人，2016(16):68-69.

[200] 陈晓东 . 警用与反恐机器人的现状与趋势 [J]. 机器人技术与应用，2015(6):31-33.

[201] 王国彪，彭芳瑜，王树新，等 . 微创手术机器人研究进展 [J]. 中国科学基金，2009, 23(4):209-214.

[202] 喻一帆 . 我国工业机器人产业发展探究 [D]. 武汉：华中科技大学，2016.

[203] 张宇 . 国外工业机器人发展历史回顾 [J]. 机器人产业，2015(3):68-82.

[204] 陈启愉，吴智恒 . 全球工业机器人产业发展战略对比研究 [J]. 自动化与信息工程，2017, 38(2):1-6.

[205] 林念修 . 机器人是“制造业皇冠上的明珠”[J]. 中国经贸导刊，2016(33):14-15.

[206] 梁文莉 . 全球机器人市场统计数据分析 [J]. 机器人技术与应用，2015(1):43-48.

[207] 孟明辉，周传德，陈礼彬，等 . 工业机器人的研发及应用综述简 [J]. 上海交通大学学报，2016(s1):98-101.

[208] 王田苗，陶永 . 我国工业机器人技术现状与产业化发展战略 [J]. 机械工程学报，2014, 50(9):1-13.

[209] 王海霞，李志宏，吴清锋 . 工业机器人在制造业中的应用和发展 [J]. 机电工程技术，2015(10):112-114.

[210] 陈启愉，吴智恒 . 全球工业机器人发展史简评 [J]. 机械制造，2017, 55(7):1-4.

[211] 冯昭奎 . 辩证解析机器人对日本经济的影响 [J]. 日本学刊，2016(3):73-96.

[212] 佚名 . 去年我国机器人规模超 50 亿美元，出货量占全球三分之一 [J]. 特种铸造及有色合金，2017(9):1009-1009.

[213] 韩艳东 . 面向高速搬运的 Delta 机器人轨迹优化及控制 [D]. 哈尔滨：哈尔滨工业大学，2017.

[214] 郭小鱼，黄加亮，唐晓亮，等 . AGV 的应用现状与发展趋势 [C]//2018 年重庆市铸造年会，2018.

[215] 佚名 . 中联重科 AGV 搬运叉车面世 [J]. 铁路采购与物流，2018(2).

[216] 周文军，吴有明 . 基于 AGV 和工业机器人的智能搬运小车的研究 [J]. 装备制造技术，2016(11):96-98.

[217] 顾大强，郑文钢 . 多移动机器人协同搬运技术综述 [J/OL]. 智能系统学报，2018:1-9. http://kns.cnki.net/kcms/detail/23.1538.TP.20180608.1320.004.html.

[218] Ku N, Ha S, Roh M I. Design of controller for mobile robot in welding process of shipbuilding engineering[J]. Journal of Computational Design & Engineering, 2014, 1(4):243-255.

[219] Oh M J, Lee S M, Kim T W, et al. Design of a teaching pendant program for a mobile shipbuilding welding robot using a PDA[J]. Computer-Aided Design, 2010, 42(3):173-182.

[220] 齐欣 . 中船重工 716 研究所自主研发的船舶制造多功能舱室焊接机器人正式上岗 [J]. 现代焊接，2016(11):26-27.

[221] 张强勇 . 国内外汽车制造业中焊接技术的应用现状与发展趋势 [J]. 现代焊接，2008(10):1-5.

[222] 董万 . 轿车白车身焊接生产线设计及虚拟设计技术应用研究 [D]. 成都：电子科技大学，2008.

[223] 邵晓东，王丽梅，宋海龙，等 . 柔性智能化装配系统关键技术研究 [J]. 工业控制计算机，2018(5).

[224] 周骥平，颜景平，陈文家 . 双臂机器人研究的现状与思考 [J]. 机器人，2001, 23(2):175-177.

[225] 王玉成 . 基于力反馈的宏微机器人轴孔装配策略研究 [D]. 西安：西安理工大学，2017.

[226] 陈开强 . 面向多点高速装配应用的 SCARA 工业机器人控制精度模型研究 [D]. 杭州：浙江大学，2012.

[227] Minca E, Filipescu A, Voda A. Modelling and control of an assembly/disassembly mechatronics line served by mobile robot with manipulator[J]. Control Engineering Practice, 2014, 31(31):50-62.

[228] 李海鹏，邢登鹏，张正涛，等 . 宏微结合的多机械手微装配机器人系统 [J]. 机器人，2015, 37(1):35-42.

[229] 陈国良，黄心汉，周祖德 . 微装配机器人系统 [J]. 机械工程学报，2009, 45(2):288-293.

[230] 梁荣健，张涛，王学谦 . 家用服务机器人综述 [J]. 智慧健康，2016, 2(2):1-9.

[231] 沈应龙 . 美国服务机器人产业创新管窥 [J]. 机器人产业，2015(2):54-59.

[232] 欧勇盛，江国来 . 服务机器人的产业化发展之路 [J]. 机器人技术与应用，2012(5):5-12.

[233] 黄敦华，李勇，陈容红．医疗机服务机器人应用与发展研究报告 [J]. 机电产品开发与创新，2014, 27(3):5-8.

[234] Kwoh Y S, Hou J, Jonckheere E A. A robot with improved absolute positioning accuracy for CT guided stereotactic brain surgery[J].IEEE Transaction on Biomedical Engineering, 1988, 35(2):153-160.

[235] Davies B L, Hibberd R D，Coptcoat M J. A surgeon robot prostatectomy: a laboratory evaluation[J]. Journal of Medical Engineering Technologies, 1989, 13(6):273-277.

[236] 桂海军，张诗雷，沈国芳．医用外科机器人应用和研究进展 [J]. 组织工程与重建外科杂志，2011, 7(1):55-59.

[237] Dario P, Carroza M C, Pietrabissa A. Development and in vitro testing of a miniature robotic system for computer-assisted colonoscopy[J]. Comput Aided Surg, 1999, 4(1):1-14.

[238] Shoham M, Burman M, Zehavi E. Bone-mounted miniature robot for surgical procedure: concept and clinical applications[J]. IEEE Transaction on Robotics and Automation, 2003, 1(5):893-901.

[239] Gao D, Lei Y, Zheng H. Needle steering for robot-assisted insertion into soft tissue：a survey[J]. Chinese Journal of Mechanical Engineering, 2012, 2:629-638.

[240] Zoppi M, Molfino R, Cerveri P. Modular micro robotic instruments for transluminal endoscopic robotic surgery：new perspectives[C] // Ieee/asme International Conference on Mechatronics and Embedded Systems and Applications, 2010:440-445.

[241] 马如奇．微创腹腔外科手术机器人执行系统研制及其控制算法研究 [D]. 哈尔滨：哈尔滨工业大学，2013.

[242] 龚朱，杨爱华，赵惠康．外科手术机器人发展及其应用 [J]. 中国医学教育技术，2014(3):273-277.

[243] 金振宇．中国达芬奇手术机器人临床应用 [J]. 中国医疗器械杂志，2014, 38(1):47-49.

[244] 周汉新，余小舫，李富荣，等．遥控宙斯机器人胆囊切除术的临床应用 [J]. 中华医学杂志，2005, 85(3):154-157.

[245] 肖勇，孙平范，陈罡．康复机器人发展综述 [J]. 信息系统工程，2017(5):131-133.

[246] 侯增广，赵新刚，程龙，等．康复机器人与智能辅助系统的研究进展 [J]. 自动化学报，2016, 42(12):1765-1779.

[247] Connolly C. Prosthetic hands from Touch Bionics[J]. Industrial Robot, 2013, 35(35):290-293.

[248] Schulz S. First Experiences with the Vincent Hand[C] // MEC 11，MyoElectric Controls/

Powered Prosthetics Symposium Fredericton，2011.

[249] Medynski C, Eit B, Bsc B R. Bebionic prosthetic design[J]. MyoElectric Symposium，2011.

[250] 李光林，郑悦，吴新宇，等 . 医疗康复机器人研究进展及趋势 [J]. 中国科学院院刊，2015(6):793-802.

[251] 邢凯，赵新华，陈炜，等 . 外骨骼机器人的研究现状及发展趋势 [J]. 医疗卫生装备，2015, 36(1):104-107.

[252] 张佳林，黎兰，刘相新 . 可穿戴外骨骼机器人的发展现状与应用研究 [J]. 机械与电子，2018(3).

[253] 孔鸣，何前锋，李兰娟 . 人工智能辅助诊疗发展现状与战略研究 [J]. 中国工程科学，2018, 20(2):86-91.

[254] 赵阳光 . 医疗人工智能技术与应用研究 [J]. 信息通信技术，2018(3):32-36.

[255] Prabukumar M, Agilandeeswari L, Ganesan K. An intelligent lung cancer diagnosis system using cuckoo search optimization and support vector machine classifier[J].Journal of Ambient Intelligence & Humanized Computing, 2017(3):1-27.

[256] Lu C, Zhu Z, Gu X. An Intelligent System for Lung Cancer Diagnosis Using a New Genetic Algorithm Based Feature Selection Method[J/OL]. Journal of Medical Systems，2014, 38(9):97-106. http://dx.doi.org/10.1007/s10916-014-0097-y.

[257] Maglogiannis I, Zafiropoulos E, Anagnostopoulos I. An intelligent system for automated breast cancer diagnosis and prognosis using SVM based classifiers[J/OL]. Applied Intelligence, 2009, 30(1):24-36. http://dx.doi.org/10.1007/s10489-007-0073-z.

[258] EL-BAZAH.Hybrid intelligent system-based rough set and ensemble classifier for breast cancer diagnosis[J]. Neural Computing and Applications, 2015, 26(2):437-446.

[259] Zhang G, Kou L, Yuan Y, et al. An intelligent method of cancer prediction based on mobile cloud computing[J]. Cluster Computing, 2017(3):1-9.

[260] 黄武 . 医疗人工智能市场发展速度惊人 [J]. 计算机与网络，2018(17):13.

[261] 佚名 . 服务机器人科技发展“十二五”专项规划 [J]. 机器人技术与应用，2012(3):1-5.

[262] 董晓坡，王绪本 . 救援机器人的发展及其在灾害救援中的应用 [J]. 防灾减灾工程学报，2007，27(1):112-117.

[263] 司戈 . 机器人在“9.11”救援行动中的应用 [J]. 消防技术与产品信息，2003(7):44-47.

[264] 苏卫华，吴航，张西正，等 . 救援机器人研究起源、发展历程与问题 [J]. 军事医学，2014(12):981-985.

[265] 刘金国，王越超，李斌，等 . 灾难救援机器人研究现状、关键性能及展望 [J]. 机械工程

学报，2006, 42(12):1-12.

[266] 罗军 . 机器人 2.0 时代——国家机器人产业发展路线图 [M]. 北京：东方出版社，2016:77-83.

[267] 李斌，马书根，王越超，等 . 一种具有三维运动能力的蛇形机器人的研究 [J]. 机器人，2004, 26(6):506-509.

[268] 叶长龙，马书根，李斌，等 . 三维蛇形机器人巡视者 II 的开发 [J]. 机械工程学报，2009, 45(5):128-133.

[269] 陈香 . 救援机器人参与四川雅安地震救援 [J]. 机器人技术与应用，2013(3):46-46.

[270] 王勇，李允旺，田鹏，等 . 煤矿救灾机器人发展历程分析及展望 [J]. 矿山机械，2018(5).

[271] 由韶泽，朱华，赵勇，等 . 煤矿救灾机器人研究现状及发展方向 [J]. 工矿自动化，2017, 43(4):14-18.

[272] 李鹏，胡梅 . 国外军用机器人现状及发展趋势 [J]. 国防科技，2013, 34(5):17-22.

[273] 黄远灿 . 国内外军用机器人产业发展现状 [J]. 机器人技术与应用，2009(2):25-31.

[274] 邹丹，李晓楠，杨浩敏 . 军用机器人的研究和应用 [J]. 科技导报，2015, 33(21):54-58.

[275] 张文辉，叶晓平，季晓明，等 . 国内外空间机器人技术发展综述 [J]. 飞行力学，2013, 31(3):198-202.

[276] 李硕，刘健，徐会希，等 . 我国深海自主水下机器人的研究现状 [J]. 中国科学：信息科学，2018, 48(9):1152-1164.

[277] 李一平，李硕，张艾群 . 自主 / 遥控水下机器人研究现状 [J]. 工程研究：跨学科视野中的工程，2016, 8(2):217-222.

[278] Wynn R B, Huvenne V A I, Bas T P L, et al. Autonomous Underwater Vehicles (AUVs): Their past, present and future contributions to the advancement of marine geoscience[J]. Marine Geology, 2014, 352(2):451-468.

[279] 郑海斌 . 水下机器人特性分析及其控制方法研究 [D]. 哈尔滨：哈尔滨工程大学，2012.

[280] Purcell M, Gallo D, Sherrell A, et al. Use of REMUS 6000 AUVs in the search for the Air France Flight 447[C] //Oceans. 2011:1-7.

[281] 蒲欣岩 . 水下仿生机器人研究综述 [J]. 中国高新科技，2018, 4(20):24-25.

[282] Hu H, Liu J, Dukes I, et al. Design of 3D Swim Patterns for Autonomous Robotic Fish[C] // International Conference on Intelligent Robots and Systems, 2007:2406-2411.

[283] 蒲欣岩 . 水下仿生机器人研究综述 [J]. 中国高新科技，2018(20):24-25.

[284] L Z C, H L K.Better endurance and load capacity: An improved design of manta ray robot

(RoMan-II)[J]. Journal of Bionic Engineering, 2010(7):137-144.

[285] Chen Z, Tae I, Bartsmith, et al. Ionic Polymer-Metal Composite Enabled Robotic Manta Ray[J]. Proceedings of Spie the International Society for Optical Engineering, 2011, 7976(17).

[286] 梁建宏，邹丹，王松，等 . SPC-II 机器鱼平台及其自主航行实验 [J]. 北京航空航天大学学报，2005, 31(7):709-713.

[287] 王田苗，杨兴帮，梁建宏 . 中央鳍 / 对鳍推进模式的仿生自主水下机器人发展现状综述 [J]. 机器人，2013, 35(3):352-362.

[288] 王扬威，王振龙，李健，等 . 形状记忆合金驱动仿生蝠鲼机器鱼的设计 [J]. 机器人，2010, 32(2):256-261.

[289] 杭观荣 . 基于肌肉性静水骨骼原理的机器乌贼原型关键技术研究 [D]. 哈尔滨：哈尔滨工业大学，2009.

[290] 王光明，胡天江，李非，等 . 长背鳍波动推进游动研究 [J]. 机械工程学报，2006, 42(03):92-96.

[291] 王光明 . 仿鱼柔性长鳍波动推进理论与实验研究 [D]. 长沙：国防科学技术大学，2007.

[292] Zhang Y H, Song Y, Yang J, et al. Numerical and Experimental Research on Modular Oscillating Fin[J]. Journal of Bionic Engineering, 2008, 5(1):13-23.

[293] Zhao W, Hu Y, Wang L. Construction and Central Pattern Generator-Based Controlof a Flipper-Actuated Turtle-Like Underwater Robot[J]. Advanced Robotics, 2009, 23(1-2):19-43.

[294] Binhan, Xinluo, Xinjiewang, et al. Mechanism Design and Gait Experiment of an Amphibian Robotic Turtle[J]. Advanced Robotics, 2011, 25(16):2083-2097.

[295] Shang L, Wang S, Tan M, et al. Motion Control for an Underwater Robotic Fish with Two Undulating Long-Fins[C] // Decision and Control, 2009 Held Jointly with the 2009 Chinese Control Conference. Cdc/ccc 2009. Proceedings of the IEEE Conference on. 2010:6478-6483.

[296] 王芳，陈超，黄见曦 . 无人驾驶汽车研究综述 [J]. 中国水运月刊，2016, 16(12):126-128.

[297] 张善平 . 机器人伦理问题研究 [D]. 成都：成都理工大学，2017.

[298] 赵玉群，陈晓英 . 机器人发展引发的未来的思考——基于物转向、生态中心主义、道义论的解析 [J]. 北京化工大学学报（社会科学版），2016(1):55-59.

[299] Weiss A, Tscheligi M. Special Issue on Robots for Future Societies: Evaluating Social Acceptance and Societal Impact of Robots[J]. International Journal of Social Robotics,

2010, 2(4):345-346.
[300] 刘景泰 . 新一代人工智能和新一代机器人融合趋势初探 [J]. 机器人产业，2018(04):94-98.
[301] 李倩文，晏敬东 . 全球工业机器人产业发展现状与趋势分析 [J]. 科技创业月刊，2016, 29(5):21-23.
[302] 苏卫华，吴航，张西正，等 . 救援机器人研究起源、发展历程与问题 [J]. 军事医学，2014(12):981-985.
[303] 蓝胜，郑卫刚 . 漫谈军用机器人起源及发展趋势 [J]. 智能机器人，2018(03):43-47.
[304] 王鸿鹏，杨云，刘景泰 . 高速移动机器人的研究现状与发展趋势 [J]. 自动化与仪表，2011, 26(12):1-4.
[305] 睿工业，柳鹏 . 我国工业机器人发展及趋势 [J]. 机器人技术与应用，2012(5):20-22.
[306] HAN C. Human-Robot Cooperation Technology: An Ideal Midway Solution Heading Toward the Future of Robotics and Automation in Construction[J]. Annales Geophysicae, 2011, 13(1):45-55.
[307] 李科杰 . 危险作业机器人发展战略研究 [J]. 机器人技术与应用，2003(5):14-22.
[308] 林益明，李大明，王耀兵，等 . 空间机器人发展现状与思考 [J]. 航天器工程，2015, 24(5):1-7.
[309] 张涛，陈章，王学谦，等 . 空间机器人遥操作关键技术综述与展望 [J]. 空间控制技术与应用，2014, 40(6):1-9.
[310] 谭建荣 . 智能制造与机器人应用关键技术与发展趋势 [J]. 机器人技术与应用，2017(3):18-19.
[311] 黄人薇，洪洲 . 服务机器人关键技术与发展趋势研究 [J]. 科技与创新，2018(15).
[312] 褚伟杰，张荣，张伟，等 . 面向健康感知的情境建模方法研究 [J]. 中国科技论文，2016(2):208-213.
[313] 路飞，姜媛，田国会 . 基于情感 – 时空信息的机器人服务自主认知及个性化选择 [J]. 机器人，2018, 40(4):448-456.
[314] 毕翼飞，王年文，朱亦吴 . 基于感性工学的老年陪护机器人造型设计 [J]. 包装工程，2018(2):160-165.
[315] 陆亚辉 . 面向服务机器人的口语对话系统研究与实现 [D]. 哈尔滨：哈尔滨工业大学，2017.
[316] 王凡，尹浩伟，蒋峰岭，等 . 服务机器人自然语言处理的研究与应用 [J/OL]. 安徽科技学院学报，2018(04):09-27. https://doi.org/10.19608/j.cnki.1673-8772.2017.0536.
[317] 佚名 . 世界机器人大会发布自动驾驶技术等十大成长性技术展望 [J]. 中国产业经济动

态，2017(16):9-9.

[318] 张忠强，邹娇，丁建宁，等．软体机器人驱动研究现状 [J/OL]. 机器人，2018(9):1-2. https://doi.org/10.13973/j.cnki.robot.180272.

[319] 曹玉君，尚建忠，梁科山，等．软体机器人研究现状综述 [J]. 机械工程学报，2012, 48(3):25-33.

[320] Andrikopoulos G, Nikolakopulos G, Manesis S. A Survey on applications of Pneumatic Artificial Muscles[C] // Control & Automation. 2011:1439-1446.

[321] Wehner M, Truby R L, Fitzgerald D J, et al. An integrated design and fabrication strategy for entirely soft, autonomous robots[J]. Nature, 2016, 536(7617):451-455.

[322] 赵梦凡，常博，葛正浩，等．软体机器人制造工艺研究进展 [J]. 微纳电子技术，2018, 55(8):606-612.

[323] 刘璟，张益峰，王子又．软体机器人研究发展综述 [J]. 科技创新导报，2017, 14(10):118-118.

[324] Zhang J, Yao Y, Sheng L, et al. Self-fueled biomimetic liquid metal mollusk[J]. Advanced Materials, 2015, 27(16):2648-2655.

[325] 钱炜．液态金属机器人：终结者来了 ?[J]. 中国新闻周刊，2015:86-87.

[326] Zhang J, Guo R, Liu J. Self-propelled liquid metal motors steered by a magnetic or electrical field for drug delivery[J]. Journal of Materials Chemistry B, 2016, 4(32):5349-5357.

[327] Liu J. Liquid metal machine is evolving to soft robotics[J]. Science China Technological Sciences, 2016, 59(11):1793-1794.

[328] 刘志远，刘静：液态金属将是变革未来机器人的核心引擎 [J]. 科技导报，2015, 33(21):96-97.

[329] 姜允申．未来的体内医生：纳米机器人 [J]. 防灾博览，2015(2):57-57.

[330] 刘菡萏，王石刚，徐威，等．微纳米生物机器人与药物靶向递送技术 [J]. 机械工程学报，2008, 44(11):80-86.

[331] Afroz H, Fakruddin M, Hossain Z. Prospects and applications of nanobiotechnology: a medical perspective[J]. Journal of Nanobiotechnology, 2012, 10(1):31-31.

[332] Martel S. Magnetic nanoparticles in medical nanorobotics[J]. Journal of Nanoparticle Research, 2015, 17(2):1-15.

[333] 程祥利．上肢康复训练机器人的肌电控制研究 [D]. 济南：山东大学，2013.

[334] 姜力，李楠．具有感觉反馈的仿生假手人机交互研究 [J]. 中国科学：信息科学，2012(9):1091-1100.

[335] 姜力，杨斌，黄琦，等．智能假肢手的生机电集成 [J]. 机器人，2017, 39(4):387-394.

[336] 王杜，桂凯，曹红升，等．基于肌电控制的辅助型机器人外骨骼 [J]. 燕山大学学报，2018, 42(3):219-224.

[337] Yang C, Chen J, Chen F. Neural learning enhanced teleoperation control of Baxter robot using IMU based Motion Capture[C] // International Conference on Automation and Computing, 2016:389-394.

[338] Salazar-Gomez A F, Delpreto J, Gil S, et al. Correcting robot mistakes in real time using EEG signals[C] // IEEE International Conference on Robotics and Automation, 2017:6570-6577.

[339] 王海坤，潘嘉，刘聪．语音识别技术的研究进展与展望 [J]. 电信科学，2018(2).

[340] Mohamed A R, Dahl G, Hinton G. Deep Belief Networks for phone recognition[J]. 2010.

[341] 易江燕，陶建华，刘斌，等．基于迁移学习的噪声鲁棒语音识别声学建模 [J]. 清华大学学报（自然科学版），2018(1):55-60.

[342] Lakomkin E, Zamani M A, Weber C, et al. On the Robustness of Speech Emotion Recognition for Human-Robot Interaction with Deep Neural Networks[J]. 2018.

[343] Lee S C, Wang J F, Chen M H. Threshold-Based Noise Detection and Reduction for Automatic Speech Recognition System in Human-Robot Interactions[J]. Sensors, 2018, 18(7):2068.

[344] 胡文君，傅美君，潘文林．基于 Kaldi 的普米语语音识别 [J]. 计算机工程，2018(1): 199-205.

[345] 周楠，赵悦，李要嫱，等．基于瓶颈特征的藏语拉萨话连续语音识别研究 [J]. 北京大学学报（自然科学版），2018, 54(2):249-254.

[346] 王志良．人工心理与人工情感 [J]. 智能系统学报，2006，1(1):38-43.

[347] 祝宇虹，魏金海，毛俊鑫．人工情感研究综述 [J]. 江南大学学报（自然科学版），2012, 11(4):497-504.

[348] H B, U K. Emotion Extraction from Facial Expressions by Using Artificial Intelligence Techniques[J]. BRAIN. Broad Research in Artificial Intelligence and Neuroscience, 2018, 9(1):5-16.

[349] Saldien J, Goris K, Vanderborght B, et al. Expressing Emotions with the Social Robot Probo[J]. International Journal of Social Robotics, 2010, 2(4):377-389.

[350] Richardwon K. Sex Robot Matters: Slavery, the Prostituted，and the Rights of Machines[J]. IEEE Technology & Society Magazine, 2016, 35(2):46-53.

[351] Amuda Y J, Tijani I B. Ethical and Legal Implications of Sex Robot: An Islamic Perspective[J]. Social Science Electronic Publishing, 2012.

[352] Weiss A, Tscheligi M. Special Issue on Robots for Future Societies: Evaluating Social Acceptance and Societal Impact of Robots[J]. International Journal of Social Robotics, 2010, 2(4):345-346.

[353] 赵玉群 . 机器人发展引发的技术伦理问题探究 [D]. 锦州：渤海大学，2017.

[354] 王东浩 . 机器人伦理问题探赜 [J]. 未来与发展，2013(5):18-21.

[355] 胡玥 . 机器人致害损害赔偿问题研究 [D]. 保定：河北大学，2017.

[356] Fujita M. AIBO: Towards the Era of Digital Creatures[J]. Internationa Robotics Research Saga Publications, 2001, 20(10):781-794.

[357] 苏令银 . 当前国外机器人伦理研究综述 [J/OL]. 新疆师范大学学报（哲学社会科学版），2019(01):1-18. https://doi.org/10.14100/j.cnki.65-1039/g4.20180706.001.

[358] Richardson K.The asymmetrical ‘relationship’:parallels between prostitution and the development of sex robots[J]. ACM Sigcas Computers & Society, 2016, 45(3):290-293.

[359] 杜严勇 . 情侣机器人对婚姻与性伦理的挑战初探 [J]. 自然辩证法研究，2014(9):93-98.

[360] 杜严勇 . 机器人伦理中的道德责任问题研究 [J]. 科学学研究，2017, 35(11):1608-1613.

[361] 袁玖林 . 智能机器人伦理初探 [J]. 牡丹江大学学报，2015(5):129-131.

[362] 张善平 . 机器人伦理问题研究 [D]. 成都：成都理工大学，2017.

[363] 甘绍平 . 机器人怎么可能拥有权利 [J]. 伦理学研究，2017(3):126-130.

[364] 王东浩 . 机器人伦理问题研究 [D]. 天津：南开大学，2014.

[365] Lin P, Abney K, Bekey G A. Robot Ethics: The Ethical and Social Implications of Robotics[M]. The MIT Press, 2016：26-27.

[366] Veruggio G. The birth of roboethics[C] // Workshop on Robo-Ethics, ICRA 2005, IEEE International Conference on Robotics and Automation, 2005.

[367] Veruggio G, Operto F. Roboethics: Social and Ethical Implications of Robotics[M]. Springer Berlin Heidelberg, 2008:1499-1524.

[368] Veruggio G. The EURON Roboethics Roadmap[C] // IEEE-Ras International Conference on Humanoid Robots, 2007:612-617.

[369] Veruggio G, Solis J, der Loos Van M. Roboethics: Ethics Applied to Robotics [J]. Robotics & Automation Magazine IEEE, 2011, 18(1):21-22.

[370] Wallach W, Allen C. Moral Machines: Teaching Robots Right from Wrong[M]. Oxford University Press, 2008:62-80.

[371] 胡政 . 机器人安全性工程研究综述 [J]. 中国机械工程，2004, 15(4):370-375.

[372] Lim H O, Sunagawa M, Takeuchi N. Development of human-friendly robot with collision

force suppression mechanism[C] // The Proceedings of Jsme Conference on Robotics and Mechatronics, 2017:5712-5716.

[373] Zelinsky A, Matsumoto Y, Heinzmann J, et al. Towards human friendly robots: Vision-based interfaces and safe mechanisms[C]. Experimental Robotics VI, 1999.

[374] 王绍源，赵君 . “物伦理学” 视阈下机器人的伦理设计——兼论机器人伦理学的勃兴 [J]. 道德与文明，2013(3):133-138.

[375] Yampolskiy R V. Artificial Intelligence Safety Engineering: Why Machine Ethics Is a Wrong Approach[M]. Springer Berlin Heidelberg, 2013:389-396.

[376] 刘宪权 . 人工智能时代机器人行为道德伦理与刑法规制 [J]. 比较法研究，2018(4):40-54.

[377] Bostrom N. Ethical Issues in Advanced Artificial Intelligence[C] // Cognitive，Emotive and Ethical Aspects of Decision Making in Humans and in Artificial Intelligence, 2008:12-17.

[378] 王绍源 . 论瓦拉赫与艾伦的 AMAs 的伦理设计思想——兼评《机器伦理：教导机器人区分善恶》[J]. 洛阳师范学院学报，2014(1):30-33.

[379] Veruggil G, Solis J, der Loos Van M. Roboethics: Ethics Applied to Robotics[J]. Robotics & Automation Magazine IEEE, 2011, 18(1):21-22.

[380] 毛存贵，张起燕 . 台湾大刮机器人教育风，岛内中低层劳工担心饭碗不保 [J]. 海峡科技与产业，2014(10):45-51.

[381] Heerink M, Kröse B, Evers V, et al. Assessing Acceptance of Assistive Social Agent Technology by Older Adults: the Almere Model[J]. International Journal of Social Robotics, 2010, 2(4):361-375.

[382] 赵玉群，陈晓英，等 . 机器人发展引发的未来的思考——基于物转向、生态中心主义、道义论的解析 [J]. 北京化工大学学报（社会科学版），2016(1):55-59.

[383] 杜严勇 . 关于机器人应用的伦理问题 [J]. 科学与社会，2015, 5(2):25-34.

[384] 佚名 . 韩起草机器人道德宪章 [J]. 机器人技术与应用，2007(2):28-28.

[385] 杨立新 . 人工类人格：智能机器人的民法地位——兼论智能机器人致人损害的民事责任 [J]. 求是学刊，2018, 45(04):84-96.

[386] 司晓，曹建峰 . 论人工智能的民事责任：以自动驾驶汽车和智能机器人为切入点 [J]. 法律科学（西北政法大学学报），2017, 35(5):166-173.

[387] 陈晋 . 人工智能技术发展的伦理困境研究 [D]. 长春：吉林大学，2016.

[388] 邵笑晨 . 机器人技术发展的伦理问题研究 [D]. 成都：成都理工大学，2017.